Schriften der Berlinischen Gesellschaft naturforschender Freunde.

Erster Band.

Mit Kupfern.

Berlin 1780.

Im Verlage der Buchhandlung der Realschule.

Vorbericht.

Seit der Herausgabe des vierten Bandes unsrer Beschäftigungen sind manche Veränderungen und Vorfälle bey unsrer Gesellschaft entstanden, wovon wir unsern verehrungswürdigen Freunden und geehrten Lesern hier einige Nachricht zu geben, uns für verpflichtet erachten.

Die starke Zunahme der auswärtigen günstigen Unterstützer und Theilnehmer an unserm Institute, die dadurch immer mehr anwachsende Korrespondenz, die Besorgung der innern Angelegenheiten der Gesellschaft, und die ståte Aufmerksamkeit auf diese verschiedene wichtige und sehr håufige Geschåfte, konnten nicht mehr von Einem, wenn er sich auch denselben allein widmen wollte, gehörig besorget werden, vielweniger von Jemanden, der seine bestimmte Berufsgeschåfte hatte, und die gesellschaftlichen Angelegenheiten nur in seinen Nebenstunden abwarten konnte: und da wir alle unsere Hauptsorge den öffentlichen Aemtern und bestimmten Geschåften widmen müssen; so ward es nothwendig, daß wir eine Einrichtung trafen, wodurch sowohl unsern ersten Pflichten, als dem Besten der Gesellschaft ein Genüge geleistet würde.

Wir haben deshalb das bisherige beståndige Sekretariat ganz aufheben müssen, und

an

an dessen Statt ein abwechselndes Direktorat eingeführet, und die Bearbeitung der verschiedenen Fächer der Naturgeschichte und der Naturkunde nebst dem dahin einschlagenden Briefwechsel unter uns vertheilet.

Es führet nun Einer unter uns wechselsweise den Vorsitz, und besorgt die Ordnung des Ganzen, und die allgemeinen Angelegenheiten; die Korrespondenz aber wird von uns allen, jedoch von Jedem nur in seinem besondern Fache, und im Namen der Gesellschaft, abgewartet.

Zur Erleichterung dieses Zwecks, und aus Ueberzeugung, daß unsern auswärtigen Gönnern und Freunden, mehr am thätigen Eifer zur Beförderung des gesellschaftlichen Endzweck's und an der Aufnahme der ganzen Gesellschaft, als an der ängstlichen Beobachtung der von edeldenkenden Männern längst verabschiedeten Briefkurialien und an persönlichen Komplimenten gelegen sey, haben wir diese und die persönliche Unterschrift ganz abgeschaft, an deren Statt die im Namen der Gesellschaft abgefaßten Briefe von dem jedesmaligen Direktor mit einer von Metall verfertigten Signatur bezeichnet werden, dieses Innhalts:

Die Gesellschaft naturforschender Freunde
zu Berlin.

Wir bitten deshalb unsere hochgeschätzten Freunde und günstige Beförderer, dergleichen mit dieser Signatur versehene Schreiben als die unsrigen und von uns sämmtlich genehmiget anzusehen, und in ihren Zuschriften an uns, die lästigen Brieftitel gefälligst zu unterlassen, auch künftig ihre Briefe und andere

Sachen,

Sachen, nur mit der Aufschrift: an die Gesellschaft naturforschender Freunde zu Berlin, abzusenden.

Zugleich müssen wir die im 4ten B. der Beschäftigungen schon enthaltene Bitte wiederholen, daß unsere auswärtigen Freunde in ihren Schreiben an einzelne hiesige Mitglieder keine gesellschaftliche Angelegenheiten oder Aufträge an uns ferner mehr mit einmischen, sondern dergleichen Wunsche, Anfragen u. s. w. entweder grade an uns senden, oder als Einschlüsse, aber auf besondern Blättern, an die Gesellschaft überschrieben, denen Briefen an die hiesige Freunde beylegen möchten: weil wir sonst darauf weiter keine Rücksicht nehmen können, und die Absicht, unser gesellschaftliches Archiv in gehöriger Ordnung zu erhalten, gänzlich verfehlet wird; auch damit wir nicht, bey einem etwanigen Todesfalle, wieder in die Verlegenheit gesetzt werden, unsern Freunden auf ihre lehrreichen und angenehmen Zuschriften die Antworten schuldig zu bleiben. Ferner bitten wir angelegentlichst, auf die Ersparung alles entbehrlichen Aufwandes und aller unnöthigen Ausgaben, bey unserm geringen Fond, gütigst Bedacht zu nehmen.

Imgleichen uns es nicht als eine Nachläßigkeit oder gar Geringschätzung anzurechnen, und ihren lehrreichen und uns höchst schätzbaren Briefwechsel mit uns abzubrechen, wenn wir nicht gleich oder auch nicht auf jeden Brief antworten, der nicht eigentlich dergleichen erfordert: weil wir bey der so sehr ausgebreiteten und immer mehr zunehmenden

Korrespondenz mit der Zeit und mit den Kosten rathsam umgehen müssen.

Und dann wünschen wir bey Uebersendung der Naturalien, womit die wohlmeinenden Beförderer unsers Instituts unsere Sammlung ferner gütigst bereichern wollen, daß es ihnen gefällig seyn möchte, auf die einzelnen Stücke Nummern zu kleben, und in einem Verzeichnisse deren Provinzial-Benennungen und ihren Geburtsort anzuzeigen: weil es uns unmöglich ist, beydes zu kennen, wenn uns gleich der klaßische Name bekannt ist; und wir hoffen zugleich dadurch ein möglichst vollständiges Verzeichniß der unterschiedenen, in verschiedenen Provinzen und Ländern üblichen Benennungen von einerley Körpern sammlen, und zum allgemeinen

meinen Nutzen dereinst einen guten Gebrauch davon machen zu können.

Durch die Erfüllung dieser unsrer Bitten und Wünsche werden wir, vornemlich bey der itzigen Einrichtung der Gesellschaft, am ersten dahin kommen, die billigen Erwartungen unsrer Freunde und des Publikums zu erfüllen, und in unsrer Laufbahn munter fortzugehen.

Wir haben bisher viele und ansehnliche Beweise der gütigen und thätigen Zuneigung unsrer theuren Freunde, sowohl durch ihre gelehrten Beyträge zu unsern Schriften, als durch ihre ansehnliche Geschenke zu unsern Büchern und Naturaliensammlung aufzuweisen, und wir hätten sehr gerne schon längst die im 3ten B. der Beschäftig. versprochene Fortsetzung des Verzeichnisses von unsrer Biblio-

thek

thek und Kabinet geliefert, und dabey zugleich unsere dankbare Erkenntlichkeit gegen jeden freygebigen Wohlthäter unsers Instituts öffentlich an den Tag gelegt: weil wir aber durch die Absonderung der gesellschaftlichen Sachen von unsers theuren Martini seinen, und durch zweymalige Veränderung des Orts für unsere Bibliothek und Kabinet daran verhindert worden, und wir nun im Begriff sind, unsere Sachen noch in diesem Jahre in einer geräumigen Wohnung und dann in die gehörige Ordnung zu bringen, und vollständige Verzeichnisse davon anzufertigen; so müssen wir diese unsere Schuld noch länger tragen, bis wir uns solcher in den künftigen Bänden gehörig entledigen können.

Doch wird es uns, zum Zeugnisse unsrer aufrichtigen Dankbarkeit erlaubt seyn, einiger vorzüglichen Unterstützer unsrer gemeinnützigen Absichten, außer denen im 4ten B. schon benannten Herrn von Karamyschew und von Nartow hier zu erwähnen. Und darunter steht wohl der Herr Johann Ehrenreich von Fichtel, Kaiserl. Königl. würklicher Cammerrath im Großfürstenthum Siebenbürgen, billig voran. Dieser wahre thätige Theilnehmer und eifrige Freund hat nicht allein vorlängst unser Kabinet mit einer kostbaren Sammlung der mehresten Siebenbürgischen Gold- und anderer Erze, Versteinerungen und Steinsalzarten vorzüglich bereichert, welche in seinen, von uns in dieser Ostermesse in Nürnberg herausgegebenen vortreflichen und sehr wichtigen Beyträgen zur Mineralgeschichte von Siebenbürgen 1ster und 2ter Theil beschrieben sind, sondern auch auf

eine

eine sehr edle Art, zur Uebertragung der vielen Ausgaben bey unsrer Gesellschaft, das ansehnliche Honorarium für diese Schriften uns großmüthig geschenket. Von dem Herrn von Mehoffen zu Salzburg haben wir schöne Minern und Steinsalzarten des dortigen Landes; von dem Kaiserl. Hofrath und Reichsritter Herrn von Born, einige vorzügliche Erzstuffen aus Ungarn; wie auch von dem Freyherrn von Meidinger in Wien dergleichen, und vortrefliche Kristallisationen aus Ungern; von dem Herrn Professor Hacquet zu Laybach, die im 3ten B. beschriebene Sammlung der Quecksilbererze von Idria aufzuweisen, und überdem von diesen edlen und freygebigen Freunden, noch ansehnliche Vermehrungen zu hoffen. Der Herr Graf von Bork hat die Sammlung unsrer physi-

kali-

kalischen Instrumente mit einem vortreflichen allgemeinen Mikroskop, vom Herrn Prof. Stegemann gearbeitet, und mit einem von dem Herrn Grafen selbst gemachten künstlichen Magneten, der 25 Pfund zieht, vermehret. Der Herr D. Wartmann zu St. Gallen hat uns zwo Sammlungen von den Versteinerungen der dasigen Gegend, nebst den im 3ten B. der Beschäftigungen S. 184. beschriebenen Weiß- und Blaufelchen, ganz frey überschicket; wie denn auch der Herr Güyot uns einige auserlesene Versteinerungen aus dem Fürstenthum Neuschatell selbst mitgebracht hat. Der Herr Prediger Chemnitz in Koppenhagen verschönert unser Kabinet mit Ißländischen und Farröischen Zeolithen, Drusen- und Tropfartigen Chalzedonen, Grönländischen Kristallen, Nordischen Seethieren

und

und mancherley Konchilien; so wie der Herr Kunstverwalter Spengler unsere Konchiliensammlung mit einigen hübschen Stücken versehen hat.

Auch bey der Vermehrung unserer Bibliothek haben wir zeither viele Beweise der wohlmeinenden Zuneigung unserer Freunde erhalten, welches die ersten drey Bände der großen prächtigen neuen Ausgabe der Oeuvres de Mr. Charl *Bonnet*; die mineralogische Geographie von Sachsen, durch Herrn Charpentier; die neue Ausgabe von Kleinii natur. dispofit. echinodermatum, von Herrn Leske; die oryctographia Carniolica, von Herrn Hacquet; Versuch von Anlegung der Wildbahnen, vom Herrn Graf von Mellin; die herausgegebene Werke der Herren Pallas,

Gülden-

Güldenstedt, Georgi, Fueßli, Bergsträsser, Reichard, Blumenbach, Baron von Gleichen, Niebuhr; die fortgesetzten Schriften der Herren Goeze, Lueder, Ferber, Schröter u. a. alle von den Herren Verfassern selbst; das seltene Insektenwerk des Sepp, von dem Herrn Graf von Bork; und die sämmtlichen physikalischen Verlagsschriften des Herrn Raspe in Nürnberg, und des Herrn Eisfeld allhier, beweisen. Die uns noch abgehenden, und seit einiger Zeit von unsern werthgeschätzten Herren Kollegen herausgegebenen Schriften, hoffen wir noch in der Folge von ihrer uns bekannten Güte zu erhalten, welches wir in der künftigen Fortsetzung unsers Bücherverzeichnisses auch dankbarlichst anzuzeigen, nicht unterlassen werden.

Die

Die Namen der neuern seit einem Jahre mit uns verbundenen, durch Gelehrsamkeit und Vorzüge des Herzens verehrungswehrten Mitglieder, sind folgende:

I. Unter den hiesigen ordentlichen Mitgliedern.

Herr Joh. Friedr. Wilh Herbst, Lehrer bey der Königl. Ritteracademie, Prediger beym Königl. Kadettenkorps und Garnisonprediger, s. 1sten Band der Beschäft. S. XLIII.

II. Unter den auswärtigen Ehrenmitgliedern, nach der bisherigen alphabetischen Ordnung.

185. Herr Eugenius Joh. Christoph Esper, Pfarrer in Uttenreuth bey Erlangen.

186. Herr Esaias Fleischer, Königl. Dänischer Justitzrath, Sr. Königl. Ho-

heit des Erbprinz Friedrich Insp-ktor über Jägernpries, Amt und Schloß, der Königl. Dänischen Ackerakademie Mitglied, zu Koppenhagen.

187. Herr Abraham Güyot, Prediger im Fürstenthum Neuschatell.

188. Herr P. E. Klippstein, Landgräfl. Hessendarmstädtischer Kammerrath zu Darmstadt.

189. Herr Wilhelm Graf von Mellin, Königl. Preußl. Cammerherr, Erb- und Gerichtsherr auf Damizow bey Stettin.

190. Herr Metzger, Königl. Preuß. Hofrath, Doctor der Arzneygelahrtheit und Prof. der Anatomie zu Königsberg.

191. Herr Franz Joseph Müller, Kayserl. Königl. Cammerrath im Münz- und Bergwesen zu Herrmannstadt.

192. Herr Hans Ströhm, Pastor zu Eger im Christansander-Stift zu Norwegen.

193. Herr Carl Friedrich Wenzel, berühmter Scheidekünstler und Naturforscher zu Dresden.

So erfreulich uns diese Vermehrung ist, und so thätige Unterstützung wir zum Theil von diesen wie von unsern ältern geehrten Mitgliedern schon erhalten und noch zu erwarten haben; so empfindlich ist uns der Verlust, den wir durch den Tod unsers geliebten Brumbey erlitten haben, eines Mannes, der sich durch Rechtschaffenheit und edle Güte des Herzens, und durch eine sehr ausgebreitete gründliche Gelehrsamkeit, vorzüglich in der Heilungskunde, Chymie, Metallurgie, Bergwerkswissenschaft und Mechanik, vor vielen andern seines gleichen auszeichnete. Seinen Lebenslauf werden wir, so bald er uns von der Frau Wittwe zugekommen seyn wird, in unsern künftigen Schriften mittheilen. Hier werden unsere Leser die Lebensbeschreibungen einiger uns unvergeßlichen geliebtesten Freunde, eines Zückerts, Müllers und von Zanthiers angehängt finden.

Von diesem neuen Bande glauben wir wohl versichern zu können, daß er reichhaltig an neuen Bemerkungen sey, und

wenn

wenn ja einige Leser mit einem oder dem andern Aufsatz nicht völlig einstimmig sind, oder einige zu gedehnt, und manche Sätze zu gewagt finden möchten; so hoffen wir doch, daß wider die Abhandlungen selbst mit Grunde nichts einzuwenden seyn wird; und dann bitten wir nur zu bedenken, daß bey einer freundschaftlichen Gesellschaft, wie die unsrige, viele Umstände zusammentreffen, welche nicht wohl erlauben, alle nöthige Abänderungen dabey zu machen: deshalb auch die Gesellschaft für alle behauptete Sätze nicht einstehet, sondern denen Herren Verfassern, solche zu verantworten, überläßt.

Verschiedene Ursachen erforderten eine Veränderung des Verlegers, wodurch denn auch die Abänderung des bisherigen Titels: Beschäftigungen, in Schriften, nothwendig ward, welches aber auf die bisherige Einrichtung derselben weiter keinen Einfluß haben wird; nur sind wir für diesesmal dadurch gehindert worden, diesen Theil zur Ostermesse heraus zu geben. Berlin, den 30sten May 1780.

Innhalt
des ersten Bandes
der Schriften
der
Gesellschaft naturforschender Freunde
in Berlin.

XV.

I.

Naturgeschichte des Rennhirsches *)

von

Wilhelm, Graf Mellin.

Nebst zwo Kupfertafeln; Tab. 1. und 2.

Bey Beobachtung der Werke der Natur erwecken die Hervorbringungen derselben eine größere Aufmerksamkeit, je nachdem sie einen größern Grad der Vollkommenheit, mehrere Fähigkeiten, und eine uns

*) Lappländisch Boetsoï. Schwedisch Rhen, Englisch Rainders, Norwegisch Rehen, Französisch Renne, alt französisch Rangier, Ranglier, Lateinisch Cervus rangifer *Klein de quad. p. 23. fig. tab. 1.* Tarandus Cervus cornibus ramosis teretibus . . . . summitatibus palmatis. *Linn. syst. nat. edit. X, p. 67.* Rheno *Linn. Amoenit. Academ. p. 4.*

uns Menschen ähnlichere Bildung haben. Aus diesem Grunde wird das Mineralreich für die meisten Liebhaber der Naturgeschichte, ich meine diejenigen, welche diese Wissenschaft nur als eine Erholungswissenschaft, als einen angenehmen Zeitvertreib studiren, weniger anmuthig als das Pflanzenreich, und dieses wieder nicht so interessant als das Thierreich seyn. Ebenfalls wird das Interesse gegen die Thiere bey uns zunehmen, je nachdem die äußere und innere Bildung der unsrigen sich nähert, und wir aus der gleichförmigen Gestalt, und den ähnlichen Gebrauch ihrer Glieder mit den unsrigen, ihnen eine eben so lebhafte Empfindung, und ein oft noch vollkommeneres Gefühl als uns selbst zutrauen können. Hierauf gründet sich der größere oder geringere Grad des Mitleidens, des Theilnehmens, welches wir bey dem Elende eines Thieres empfinden. Derjenige, welcher ohne alles Gefühl eine Raupe zertritt, eine Mücke erschläget, wird nicht ohne bejammernde Empfindung einen unter Schmerzen schreyenden Hund hören, oder ein in seinem Blute zappelndes Lamm sehen. Eben so werden wir lieber einen bunten Fasan, als einen vielfärbigten Schmetterling sehen, und bey dem Anschauen eines hüpfenden Rehes mehr Vergnügen als an einem springenden Grashüpfer haben. So angenehm indeß die Geschichte der vierfüßigen Thiere ist, so sehr wurde das Studium derselben dadurch erschweret, daß eine Sammlung dergleichen lebendiger Thiere unendlich kostbar und mangelhaft ist, und sich weder richtige und vollständige Beschreibungen, noch genaue und nach dem Leben gemachte Zeichnungen der mehresten Arten der Thiere fanden. Der **Graf von Büffon** hat durch seine Thiergeschichte, und vortreflich gezeichneten Kupfer, uns zur Kenntniß derselben

auf

auf die angenehmste Art geführet, und hat dabey seine Thiergeschichte den großen Vorzug, daß er alle Thiere die er beschreibet, größtentheils lebendig besessen, und eine lange Zeit beobachtet hat. Dennoch ist es ihm nicht möglich gewesen, alle Thiere habhaft zu werden, sondern es ist andern überlassen, die hierinnen vorkommenden Lücken auszufüllen. Ich freue mich, im Stande zu seyn, eine derselben zu ergänzen, und durch Mittheilung einer Naturgeschichte und Beschreibung des Rennhirsches die Liebhaber der Thiergeschichte mit einem Thiere bekannt zu machen, welches, so berühmt es auch ist, nirgend vollständig beschrieben, und beständig durch höchst unrichtige und fehlerhafte Zeichungen verunstaltet wird. Da ich Gelegenheit gehabt habe, einen lebendigen Rennhirsch mit aller möglichen Sorgfalt zu beobachten, auszumessen, und selbst mit größter Genauigkeit nach dem Leben abzuzeichnen, so wird wenigstens dieser kleine Beytrag zur Naturgeschichte das Verdienst haben, das es allenthalben das Gepräge der Wahrheit führet.

Man erlaube mir, daß ich bey Beschreibung dieses Thieres den gewöhnlichen allgemeinen Namen in so weit abändere und einschränke, daß ich den weiblichen Theil desselben allein **Rennthier**, den männlichen **Rennhirsch**, und das ganze Geschlecht **Rennwildpret** nenne. Bey allen Thieren, welche ausgefüllete ästige Gehörne tragen, die alle Jahr zu einer gewissen Zeit abfallen, und durch andere die an ihrer Stelle, wie abgehauenes Holz welches aus der Wurzel wieder ausschläget und hervorsprosset, aufwachsen, ersetzet werden, und deren es bis jetzt nur sechs bekannte Arten giebet, heisset der allgemeine Name **Wildpret**, welchen man noch den Unterscheidungsnamen hinzufüget, als Roth- oder Edelwildpret,

Dammwildpret, indianisch Wildpret (Axis), Rehwildpret, Elendwildpret, und warum nicht auch Rennwildpret? Bey dieser ganzen Gattung, nur allein die Rehe ausgenommen, führet das männliche Geschlecht allein den Namen **Hirsch**, das weibliche aber **Thier**; als Rothhirsch, Roththier, Dammhirsch, Dammthier, Elendhirsch, Elendthier, und aus eben diesen Grunde scheinet es mir unserm Sprachgebrauch angemessen zu seyn, das männliche Geschlecht bey dem Rennwildpret, **Rennhirsch**, und das weibliche nur allein **Rennthier** zu nennen. Ich räume es ein, daß die Benennung Hirsch und Thier, bisher mehr bey den Jägern als Naturkündigern in Gebrauch gewesen; allein die Naturgeschichte und Jagdwissenschaft stehen in einen so genauen Zusammenhange, daß erstere gar wohl von der letzteren Benennungen entlehnen kann, deren sie sich als Kunstwörter bedienet, und die, indem sie der Sache angemessen sind, deutliche Begriffe geben, und keine Zweideutigkeiten oder Dunkelheit zurücklassen. So weiß ich, wenn ich das Wort **Gehörne** oder **Geweihe** höre, gleich, daß von denen holzähnlichen, ästigen, porösen Auswüchsen die Rede ist, welche die Köpfe der verschiedenen Hirsche und Rehböcke zieren; da hingegen **Hörner** hohle, cylindrichte, dichte Körper sind, die auf den Köpfen der verschiedenen Ochsen- und Ziegenarten wachsen, niemalen abfallen, sondern nur alle Jahre durch Auflegung eines neuen Ringes sich verlängern. Wenn ich von einem Hirsch, einer Gemse, einen Auerochsen sage, er habe **gespaltene Klauen**, so muß bey einem dem sowol das Thier unbekannt, als der Ausdruck neu ist, ein unrichtiger Begriff entstehen, indem er sich zwey mit Nägeln bewafnete Zehen dabey denken wird, dergleichen er bey Katzen oder

Hunde

Hunde gesehen hat. Der Jäger nennet dieses **Schalen**, und diese Benennung wird niemanden irre führen, da sie nur bloß bey einem solchen Fuß gebräuchlich ist, dessen zwey Zehen jeder mit einer hornartigen Bedeckung verkleidet ist, und auch die äußere Gestalt desselben diese Benennung begünstiget. So ist es mit allen übrigen Jagdkunstwörtern, die in der Naturgeschichte und bey Beschreibung der Thiere gebraucht werden, beschaffen. Der **Graf von Büffon**, dieser große Naturkundiger unserer Zeit, hat den Vortheil hiervon ebenfalls eingesehen, und bey Beschreibung aller wilden Thiere unsers Klimas, die Jagdterminologie benutzet. Man erlaube mir also dem Beyspiel dieses großen Mannes zu folgen, und bey Beschreibung des Rennhirsches in der mir gewöhnlichen Sprache zu reden.

Ich habe schon gesagt, daß uns richtige Beschreibungen und Abbildungen dieses Thieres gänzlich fehlen, und ich bewundere, daß uns der berühmte Ritter **Linne'** von diesem in seinem Vaterlande gewöhnlichen Thiere nicht umständlicher unterrichtet hat. Die griechischen Naturkündiger kannten weder den Rennhirsch noch das Elend. Aristoteles erwähnet beyder Thiere nicht, und unter den lateinischen Schriftstellern ist Julius Cäsar der erste, der in seinen Commentarien im VIten Buch de bello Gallico die Beschreibung eines Thieres giebt, welche nur allein auf den Rennhirsch zu passen scheinet *), und woraus man

 siehet,

*) Est bos in hircinia silva cervi figurâ, cujus a media fronte inter aures unum cornu existit excelsius, magisque directum his quae nobis nota sunt cornibus: ab ejus summo sicut palmae ramique late diffunduntur. Eadem est faeminae marisque natura, eadem forma, magni-

siehet, daß er damals in den großen Waldungen Deutschlands anzutreffen war. Es ist merkwürdig, daß vierzehnhundert Jahr hernach Gaston Phaebus von dem Rennwildpret spricht, als eines Wildprets, das zu seiner Zeit in den Wäldern von Frankreich angetroffen wurde; er giebt nicht nur eine sehr gute Beschreibung desselben, sondern füget noch eine Anweisung hinzu, wie es gejagt und gefangen werde. Er nennet ihn rangier oder ranglier, und da seine Beschreibung nicht auf das Elendwildpret passet, er aber von dem Edelhirsch, dem Damnhirsch, dem Reh, dem Steinbock, der Gemse rc. ganz besonders handelt; so bleibet kein Zweifel übrig, daß er unter seiner Beschreibung den Rennhirsch gemeynet habe. Ich rücke sie hier ein, weil es ein merkwürdiges Zeugniß ist, wie sehr sich das Klima von Frankreich seit dreyhundert Jahren müsse verändert haben;

„Von

magnitudoque cornuum. Jul. Caesar de bello Gallico. Lib. VI. Diese Beschreibung ist auf den Rennhirsch sehr anpassend, er siehet in der That in seiner Stellung und Bildung des Kopfs einen Ochsen ähnlich, so wie im übrigen, und mit dem Gehörne einen Hirsch, welches letztere jedoch darinnen abweichet, daß die Eisspriessel sich jährlich verlängern, und gar wohl, weil es ebenfalls einige Enden und oben eine Schaufel ansetzet, als eine besondere Stange, bey nicht genauer Untersuchung, angesehen werden kann, und da die Länge und Größe dieser Eisspriessel an beyden Stangen selten gleich ist, so erscheinet der Rennhirsch oft als hätte er drey Stangen aufgesetzet. Das Charakter, welches Cäsar auch nicht unberühret lässet und welches dem Rennwildpret ganz eigenthümlich; ist, daß die Thiere sowol als die Hirsche Gehörne tragen.

„Von dem Rangier oder Ranglier und seiner Natur.

„Der Rangier ist ein Thier wie der Hirsch, aber „es hat ein weit grösseres und mit mehreren Enden „versehenes Gehörne. Es trägt bis auf 80 Enden, „doch gewöhnlich viel weniger, je nachdem er Jahre „hat. Er hat oben große Schaufeln, so wie auch „an die Eissprieſſeln oben Schaufeln sind. Wenn er „gejaget wird, fliehet er nach dem Maaße des Ge„wichts, welches er auf dem Kopfe hat, und nach„dem er mit vielen Wiedergängen lange Zeit flüchtig „gewesen ist, stellet er sich gegen einen Baum, damit „man ihm nicht als von forn beykommen könne, und „wirft sein Gehörne vor, und wenn er in dieser Stel„lung stehet, darf ihm niemand nahe kommen wegen „seines langen Gehörnes, welches ihn ganz bedecket. „kommt man von hinten zu ihm, so schnellet er mit „den Läufen von oben herab, statt daß die Hirsche „mit den Eissprieſſeln und Augsprossen von unten hee„herauf verwunden, doch schnellet er nicht so stark wie „der Hirsch. Der Rangier ist nicht höher als ein „Dammhirsch, aber er ist weit stärker, und viel „dicker. Wenn er das Gehörne zurückleget, ist es „länger als der Rücken. Er äset sich wie der Roth„und der Dammhirsch, und seine Losung fällt trau„benweise oder blättrigt. Man fängt ihn mit Bogen „und Pfeil, mit Garnen, in Schleifen, in Gruben „und in Fallen. Er legt mehr Feist an, als ein „Hirsch in seiner Feistzeit, und tritt nach dem Roth„hirsch in die Brunst, wie die Dammhirsche, und das „Rennthier gehet so lange tragbar (**trächtig**) als „das Roth- oder Dammthier." *)

*) La venerie de Gaston Phoebus imprimé à la suite de celle de Jacques Dufoilloux. Paris 1614. Seite 97.

Wer einen Rennhirsch gesehen hat, muß eingestehen, daß diese Beschreibung sehr treffend ist, und scheinet es ganz gewiß, daß zu seiner Zeit wenigstens in den hohen Gebürgen der Pyrenäen, deren Nachbar Gaston Phäbus, als Herr der Grafschaft Foix war, Rennwildpret war, welches nach der Zeit eben so ist ausgerottet worden, wie der Graf von Büffon versichert, daß es jeßt die Hirsche dort sind, wo sie ehemals, fürnemlich in den Landschaften Bigore und Coujeron, und in den benachbarten Gegenden sehr häufig waren, heutiges Tages aber daselbst gar nicht mehr gefunden werden. *)

Jeßt siehet man nur Rennwildpret in den ganz mitternächtlichen Gegenden, jenseit des Polarzirkels von Europa und Asien, man findet sie in Amerika in einen geringern Grad nördlicher Breite, weil die Kälte daselbst heftiger als in Europa ist. Der Rennhirsch bewohnet die Länder, welche der grimmigsten Kälte ausgeseßt sind, als Spißbergen, Grönland, und die nördlichsten Gegenden von Europa und Asien. In Amerika trift man ihn in Canada, unter den Namen des **Caribou** an, so wie in dem ganzen nördlichen Theil von Amerika. **)

Schon

*) Hist. nat. genr. & part. Tom. XXIV. Seite 111. edit. en 12.

**) Les naturalistes, qui ont douté que l'orignal fut l'elan & le *caribou* le renne, n'avoient pas assez compare la Nature avec les temoignages des voyageurs: ce sont certainement les mêmes animaux, qui, comme tous les autres, dans ce nouveau monde, sont seulement plus petits que dans l'ancien continent. Hist. nat. gener. & parat. par M. le Cte. de Büffon. T. 24. edit. en 12. p. 119.

Schon in den älteren Zeiten hat man Versuche angestellt, das Rennwildpret in wärmere Länder herüber zu bringen, und erzählet man, daß Steno, Prinz von Schweden, sechs Rennhirsche zum Geschenk an Friedrich Herzog von Holstein schickte; daß ferner im Jahre 1533 Gustav, König von Schweden, zehn Stücke, Thiere und Hirsche, in Preussen in einer Waldung aussetzen ließ. Beyde Versuche sind aber mißlungen, und haben sie alle nur bis gegen den heissen Sommer gelebt, also kaum ein halbes Jahr das eben nicht gar warme Klima von Holstein und Preussen ertragen können. Ebenfalls wurden zu Ende des vorigen Jahrhunderts vier Rennhirsche nach Danzig gebracht, die nur kurze Zeit daselbst lebeten, und die zu Königs Friedrich I. Zeit nach Berlin aus Schweden überschickte Rennhirsche haben so wenig wie die Lappländer, die sie begleiteten, sich an unser Klima gewöhnen können, und starben alle einige Monathe nach ihrer Ankunft.

Der Rennhirsch, den ich zu sehen und zu beobachten Gelegenheit gehabt habe, ist aus Petersburg nach Stettin gekommen, von wo ihn Se. K. H. der Herr Markgraf zu Schwedt erhalten haben. Sein Vaterland ist das russische Lappland, und ich weiß nicht, ob dieser Theil von Lappland dem Rennwildpret vortheilhafter und angemessener ist, als der, welcher Schweden gehöret, oder ob dieser Rennhirsch hierinnen als eine Rarität in der Art anzusehen ist; so viel aber ist gewiß, daß dieser Rennhirsch mir um ein merkliches größer zu seyn schien, als die, welche König Friedrich der I. aus Schweden erhalten hatte, und die in der Königl. Kunstkammer zu Berlin ausgestopfet stehen. Ich glaube mit ziemlicher Gewißheit aus dem Gehörne muthmassen zu können, worüber ich in der

Folge mich näher erklären werde, daß dieser Rennhirsch, wie ich ihn ausgemessen habe, dreyjährig zu Ende May gewesen war, und sein drittes Gehörne trug. Er war zu Ende des Septembers nachdem er gefegt hatte, und seine Feistzeit anfing, von mir ausgemessen worden. Seine größte Länge betrug, wie man aus nachfolgender Ausmessungstabelle sehen wird, 6 Fuß, 2 Zoll und 2 Linien, die Höhe des Fordergestelles 3 Fuß, 10 Zoll, 6 Linien, und des Hintergestelles 3 Fuß, 7 Zoll, 7 Linien. Er hatte mithin mit einem Hirsch von 10 Enden, den ich ausgemessen, und welcher in der Länge von der Nase bis zum Weidloche *) gemessen, 6 Fuß, 4 Zoll, die Höhe des Fordergestelles 3 Fuß, 6 Zoll, 6 Linien, und des Hintergestelles 3 Fuß, 10 Zoll, 6 Linien war, also hierinnen im umgekehrten Verhältniß mit dem Rennhirsch stand, einerley Größe. Ohne sich durch Ausmessung von dergleichen Größe eines Rennhirsches und eines jagdbaren Hirsches von 10 Enden überzeuget zu haben, sollte man dem Augenschein nach dieses in Zweifel ziehen, uud ersteren für weniger hoch und groß als letzteren halten. Denn weil der Rennhirsch merklich stärker an Wildpret als der Rothhirsch ist, ferner eine nicht vortheilhafte Stellung hat, indem er den Kopf niedersinken lässet, da ihn der Edelhirsch stolz empor träget, so lieget hierinnen wohl der Grund, daß der Edelhirsch den Augenschein nach für merklich größer wird gehalten werden, als es der Rennhirsch ist.

Der Rennhirsch hat im Winter, in seiner besten Feistzeit, sein Gehörne abgeworfen, und zwar Anfang des

*) Das Weidloch heisset bey den Jägern die Oefnung, wo die Losung herausfällt.

des Januars, und setzet er an dessen statt wieder Kolben auf, eben wie der Edelhirsch, die wie bey diesen weich, und mit eben einer solchen plüsch- oder daunenartigen Haut oder Bast bedecket sind; und so wie bey diesen sich die Farbe des Bastes nach dem Haar des Hirsches richtet, so, daß weisse Hirsche weissen Bast, und rothe Hirsche rothen Bast haben; so ist auch der Bast bey dem Rennhirsch von eben der schwärzlich-grauen Farbe, wie das Haar, welches seinen Kopf und Rücken bedecket. Ausgangs Julii ist ihm das Gehörne verrecket, das heißt, es ist unter dem Baste zu seiner vollkommenen Härte und Größe gelanget, dergestalt, daß er in den ersten Tagen des Augusts feget, oder das Gehörne von den rauhen Bast, der es bedecket, entlediget. Eduard hat in seiner Geschichte der Vögel *), woselbst er unter dem Namen eines grönländischen Dammhirsches, eine sehr fehlerhafte Abbildung eines Rennhirsches gegeben hat, eine Beschreibung dieses Thiers hinzugefüget, worinnen er das seltsame Versehen begehet, diesen Bast oder plüsch-ähnlichen Ueberzug der Kolben für ein bleibendes Charakter anzugeben, da er doch aus der Analogie aller übrigen Arten von Gehörne hätte leicht vorhersehen können, daß dieser Bast, wenn das Gehörne seine Vollkommenheit erreichet hätte, würde abgeschlagen oder gefeget werden. Eines Naturkündigers falsche Schlüsse und Bemerkungen sind deswegen für die Naturgeschichte gefährlich, weil, wenn derselbe einigen Ruf ausgebreiteter Kenntnisse in der Natur hat, gleich mehrere Nachbeter findet, die seine unrichtige Bemerkungen vervielfältigen und nachschreiben; so nimmt Grew bey Beschreibung des Kabinets der Londner

*) Edward Histoire des oiseaux. Seite 51.

Londner Königl. Societät, diesen Bast auch für ein Charakter des Gehörnes seines grönländischen Rehbocks, caprea Groenlendica an, welcher auch kein anderes Thier als der Rennhirsch ist. Seligmann*) hat diesen Fehler dadurch verbessert, daß er bey Beschreibung seines grönländischen Rehbocks, welchen er cervus rangifer Groenlandicus nennet, saget: „es „habe, was das Gehörne anbelanget, seine Vollkom„menheit nicht, indem es noch jung sey, und wäre „mit einer plüsch-ähnlichen braunen Haut überzogen." Er berufet sich in Absicht der Form auf seine Figur, die aber darinnen mangelhaft ist, daß das Gehörne zu weit vorwärts über gekrümmt erscheinet, auch mangelt seiner Figur der Bart, der Kopf ist zu kurz und dicke, und die Farbe ist röthlich, und am Bauche weisgrau ausgemalet, welches, wie wir in der Folge bei Beschreibung des Rennhirsches sagen werden, ebenfalls ganz anders ist. Das Gehörne des Rennhirsches bestehet zwar aus eben den innern Bestandtheilen, als diejenigen, welches die rothen, und Dammhirsche tragen, die äußere Gestalt aber ist genz verschieden. Es ist von heller gelblich-brauner Farbe, ohne alle Perlen und Furchen, auch noch weniger gereifet als das vom Dammhirsch. Die Stangen sind sehr lang und sehr dünne, und die Enden stehen, den Eisspriessel ausgenommen, ganz horizontal. Dieses Ende ist bey den alten auch schon bey den drey- und vierjährigen Dammhirschen sehr lang in Verhältniß gegen die übrigen, stehet aufwärts gekrümmt, und wird oben an der Spitze breit und schaufelartig, so wie ebenfalls

*) Seligmanns Sammlung verschiedener ausländischer und seltener Vögel, mit illuminirten Abbildungen, IIter Theil, Tab. CI.

falls der obere Theil der Stangen, fast wie bey dem Dammhirsch, erscheinet. Er bestehet eben wie bey diesen aus einer Schaufel, die aber an der Stange nicht weit herabreichet, auch mit längern und ründern Enden am Rande gezieret ist. Ich vermuthe aus der Gleichheit des Gehörnes des Rennhirsches, mit den Schaufeln des Dammhirsches, daß er eben auf die Art und in noch kürzerer Zeit zu einen vollkommnen, weiten und prächtigen Gehörne gelange. Der Dammhirsch ist, wenn er fünf Jahre zurückgelegt hat, vollkommen erwachsen, und nimmt weder an Höhe noch an Stärke des Wildprets mehr zu, obgleich seine Schaufeln, die alsdenn schon groß und prächtig sind, sich noch viele Jahre hindurch immer breiter, und mit mehreren und besser ausgebildeten Enden zeigen; der Rennhirsch, welcher, nach dem Zeugniß aller Reisenden, nach dem vierten Jahre nicht mehr weder an der Höhe noch Breite zunimmt, muß alsdenn auch schon ein völlig ausgewachsenes Gehörne zeigen, ob es gleich noch bis in das zwölfte oder dreyzehnte Jahr fortfahren mag, immer in der Länge, Vielheit der Enden, und Breite der Schaufeln zuzunehmen. Ich vermuthe also, daß der Rennhirsch im ersten Jahre ein Spiesser, im zweyten ein Hirsch von acht Enden, Tab. II. Fig. 1. und daß er im dritten Jahre sey, wenn er an den Eissprießeln Schaufeln zeiget, und ein solches Gehörne aufgesetzet hat, wie das, welches ich auf der Isten Tafel, bey Abbildung des Rennhirsches, vorgestellet habe. Der **Augsprosse**, welcher das Ende zunächst am Kopfe ist, raget nicht so weit hervor, als das Ende, welches gleich über jenes stehet, und bey den übrigen Hirschgehörnen der **Eissprießel** genannt wird. Hier hat er die Gestalt einer gerade vorstehenden Schaufel, und scheinet die Bildung des

Ge-

Gehörnes und der mit Schaufeln versehenen Eisspriessel ziemlich klar zu zeigen, daß die Natur dem Rennhirsch das Gehörne nicht sowol zur Vertheidigung gegeben habe, als vielmehr zu einem Werkzeuge, um im Winter den Schnee von den Orten wegzuschlagen, wo der Lichen, eine Art sehr nahrhaften Moosses, unter demselben wächset, und daß ihm zu seiner vorzüglichsten Aesung (Nahrung) im Winter dienet. Die Reisenden, welche uns Beschreibungen von Lappland und dem Rennwildpret geben, stimmen alle darinnen überein, daß sie gegen die Anfälle der Wölfe und anderer Raubthiere, sich mit den Vorder- und Hinterläufen wehren, und daß dieses weit würksamere Waffen sind, als ihre Gehörne. Weil das Aufsetzen des Gehörnes gerade zu einer Zeit trift, wo der Rennhirsch sehr schlecht an Wildpret, und durch die Hitze des Sommers eben so sehr, als durch die Enderlinge, Fliegen und Mücken geplaget wird, so ist es kein Wunder, daß auch sein Gehörne weit langsamer zu seiner Vollkommenheit gelanget. Er bringt beynahe acht Monate damit zu, von der Zeit an zu rechnen, da er in den ersten Tagen des Januars abwirft, bis im August, da er feget. Der Roth- und der Dammhirsch verrichtet dieses in weit kürzerer Zeit, weil er zugleich sich mit überflüßiger Aesung zu Ende des Frühlings, und im Sommer füllen kann, die voll der nahrhaftesten Bestandtheile, das Wachsthum des Gehörnes sehr beschleunigen können. Die Rothhirsche werfen im März ab, und fegen im Julii, also in vier Monathen, und die Dammhirsche, die, indem sie bey ihrer Aesung weniger wählen, auch verhältnißmäßig zu jeder Jahreszeit besser an Wildpret sind, haben in drey Monathen ihr neues Gehörne vollkommen, sie werfen nemlich

Aus-

Ausgangs May ab, und fegen in den ersten Tagen des Septembers.

Nachdem der Rennhirsch gefeget hat, verfärbet er sich, bekommt ein schönes, sehr dichtes und kurzes Haar, welches am Kopf, auf den Rücken, am Bauch, und an den Läuften dunkel, Schieferfarbe, am Halse zwischen den Augen, und den Rosenstock (die Erhabenheit, worauf das Gehörne stehet), ingleichen am Bart aber weiß war. Es verdienet als etwas sonderbares angemerket zu werden, daß bey dem Rennhirsch die Nasenhaut, welche fast bey allen andern Thieren glatt und feuchte ist, mit ganz kurzen weissen und grauen Haaren von der Natur dichte überzogen worden, und scheinet sie dabey den Endzweck gehabt zu haben, sie dadurch wieder den heftigen Frost und der Kälte verwahren zu wollen, welcher ihr um so gefährlicher hätte seyn können, weil er unter dem Schnee im Winter seine Aesung suchen muß.

So wie sich der Rennhirsch verfärbet hat, fängt er an, wie unsre Roth- und Dannhirsche, Feist (Fett) anzusetzen, und obgleich bey diesem zahmen Renn-Hirsch die Aesung immer dieselbe blieb, an Wildpret dergestalt zuzunehmen, daß er dem feistesten Hirsch nichts nachgab. Der Hals wurde ihm dicke, und das kurze Wildpret (die Hoden) schwellete ihm an, wie bey diesen, welches ohne Zweifel Zeichen seiner Brunst waren, die zu Ende des Septembers seinen Anfang nimt. Die Regungen derselben zeigten sich aber bey diesem Rennhirsch auf keine andere Weise, als durch öfteres Ausschachten, sonst blieb er ganz fromm, schrie nicht, wie die Edel- und Dammhirsche, und hatte auch keinen Geruch, wie diese um solche Zeit zu haben pflegen. Vermuthlich würde man, wenn er zu dieser Zeit Thiere bey sich gehabt hätte,

hätte, sein Betragen ganz anders gefunden haben. Denn es ist wahrscheinlich, daß, da dieser Rennhirsch, nachdem er seine Spieße abgeworfen, und also zweyjährig war, weggeschickt worden, er wohl noch mit keinen Thieren gebrunstet hatte, weil man die ganz jungen Hirsche nicht so früh bey den Thieren bringet, damit sie ihren Wachsthum um so vollkommener erreichen mögen. Es ist also auf das Betragen der Rennhirsche in der Brunst, nach demjenigen, wie dieser sich zu dieser Zeit gezeiget hat, gar kein Schluß zu machen, sondern man muß abwarten, bis die Thiere, die für ihn erwartet werden, angekommen sind, um zu sehen, wie die Brunst, wenn er Thiere hat, auf ihn würket.

Bey dem ersten Anblick sollte man diesem Thiere nicht die Schnelligkeit zutrauen, die ihm alle Reisende zugestehn, und welche er nachmals in seinem flüchtigen schnellen Trabe zeiget. Sein Kopf ist lang und stark, die Nase so breit wie an einem Ochsen, und die Nasenlöcher weit und offen. Die breite Stirn, die nach dem Gehöre (Ohren) zurückliegende große runde Augen, der kurze niederhängende dicke Hals, und die mit Wildpret (Fleisch) überladene Blätter (Schultern) geben ihm ein eben so einfältiges als schweres Ansehn. Dieses wird noch durch einen Busch Haare oder Mähnen vermehret, die sich von der Drossel (Gurgel) an, bis eine Handbreit von der Brust, längst dem Halse wie ein Bart herabziehet, unterhalb einer halben Spanne lang nnd einer Hand breit sind, und bey jeder Bewegung des Hirsches hin und her wackeln. Die Läufte sind schmal und fürnehmlich die Röhren dünner als bey dem Rothhirsch, die Schalen aber sind so groß und breit wie an einem Ochsen, welches auf eine widrige Art absticht. Diese schein-

scheinbare Unvollkommenheit befördert indeß die Schnelligkeit dieses Wildprets ungemein, weil die breiten Schalen das Einsinken in dem tiefen Schnee verhindern, und es vermittelst derselben, auf den gefrorenen Schnee, als auf einen geschorenen Rasenplatz hinwegläuft. Hinter diesen breiten Schalen, liegen gleich die Oberrücken oder Afterklauen, die noch einmal so lang als bey dem Rothhirsch sind, und viel niedriger und weiter auseinander stehen. Unter der Hesse inwendig am Hinterlauf hat er einen zwey Zoll langen, ovalen Fleck, welcher mit den Feigwarzen an den Füssen der Pferde eine Aehnlichkeit hat, doch mit dem Unterschiede, daß sie bey dem Rennhirsch mit weißen Haaren bedecket sind, und daß die Forderläufe dergleichen nicht haben. Der Pinsel (Ruthe) ist mit kurzen schiefergrauen Haaren bewachsen, und hat als eine eigenthümliche Abweichung, von allen andern ihm ähnlichen Wildpretsarten, unten am Ende derselben keine langen Haare. Eben eine solche Verschiedenheit findet sich auch in der Farbe des Bauches; diese ist fast bey allen europäischen Thieren, den Dachs ausgenommen, von einer hellern Farbe als der übrige Leib, und mehrentheils weis; bey dem Rennhirsch aber ist er dunkel schiefergrau, fast schwärzlich, wie auf dem Federruck (Rückgrad) und an den Läufen, an welchen drey Orten seine Farbe am dunkelsten ist. Der Kopf, der obere Theil des Halses, die Keulen sind weniger dunkel, besonders werden diese hinterwärts, wie fast bey allen übrigen Wildpretsarten, noch etwas heller, gleichsam wie verwaschen, doch sticht das Helle nicht so scharf ab, daß man es, wie bey dem Roth- Damm- und Rehwildpret, den Spiegel nennen könnte. Der untere Theil des Halses, der Bart oder die Mähnen, die Kronen über die

Schalen, und die Brust sind ganz weis, mit ganz kurzen Haaren; von eben der Farbe ist auch das Kurzewildpret, (die Hoden) bekleidet, wie bey dem Damhirsch. Die Blume aber ist kürzer wie bey dem Rothhirsch, und dunkelgrau.

Aus dieser Beschreibung wird man leicht diejenigen Kennzeichen ausfinden können, wodurch sich der Rennhirsch von dem Rothhirsch unterscheidet, und welche ich hier kürzlich noch einmal auseinander setzen will.

1) Der Kopf des Rennhirsches ist länger und stärker als bey dem Rothhirsch, die Nase ist sehr auffallend dicker, mit kurzen Haaren dichte bekleidet, und die Nasenlöcher weiter und offener.

2) Das Gehörne bestehet aus sehr langen dünnen Stangen, die sich nach dem Rücken hinwenden, von gelblicher Farbe sind, und worauf lange schmächtige Augsprossen, imgleichen schauffelförmige Eissprießel stehen, so wie auch die Stangen oben statt der Krone kleine Schaufeln haben. Bey dem Roth- oder Edelhirsch ist das Gehörne dunkel gefärbet, die Stangen sind stark, und stehen weit und eröfnet, gerade auf den Kopf; die Enden, Eissprießel und Augsprossen haben eine angenehme Krümmung, und laufen forne spitz zu, so daß die Enden in der Ferne ganz weißlich wie geschliffen erscheinen, und gegen das Braune oder Schwarze der Stangen sehr angenehm abstecken. Gleichergestalt ist das ganze Gehörne mit Perlen *) und Rosen

*) **Perlen** sind die weißen Erhabenheiten, die wie Tropfen auf den Stangen und den untern Theil der Enden liegen.

Rosen *) gezieret, die dem Rennhirschgehörne gänzlich fehlen.

3) Der Hals, den der Rothhirsch auf eine so edele, anmuthsvolle und stolze Art hoch empor träget, stehet bey dem Rennhirsch wie bey einen Ochsen gerade aus, oder wird von ihm niederhangend getragen. Er ist kurz, dicke, und hat unterhalb einen Bart.

4) Der Federruck über den Forderblättern ist mit einer Masse Wildpret (Fleisch) beladen, welches eine Art eines Puckels verursachet, und Schuld ist, daß bey diesem Thiere das Fordergestelle um einige Zoll höher als das hintere Gestelle erscheinet, welches bey dem Rothhirsch umgekehrt ist.

5) Die Schalen sind sehr viel breiter, und die Oberrücken oder Afterklauen länger, und stehen niedriger als bey dem Rothhirsch.

6) Der Pinsel ist nicht, wie bey dem Rothhirsch, mit langen Haaren an der Spitze bekleidet.

7) Die Farbe ist, wie wir aus der gegebenen Beschreibung gesehn haben, gänzlich von der, die dem Rothhirsch eigen ist, unterschieden, und verfärbet er sich zum Winter im September weit schöner, als im May zum Sommer, bey dem Rothhirsch ist dieses just umgekehret.

Bey jedem Tritt, den das Rennwildpret thut, höret man über den Schalen ein Knacken, als wenn man kleine Steine schürtelte, oder dünne Stöcke zerbräche. Wenn es die Schalen langsam auf die Erde

 setzet,

*) Rosen wird der untere Theil des Gehörnes genannt, der zunächst auf dem Kopfe stehet, und der durch verschiedene Erhabenheiten und Ausschnitte, gleich einer Blume verzieret ist.

setzet, höret man das Knacken ebenwohl, obgleich weniger stark, als wenn es schnell und mit mehrerer Kraft auftritt, oder trabet. Sein Gang besteht nicht in einem flüchtigen Galop, wie bey dem Rothhirsch, noch in hohen schnellen Sätzen, wie bey dem Damhirsch, sondern der Rennhirsch trabet mit unbeschreiblicher Leichtigkeit so geschwind, daß er damit das andere Wildpret, wo nicht einholen, doch wenigstens ermüden könnte, und dieser Gang greifet ihn so wenig an, daß er im Stande ist, dreyßig und mehr Meilen in einem Tage auf diese Art zu machen, wie alle Reisende bezeugen. Wenn der Hirsch, den ich beobachtet habe, sehr von Fliegen geängstet wurde, so habe ich ihn wohl drey oder vier Schritte im Galop machen sehen, dieser war aber so schwerfällig, und für ihn so unnatürlich, daß er gleich wieder in seinem flüchtigen Trabe fiel.

Der Sommer ist für das Rennwildpret die unangenehmste Jahreszeit. Sie sind alsdenn mager, mit langen dünnen Haaren bedecket, und werden mit den Enderlingen, so wie alles andere Wildpret, geplaget, die ihnen um diese Zeit aus der Haut fallen. Sie verbergen sich im Schatten, und äsen wenig. Zu dieser Zeit wurde dieser Hirsch in Schwedt nur des Morgens ganz früh ausgelassen, und so wie es anfieng warm zu werden, in einem kühlen Reithause gebracht. Man bedeckte ihn mit einer langen leinenen Decke, um ihn gegen die Fliegen zu beschützen, die ihm sehr plagen; und um ihn abzukühlen, wurde er, wenn es sehr heiß war, mit kaltem Wasser über den ganzen Leib begossen. Diese Sorgfalt hat den Rennhirsch nicht nur lebend, sondern auch gesund in einem Klima erhalten, welches bisher viel zu warm für diese Art Wildpret zu seyn schien, und woselbst alle, welche

man

man zuvor herüber aus Schweden gebracht hatte, keinen Sommer erlebet haben. Dieser Rennhirsch hat bereits zwey heisse Sommer überstanden, und scheinet sich so wohl zu befinden, daß man sich gegründete Hofnung machen kann, ihn noch einige Jahre zu behalten. Ihre Königl. Hoheit der Markgraf lassen nun auch zwey Thiere für diesen Rennhirsch kommen, und vielleicht ist es möglich, bey der fortgesetzten Sorgfalt, sie nicht nur lebend zu erhalten, sondern gar sie sich fortpflanzen zn sehn.

Dieser Rennhirsch bekommt zu seiner Aesung täglich eine Metze Gerste, denn Hafer hat er niemalen annehmen wollen, und ein wenig Heu, welches er doch nicht sehr achtet, dabey äset er auf die mit Klee besäeten Quarres auf der Prommenade vor dem Schlosse, wo er sich von den Vorbeygehenden gern mit Brodt, Pflaumen, Aepfeln rc. füttern lässet, und längst den Schranken neben ihnen herläuft. Weil der Rennhirsch forn schwerer wie hinten ist, so glaube ich nicht, daß er im überfliehen (springen) geschickt sey, wenigstens habe ich ihn nie, auch nur den mindesten Versuch machen sehn, über diese nur ohngefehr drey Fuß hohe Schranken zu setzen, ohnerachtet er bisweilen sehr begierig schien, aus denselben zu kommen, um demjenigen nachzufolgen, der ihm etwas Leckereyen gegeben hatte. Seine Versuche giengen aber immer darauf hinaus, unter den Schranken durchzukriechen, welches aber seines Gehörnes wegen, ein vergebliches Bemühen war. Vor einiger Zeit machte ich den Versuch, ihm von seinem vaterländischen Lichen etwas vorzuwerfen, welches ich in meinen Waldungen hatte aufsammeln lassen, und wovon alle Reisebeschreiber, auch Linnäus versichern, daß es ihre gewöhnliche Aesung ist *). Niemalen habe ich ihn mit einer solchen Begierde äsen sehen, und dieses Mooß, welches kein zahmes Vieh meines Wissens frißt, auch so gar das Damwildpret, welches in der Aesung sonst eben nicht sehr eckel ist, nicht anrühret, schien für ihn ein Leckerbissen zu seyn, den er allen übrigen Futter vorzog. Seit dem wird er mit diesem Mooße, welches ebenfalls in den Markgräfl. Heiden bey Schwedt häufig wächset, und leicht gesammlet werden kann, gefüttert; und ich zweifle nicht, daß dieses, seiner Natur am meisten angemessene Futter, ihn nicht nur in noch bessern Wohlstande erhalten wird, sondern auch auf das Wachsthum seines künftigen Gehörnes, vermittelst seiner sehr nahrhaften Bestandtheile, einen sehr merklichen Einfluß haben wird.

Dieser Rennhirsch ist von den Hausrennhirschen, deswegen sind seine beyden Gehöre (Ohren) bis auf die Hälfte abgeschnitten, welches ohne Zweifel das Zeichen seines Herrn war, wodurch er die Thiere seiner Herde kenntbar machte. Er ist so zahm wie nur immer ein Hausthier seyn kann, und lässet sich, wie man will, anfassen, auch bey dem Gehörne führen, und wer mit andern zahm gezogenen Wildpret umgegangen ist, wird wissen, daß dieses die Roth- und Damhirsche, ja so gar die Rehböcke nicht leiden. Aus folgendem Verzeichniß der Maßen des Rennhirsches wird man seine Größe und das Verhältniß seiner Theile abnehmen können.

Die

*) Rangifer habitat in alpibus Europae et Asiae maxime septentrionalibus victitat Licheae Rangiferino. . . . *Linn. syst. nat. edit.* X. Seite 67.

	Fus.	Zoll.	Lin.
Die ganze Länge des Rennhirsches in gerader Linie gemessen, von der Nase bis zum Weidloche (anno) ,	6	2	4
Höhe des Fordergestelles ,	3	10	6
Höhe des Hintergestelles ,	3	7	7
Länge des Kopfes vom Ende der Nase bis zwischen den beyden Stangen des Gehörnes , , ,	1	4	—
Umfang der Nase, hinter den Naselöchern gemessen , ,	1	1	3
Zwischenraum zwischen den Naselöchern unten. , ,	—	2	9
Länge des Auges von einem Winkel zum andern , , ,	—	2	8
Entfernung der beyden Augenlieder von einander, wenn das Auge offen ist ,	—	6	—
Entfernung des fordern Augenwinkels bis zum Anfang des Mundes ,	—	4	5
Entfernung des hintern Augenwinkels bis zum Gehör , ,	—	2	8
Umfang des ganzen Kopfes unter dem Rosenstock gemessen ,	2	5	6
Länge des abgestutzten Gehöres ,	—	3	6
Breite desselben, nach der äussern Krümmung gemessen , ,	—	5	6
Entfernung des Gehöres bis zum Gehörne , , ,	—	2	4
Entfernung zwischen den beyden Gehören hinter dem Gehörne gemessen ,	—	6	4
Länge des Halses , ,	1	1	7
Umfang desselben, bey den Kopf gemessen ,	2	4	4
Umfang desselben bey den Forderblättern ,	3	—	6
Höhe der Blätter (Schultern) ,	1	7	—

	Fuß.	Zoll.	Lin.
Umfang des Leibes hinter den Forderläufen	4	—	4
Umfang desselben wo er am dicksten ist	5	—	3
Umfang desselben vor den Hinterläufen	3	9	8
Länge der Blume	—	4	7
Umfang derselben nahe am Federruck	—	2	—
Länge des Forderlaufs vom Ellenbogen bis zum Knie	1	—	6
Umfang desselben wo er am dicksten ist	—	11	—
Umfang des Knies	—	8	—
Länge des Röhrknochens	—	8	6
Umfang desselben wo er am dünnsten ist	—	5	4
Umfang der Köte (Kugel)	—	6	5
Länge des Fessels	—	3	4
Umfang desselben	—	8	3
Umfang der Krone über die Schalen	—	8	6
Höhe von der Schale bis zum Knie	—	11	9
Entfernung des Ellenbogens bis auf den Federruck	1	6	10
Entfernung vom Ellenbogen bis zum untern Theil der Schale	1	11	10
Länge der Keule, von der Kugel bis zur Biegung der Hesse	1	4	10
Umfang desselben bey den Wanst	1	5	5
Länge der Röhre von der Hesse bis an der Köthe	1	3	3
Umfang derselben	—	7	2
Länge des Forderoberrücken oder Afterklaue	—	2	—
Umfang desselben	—	1	7
Länge des Hinteroberrücken	—	1	9
Umfang desselben	—	1	8
Länge der Schalen an den Forderläufen	—	2	3

Höhe

	Fus.	Zoll.	Lin.
Höhe derselben	—	1	—
Länge der Schalen bey den Hinterläufen	—	2	6
Höhe derselben	—	2	—
Breite der beyden Schalen an den Forderläuften zusammen gemessen über den Spalt	—	6	—
Ebenderselben an den Hinterlauf gemessen	—	5	4
Breite der Entfernung zwischen den beyden Schalen	—	1	4
Umfang der beyden Schalen zusammengemessen am Forderlauf	—	10	9
Dieses ebenfalls ummessen am Hinterlauf	—	9	6
Umfang des Gehörnes auf den Rosenstock	—	5	9
Länge des Barts unter dem Halse von seinem Anfange bis wo er aufhöret	1	1	6
Länge der kürzesten Haare an demselben	—	2	—
Länge der längsten Haare.	—	6	10

Nach dem Bericht der Reisenden giebt es wildes und zahmes Rennwildpret. Letzteres macht den ganzen Reichthum der Nationen aus, welche gegen dem Nordpole wohnen. Sie haben große Heerden derselben, die sie in den Waldungen weiden und gegen die Wölfe hüten lassen. Der größte Theil der Hirsche wird ausgeworfen, und sollen die Lappländer diese Operation mit den Zähnen verrichten. Dieses ist vielleicht der Grund, warum diese Kümmerer *) dennoch ihr Gehörne abwerfen, wieder aufsetzen und fegen, wie ein anderer Hirsch, denn es ist wohl nicht möglich, den Hirsch mit den Zähnen das kurze Wildpret so vollkommen zu berauben, als mit einem hierzu schick-

 lichen

*) Ein am kurzen Wildpret beschädigter, oder dessen gar beraubter Hirsch, wird ein Kümmerer genannt.

lichen Instrument. Wenn der Ritter **Linnäus** nicht ausdrücklich den Umstand des Abwerfens der Kümmerer erwehnte *), so wäre es billig in Zweifel zu ziehn, da wir das Gegentheil bey den Rothhirsch, Damhirsch und Rehböcken erfahren, die ihr Gehörne nie abwerfen, so bald sie am kurzen Wildpret verschnitten sind. Aus der Analogie liesse sich dieses ebenfalls von dem Rennhirsch erwarten, und hätte man so gar die Autorität eines andern Naturkündigers entgegen zu setzen, der ausdrücklich saget, die geschnittenen Rennhirsche würfen nicht ab **). Wenn also der Ritter **Linnäus** nicht allein vermuthet hat, daß, weil er geschnittene Rennhirsche mit Gehörne gesehn, die sie schon vor dem Auswerfen hätten können getragen haben, daß diese Kümmerer abwürfen und wieder aufsetzten, sondern wenn er es, wie man dieses von einem so großen Naturkündiger erwarten muß, aus gewissen Nachrichten, oder aus eigener Erfahrung weiß, so müßte man den Grund hiervon in den nahrhaften Bestandtheilen der Aesung suchen, die der Rennhirsch zu sich nimmt, und welches in seinem Vaterlande größtentheils der Lichen oder das **Rennthiermooß** ist, dessen wir oben erwähnet haben, und das seine kräftige Würkung auch an den Thieren zeiget, welche gleich den Hirschen Gehörne tragen, die zwar kleiner als an den Hirschen sind, dennoch aber aus ziemlich langen Stangen und Enden bestehen sollen, die sie, wie jene, abwerfen und wieder aufsetzen. Dieses

*) Castratus quotannis cornua deponit. *Linn.* syst. nat. Ed. X. Seite 67.

**) Castratis rangiferis Lapones utuntur. Cornua castratorum non decidunt et eum hirsuta sunt semper pilis luxuriant. *Fluden* Rangifer. Jenae 1697.

Dieses soll, nach dem Zeugniß des Verfassers der Beyträge zur Naturgeschichte des Rennthiers im Stralsunder Magazin *) einige Tage, nachdem es das Kalb gesetzt hat, geschehen; und da dieses im März trift, müssen sie beynahe fünf Monathe später, als die Hirsche, abwerfen. Weil aber in eben diesem Magazin gesagt wird, daß die Hirsche ihr Gehörne gleich nach der Brunst, also zu Ende October oder Anfangs November verlieren sollen, dieses aber, wie wir aus eigener Erfahrung wissen, und wie wir gesagt haben, Anfangs Januar geschiehet; so ist das Zeugniß dieser Schrift, wegen des Abwerfens der Thiere, vielleicht eben so ungewiß. Eben so ungegründet sind die Versicherungen einiger Schriftsteller, als **Tornäus, Scheffer** **), **Hulden** ***), u. a. m. daß das Rennwildpret nicht wiederkaue. Ich kann aus eigener Erfahrung versichern, daß das Rennwildpret mit eben der Leichtigkeit, als das Rindvieh, das Gräße aus den ersten Magen wieder in den Mund bringet und wiederkäuet. Weil auch die Stellung des Halses, wie bey einem Ochsen, gerade vor sich hingestrecket ist: so thun sie dieses weit bequemer, als das Roth- oder Damwildpret, die nur durch eine äußerlich sichtbare Gewalt, und durch ein lautes Aufstossen oder Aufschlucken, wegen der Krümmung des Halses

*) Stralsunder Magazin, oder Samml. auserlesener Neuigkeiten zur Aufnahme der Naturlehre, Arznw. und Haushaltungk. I. Stück. Seite 400.

**) Ceci est encor à remarquer dans le renne qu'il ne rumine point, quoi qu'il à la corne du pied fendue. Scheffer. Seite 206.

***) Sunt bisulci et cornigeri, attamen non ruminant Rangiferi. *Fluden* Rangiferi &c.

Halses und des Schlundes, die Weide aus den Wanst wieder in den Mund bringen können.

Es giebt wildes und zahmes Rennwildpret, welches letztere eigentlich mehr Hausthiere als zahmes Wildpret geworden ist. Das erstere ist stärker an Wildpret, schwärzer von Farbe, und zeiget aus seinem äußern Ansehn schon, wie viel Einfluß die Freyheit auf dem Wohlleben dieser Thiere hat; wenn man sie ausser der Brunstzeit antrift, so findet man sie in starken Rudeln beysammen, weil die ein- und zweyjährigen Rennhirsche und Thiere noch ihren Müttern wie die jungen Kälber folgen, und demnach bey fünf oder sechs alten Thieren, sich ein Rudel von funfzehn bis achtzehn Stück junges Wildpret und Kälber befinden. Die Brunst gehet bey dem Rennhirsch, wie ich schon gesagt habe, zu Ende des Septembers an, und sollen die Brunsthirsche eine starke unangenehme Witterung (Geruch) von sich geben. Vierzig Wochen nach der Brunst, setzt das Rennthier ein Kalb, sehr selten zwey. Diese haben eben wie die Rothkälber, eine gefleckte Farbe. Sie sind röthlich und gelb eingesprenget, und verlieren diese Farbe gegen den Winter, da sie sich grau verfärben. Es sind auch unter den Rennthieren einige, die Gelte bleiben, oder gar nicht tragen, und rechnet man auf hundert Thieren ohngefehr zehn Stück die Gelte bleiben. Diese sind, wie bey allem Wildpret, viel feister als die andern, und haben gegen den Winter ein angenehmes durchgewachsenes Wildpret, als wenn sie wären gemästet worden.

Die Lappländer, bey welchen die Zucht des Rennwildprets eine Hauptbeschäftigung ist, haben gefunden, daß sie dadurch ihre Racen sehr verbessern, wenn sie ihre Thiere von wilden Rennhirschen beschlagen (besprinspringen) lassen, und bleiben deswegen zur Brunstzeit viele zahme Thiere in den Wäldern. Die hieraus kommenden Rennhirsche sollen weit stärker und dauerhafter zur Arbeit, auch viel schneller im Laufen seyn. Dieserhalb werden sie vorzüglich zum Reisen gebraucht, und vor die Schlitten gespannt. Sie sind dagegen auch nicht so gehorsam, wie die von ganz zahmer Art, werden stetig, hartnäckig, und kehren oft, während daß sie angespannt vor den Schlitten laufen, kurz um, und fallen denjenigen an, der im Schlitten sitzet. Die gewöhnliche Verwahrung dafür ist, sich mit dem Schlitten zu bedecken, doch, sagt Herr von **Maupertuis**, er hätte hiemit nicht können zu Stande kommen, sondern hätte sich nur mit einem kurzen Stabe vertheidiget, den man ihm gegeben hätte, um vermittelst desselben, den Schlitten von den Stämmen der Bäume abzulenken, an denen er sonst stossen würde. Nachdem der Rennhirsch auf diese Art eine kurze Zeit getobt hat, setzet er seinen Weg wieder fort, und ist ruhig und fromm. Das Fahrzeug vor welches man den Rennhirsch spannet, ist ein Schlitten, den der Lappe **Pulka** nennet; es ist ungemein leicht, und siehet einem Kahne gleich; um den Schnee besser zu durchschneiden, ist er forn zugespitzt, und ruhet wie ein Kahn auf einen Kiel, vermittelst welchen er auf den gefrornen Schnee fortgleitet. Es kann nur ein Mensch in einem solchen Pulka sitzen, oder besser liegen, denn er sitzt flach auf den Boden mit ausgestreckten Beinen, und ist oberhalb mit einer Rennthiershaut bedecket, die man auf den Schlitten fest zuschnüret. An diesen Schlitten wird der Rennhirsch vermittelst eines einzigen Stranges von Rennhirschleder gespannt, der an einem Stücke Haut, worauf das Haar geblieben, und welches der Hirsch um den

Hals

Hals hängt, befestiget ist; er hängt die Brust herab, und wird zwischen den beyden Hinterläufen durchgezogen, und so in einem forn am Pulka befindlichen Loche durchgesteckt und gebunden. Unten am Gehörne wird eine Art einer Linie angeschleifet, die der fahrende Lappe in der Hand hält, und bald auf der rechten, bald auf der linken Seite des Thieres wirft, je nachdem es sich auf die eine oder andere Seite wenden soll. In der Hand hat man einen kurzen Stab, mit welchen man in beständiger Bewegung ist, um dieses Fahrzeug gegen das Umwerfen zu verwahren. So geschwind dieses Fuhrwerk ist, indem man auf diese Art in einer Stunde wohl zwey bis drittehalb Meilen zurückleget, so unbequem ist es für jeden andern, der nicht ein Lappé ist. Diese hingegen stellen auf diese Art große Reisen an, auf welchen sie nicht nur für sich, sondern auch für ihr Wildpret den nöthigen Proviant mitnehmen müssen; dieser bestehet für die letztern in das Rennthiermooß, das man mit Schnee und Eis durchknetet, und dadurch Brodte bildet, die der Rennhirsch begierig äset, und daran zu gleicher Zeit seinen Durst und seinen Hunger stillet. Auf diese Weise reisen ganze Caravanen Lappländer, um in ihren Städten die Häute und Fische gegen andere Waaren zu vertauschen. Ein Pulka folget bey einer solchen Reise den andern auf einer Bahn, die ganz schmal wie eine Furche ist, und auf welcher die Rennhirsche hinter einander forttraben.

Die ausgeworfenen Rennhirsche oder Kümmerer brauchen sie zur Speise, denn sie sollen ein wohlschmeckend Wildpret haben, und zur Fortbringung ihres Geräthes; sie sind minder schnell, aber frommer und anhaltender in der Arbeit, können auch größere Lasten fortrücken. Die Thiere geben ihren Herrn

eine

eine fette, häufige und wohlschmeckende Milch, aus welcher sie, eben dieser großen Fettigkeit wegen, keine Butter, aber sehr gute Käse bereiten. Mit der Haut kleidet sich der Lappe von Kopf zu Fuß; und von den Sehnen, die er auf verschiedene Art spaltet, verfertiget er Stricke von verschiedener Dicke, auch so gar Zwirn, womit er seine Kleidung zusammen nähet. Kurz, das Rennwildpret dienet seinem Herrn auf unendliche Art, und gereichet es dieser Nation um so mehr zur Ehre, in diesem Wildpret alle Zweige seiner Nutzbarkeit entwickelt zu haben, da man von den Fähigkeiten ihres Geistes eben nicht die vortheilhaftesten Begriffe hat. Wer hierüber die gegebene Nachrichten der Reisenden nachlesen will, wird auf das neue von der Güte Gottes überzeuget werden, und von der väterlichen Sorgfalt, mit welcher er für seine Geschöpfe, und fürnehmlich für uns Menschen sorget, daß er jedem Lande, jedem Himmelsstrich, dasjenige gegeben hat, was zur wahren Glückseligkeit seiner Bewohner gereichen kann.

Das Alter des Rennwildprets erstrecket sich bey denen, die in ihrer Freyheit in den Wäldern leben, höher, als bey denen, die unter dem Joche der Sklaverey schmachten. Diese werden, nach dem einstimmigen Zeugniß aller Reisebeschreibungen, nicht älter als funfzehn oder sechszehn Jahr; indeß ist nach dem Graf **von Büffon** zu vermuthen, daß das in Freyheit lebende Rennwildpret es auf acht und zwanzig bis dreyßig Jahre bringen könne, indem kein Grund vorhanden ist, warum die bey allen vierfüßigen Thieren angenommene Regel nicht beym Rennwildpret gelten sollte, daß sie siebenmal so lange leben, als sie Jahre brauchen, um ihren vollkommenen Wachsthum zurückgeleget zu haben. Der Rennhirsch ist, wenn er

vier

vier Jahre alt ist, zu seiner ganzen Größe und Stärke gelanget, die er haben kann, und muß also ohngefehr siebenmal so lange, oder acht und zwanzig Jahre alt werden können.

Erläuterungen zu den Kupfern.

Der auf der ersten Tafel vorgestellte Rennhirsch kommt nicht in der Farbe mit der vorhergegangenen Beschreibung überein, weil diese Beschreibung im Sommer gemacht, jene Abbildung aber verfertiget worden, nachdem der Rennhirsch sich verfärbet, und das Winterhaar aufgeleget hatte. Dem Leser wird es ohne Zweifel angenehm seyn, auf diese Weise einen richtigen Begrif von der Verschiedenheit der Farben zu erhalten, in welchen der Rennhirsch erscheinet, nachdem die Jahreszeit sich verändert, da dieser Unterschied der Farbe so auffallend ist. Das Gehörne, welches dieser Hirsch trug, hat folgende Maassen:

	Fuß.	Zoll.	Lin.
Die rechte Stange von der Spitze bis an die Rosen nach der Krümmung gemessen – – –	3	7	6
Das obere nach hinten gekehrte Ende an derselben – – – –	—	10	9
Der Eisspriessel (obere Augsprossen) nach der Krümmung gemessen –	1	7	—
Er war an dem äußern Ende etwas breitschaufelförmig.			
Das Ende an demselben – – —		4	3
Der Augsprossen – – —		5	9

Die

	Fuß.	Zoll.	Lin.
Die linke Stange von der Rose bis an der äußern Spitze in der Krümmung gemessen — —	3	4	—
Das kurze Ende oben — —	—	2	1
Das längere Ende unter demselben	—	10	9
Der Eisspriessel, so wie der vorhergehende gestaltet — — — —	1	3	—
Der Augsprossen — —	—	10	3
Er war gerade von der Mitte, aber bis am Ende bildete er eine flache Schaufel, die in der größten Breite 4 Zoll, 2 Linien hatte, nnd am Rande mit fünf stumpfen Enden besetzt war. Diese Schaufel aber zerbrach, ehe der Hirsch abwarf, und da man an mehreren Exemplaren aufbewahrter Rennhirschgehörne dergleichen abgebrochene Augsprossen findet, so erhellet daraus, daß ein solches Gehörne weit spröder seyn muß, als die Stange eines Edelhirsches, oder auch eines Dammhirsches.			
Der Umfang der Rose auf der rechten Stange	—	6	—
— — — — auf der linken Stange	—	6	3

Beschreibung der beyden Gehörne auf der zweyten Platte.

Die erste Figur stellet das Gehörne des Rennhirsches vor, welches er aufsetzte, als er ankam.

	Fuß.	Zoll.	Lin.
Die rechte Stange von der Rose bis an der Spitze — —	2	5	7
Das obere Ende — —	—	6	—
Der Eisspriessel — — —	1	2	7

	Fuß.	Zoll.	Lin.
Der Augsprossen – –	1	4	—
Die linke Stange von der Rose bis an der äußersten Spitze – –	2	4	6
Das obere Ende – –	—	3	6
Der Eisspriessel – –	1	1	2
Der Augsprossen – –	—	10	3
Umfang jeder Stange über den Rosenstock gemessen – – –	—	5	9

Das auf der zweyten Figur vorgestellte Gehörne ist muthmaßlich von einem sechsjährigen Rennhirsch, und aus der schönen Naturaliensammlung des Herrn Hofapotheker **Meyer** in Stettin entlehnet. Es wog 9 und ¾ Berliner Pfund.

	Fuß.	Zoll.	Lin.
Die linke Stange von der Rose bis an der Spitze, wo es breit und schaufelartig wurde – –	3	6	2
Das erste obere Ende – –	—	7	1
Das zunächst demselben –	—	6	9
Das dritte – – –	1	6	—
Ein ganz kurzes Ende in der Mitte	—	2	2
Der Eisspriessel krümmte sich aufwärts, und wurde oben breit, schaufelförmig	1	8	10
Die Schaufel bildete vier Enden, wovon das erste – –	—	3	—
Das zweyte – – –	—	—	10
Das dritte – – –	—	—	8
Und das vierte unter diesen vorhergehenden	—	1	2
Der Augsprossen war abgebrochen, und hatte also nur – –	—	2	4

Die rechte Stange breitete sich oben in zwey Arme aus, wovon der eine vor, der andere hinterwärts gekehret war, und einige Enden hatte, auch flach und

schau-

	Fus.	Zoll.	Lin.
schaufelförmig von dieser Theilung an wurde. Ihre ganze Länge war	3	5	2
Das erste äußerste Ende vom äußern Arm – – –	—	6	4
Das zweite Ende – –	—	4	—
Das folgende letzte Ende auf der kurzen Seite – – –	—	6	—
Auf der langen Seite, wo es an dem andern Arm stieß – –	—	11	—
Zwischen diesen beyden Armen war ein gerade aufstehendes Ende lang –	—	5	6
Der hinterwärts gekehrte Arm –	1	1	3
Er bestand oben aus zwey Enden, wovon das vordere Ende in der Länge hatte	—	3	4
Das hintere Ende – –	—	6	3
Ein kleines Ende unterhalb der Mitte der Stange – –	—	2	2
Der lange krumme Eisspriessel –	1	8	11

Er wurde oben breit, und war mit vier Enden neben einander besetzt.

	Fus.	Zoll.	Lin.
Das erste Ende – –	—	1	—
Das zweyte – – –	—	3	3
Das dritte – –	—	3	9
Das vierte – – –	—	3	3
Der Augsprossen war ganz klein und hatte – – –	—	1	2
Umfang der Rösen an jeder Stange	—	6	2

II.

Beschreibung des Müggel-Sees

von

J. E. Silberschlag.

Die Gesellschaft naturforschender Freunde machet es sich unter andern zur Pflicht, die Naturseltenheiten ihres Vaterlandes zu untersuchen, und davon, zum Besten des gemeinen Wesens, den vortheilhaftesten Gebrauch zu machen. In verwichenen Sommer ist unter andern der wegen seiner vorgeblichen Tiefe und gefährlichen Befahrung so berüchtigte Müggelsee ein Gegenstand ihrer Bemühungen gewesen, und man hoffet, es werden die gemachten Entdeckungen und Anmerkungen nicht ganz ohne Nutzen seyn.

In Gesellschaft des Herrn Doctors Bloch, und noch einiger Freunde der Naturkunde, begab ich mich nach dem Müggelsee, welcher etwas mehr als eine Viertelmeile ostwärts oberhalb der Stadt Cöpnick, im Niederbarnimschen Kreise der Churmark lieget, seine Länge erstrecket sich von Osten nach Westen auf

auf 1200, und seine Breite von Süden nach Norden auf 700 rheinländische Ruthen. Die Spree theilet sich oberhalb dem See, bey Ransdorf, in zween Arme, die, wenn sie vorher überaus anmuthige, mit Dörfern, Wiesen und Wäldern besetzte Insel gebildet haben, unterhalb Cöpnick wieder zusammenstossen. Der nördliche Arm des Spreestroms ergießet sich bey Ransdorf in den See, fließet mitten durch denselben, und läufet sodann nach Cöpnick fort. So wie der Strom steiget und fällt, so steiget und fällt auch der Spiegel der Müggelsee, zum Beweis, daß er lediglich sein Wasser dem Strome zu verdanken habe. Der Unterscheid des Steigens und Fallens aber beträget etwa 12 Fuß. Damals, da wir ihn besuchten, beobachtete er den niedrigsten Stand. Ohnweit dem See lieget das Dorf Müggelsdorf, und es ist ungewiß, ob der See dem Dorfe, oder das Dorf dem See den Namen ertheilet habe. Rechter Hand, das Gesicht gegen Osten gerichtet, also gegen Süden, noch nicht ganz in der Mitte seines Ufers, erhebet sich eine Kette von kleinen Bergen, welche sich anfangs gegen Süden, denn gegen Westen, und endlich wieder gegen Norden, wie ein römisches Theater wendet. Der Berg, welcher der See am nächsten lieget, ist unter ihnen der höchste; ich maß seine Höhe trigonometrisch, und fand sie 310 rheinländische Duodecimalfuß. Alle übrigen sind niedriger, geben aber durch ihre abwechselnden Hügel, die mit allerhand Bäumen gekrönet sind, der ganzen Gegend ein angenehmes Ansehen. Die andern Ufer des Sees sind flach und niedrig. Von diesen überaus angenehmen Hügeln erblicket man auf allen Seiten die prächtigsten Aussichten, und Berlin in dem Horizonte gegen Westen. Sollten diese

Prospectien gemalet, oder in Kupfer gestochen werden, so dürften sie gewiß viele Liebhaber finden.

Die vorhin beschriebene Bergkette bestehet aus einer Menge über einander gestürzter Feldsteine, von allerhand Materie, von Quarz, von Kiesel, von Schiefer, von Kalkstein, von Granit; und ist mit Sand- und lockerer Erde bedecket, wie auch mit Gras und Kiefern, nebst Birken und einigen Eichen bewachsen. Klippen liegen also, dem Anscheine nach, nicht unter dieser Scene verborgen, auch haben wir keine Quellen angetroffen, so in dem Berge erzeuget würden: vielmehr scheinen diese Hügel durch einen Auswurf aus dem Eingeweide der Erde zusammengehäufet zu seyn. Folglich müssen Craters in der Nähe vorhanden seyn, aus welchen diese Klumpen ausgespyen worden. Man darf sich auch am Fusse dieses Bergtheaters nicht weit umsehen; so trift man deren mehrere an, welche sämmtlich so gelegen, daß daraus die Gestalt und Lage dieses kleinen Gebürges begreiflich wird. Der größeste Crater aber ist der Teufelssee, welchen man wegen der im Grunde liegenden Bäume für einen Erdfall hält. Da aber einer der höchsten Hügel gerade vor diesen Crater lieget, auch rund herum ein Wall befindlich ist, die Stämme auch von den Ufer hinein gestürzt seyn können; so tragen wir kein Bedenken, diesen See für einen Crater zu halten. Zween sind in den Müggelsee selbst, ohnweit diesen Bergen, vorhanden, deren Ergründung mit eine Hauptabsicht unserer Reise, und der vorzunehmenden Nachforschung war. Es ist bisher eine gemeine Sage gegangen, der Müggel habe an einigen Orten eine ganz unergründliche Tiefe, hundert und mehrere Fuß reichten nicht zu, den Grund zu erreichen. In diesen Tiefen strudle das Wasser: nähere

here sich ein Schiff diesem Strudel, so sey es verloren. Beym Winde sey es höchst gefährlich, diesen Gegenden nahe vorbey zu seegeln, weil sich das Schiff sogleich wende, und denn umschlage. Kurz, über die ganze See hat sich ein panisches Schrecken verbreitet.

Wir befuhren den See bey einen anfangs ziemlich geruhigen Himmel, mit einen mäßigen Kahne, und fanden ihn hin und wieder sechs, zwölf bis vierzehn Fuß tief. Ein Holzschiff begegnete uns, das längst den See herab geseegelt war, und etwas über vier Fuß tief im Wasser hieng. Dieses Schiff hatte seinen Nachen mit Holz beladen, damit es ein wenig erleichtert würde, um, über die Untiefen weg zu kommen, und unsere hohen Begriffe von der ungeheuren Tiefe des Sees fiengen an sich sehr zusammen zu ziehen, und zu erniedrigen; und zuletzt verwandelte sich der ganze große See in nichts weiter, als ein mäßiges Thal, welches die Spree nach der Höhe des Wasserstandes des Strohms mit Wasser angefüllet hatte.

Aber wo sind denn die Abgründe, die Schlünde, Strudel, und gefährlichen Stellen? Es ist doch eine bekannte Sache, daß viele Kähne und Schiffe würklich zu Grunde gegangen sind. Wir wünschen, daß unsere Untersuchung wenigstens den Nutzen haben möchte, auf einen glücklichern Bau der Stromschiffe zu denken. Nur Geduld, wir ließen uns von unsern Fischer getrost zu den unergründlichen Strudel hinfahren, wir hatten schon eine Menge Schnuren zusammengeknüpft, um unser Senkloth erfordernden Falles über 100 Faden tief in den Abgrund hinab zu lassen. Aber wie wunderten wir uns, da bey gegenwärtigen niedrigsten Wasserstande eine Schnur von 25 Fuß hinreichend war, die Tiefe des Abgrundes zu messen.

 Viel-

Vielleicht, dachten wir, nennet man allhier dasjenige unergründlich, was mit keinen Bootshaken mehr erreichet werden kann: vielleicht waren ehedem diese Schlünde tiefer als jetzt, und haben sich nach und nach mit Sande ausgefüllet. Nun ist nicht zu leugnen, daß in allen hiesigen Landseen von Schiffern und Fischern immer einige Stellen nachgewiesen werden, die man für unergründlich ausgiebet, ob sie gleich noch nie abgelothet worden: es ist aber auch wahr, daß diese Abgründe sich bey Erdbeben geöfnet, und daß sie Wasser wie Berge ausgespyen haben, welches sich bey dem großen Erdbeben zu Lissabon, auf dem Straußsee bey Straußberg, und dem Arendsee, und mehreren Seen der Marken zugetragen. Sogar in Strömen ist dergleichen wahrgenommen worden, von andern Orten her wurde ein gleiches berichtet, man hat nur diese Nachrichten nicht gesammlet, weil man damals nicht wußte, was diese Phänomene für Aufschlüsse in die Theorie der Erde geben könnten. Man stelle sich einen unterirdischen Schlund vor, kann man wol glauben, daß er aus seiner Grotte in senkrecht gerade Linie durchgebrochen sey. Alle unterirdische Grotten haben sehr krumme Gänge, und beugen sich, noch dazu nicht einmal alle, nahe am Ausgange steiler in die Höhe. Haben sie ihren Auswurf vollendet, so rollet Sand und was sie an Steine ausgeworfen haben, in ihren Schlund wieder zurück, und der Stöpsel der Mündung, die nur so weit, als der Schlund steil aufwärts streichet, wird wieder verstopfet. Was bleibt zurück? Ein Crater. Wir haben diese Tiefe des Müggelsees übers Kreuz gemessen, und fanden einen nicht gar zu großen Crater, der in der Mitte spitz zusammenlief. Die Fischer, welche uns fuhren, versicherten, daß ihnen jede Stelle gar wohl bekannt wäre, berichteten, daß noch ein Loch von gleicher Beschaffenheit und Tiefe in einer Entfernung von etwa 300 Ruthen gegen Osten vorhanden sey. Wir würden dahin gefahren seyn, und gleiche Vermessungen vorgenommen haben. Allein es zeigeten sich am Himmel Sturmwolken, und der Wellenschlag erhub sich bereits, unser Kahn aber war so nicht beschaffen, daß man mit ihm einen Sturm wagen konnte, daher fuhren wir wieder nach Cöpnick zurücke.

Von mehreren tiefen Stellen aber wollten unsere Fischer durchaus nichts wissen. Was die Strudel betrift; so müssen wir offenherzig bekennen, daß wir nicht die geringsten Merkmale davon entdecket haben. Woher denn nun die Gefahr, und die vielen zu Grunde gegangenen Fahrzeuge? Wenn wir alles, was wir desfalls ausfündig machen konnten, zusammen nehmen; so müssen wir bekennen, daß theils die Fahrzeuge selbst, theils die Belastung desselben, theils die Beschaffenheit des Seegelwerks daran schuld sey. Man belastet die Schiffe dergestalt, daß keine sechs Zoll Boord übrig bleiben. Ein rascher Wind treibet die Wellen hieselbst auf vier bis fünf Fuß hoch. Wie bald schlagen diese über einen so niedrigen Boord, und füllen den übrigen wenigen Raum? Wie bald versinket da ein Schiff? Es ist unbegreiflich, da wir mit unsern Stromschiffen so manche Seen befahren, deren Wellen viel höher aufschlagen als Stromwellen, daß so viele entstandene Unglücksfälle uns noch nicht überzeuget haben, daß man denen Schiffen höheren Boord zu ertheilen habe. Man schützet die Beschwerlichkeit des Ein- und Ausladens bey höhern Boorde vor. Aber unsre Ufer sind mehrentheils höher als die Schiffe. Also müssen wir ja doch mit der Ladung höher hinauf und herabfahren, und in den Schiffen selbst Karrengänge banen. Ferner, unsere Schiffe sind gegen ihre Länge zu schmal, und gleichwol erlauben die mehresten unserer Schleusen, deren Thore 24 Fuß im Lichten enthalten, breitere Fahrzeuge, als unsere Gefässe zu seyn pflegen. Ueberdem sollte jedes Schiff vorne breiter als hinten seyn, damit es theils schneller fahren könnte, theils sich leichter wenden liesse, aber unsere Schiffe sind von hinten bis vorne wie Krippen gleich breit. Man weiß, wie schwer sich Gebäude von dieser Art steuren lassen, zumal bey dem Laviren, da denn bey dem geringsten Versehen des Steuermanns gar leicht das Boord Wasser schöpfen. Endlich sind auch unsere Seegel sehr groß, sind nicht so betakelt, daß sie schnell gewendet, auf oder nieder gelassen werden könnten. Die Fahrzeuge haben keine Focke, auf Schiffen, die oft über 100 Fuß lang sind. Also ist auch aus diesem Grunde daß Schiff mehr in der Gewalt der Winde, als des Steuermanns.

Wenn nun der Wind an den Bergen des Müggelsees abstosset; so ändert er plötzlich seinen Strich, und tobet queer über den See hin, der Steuermann kann sein Seegel nicht so schnell verstellen, als das Schiff in einen andern Windstrich sich versetzet befindet, es wendet sich, legt sich auf die Seite, die Wellen schlagen über Boord, das Schiff gehet unter. Zur Entschuldigung dienen denn die Wirbel, denen man zu nahe gekommen, diese haben das Schiff gedrehet, diese haben es mit der Ladung verschlungen, und auf den See befindet sich weder Scylle noch Charybde.

Was den Wellenschlag betrift; so ist derselbe am heftigsten bey dem Westwinde. Den dieser fasset

den

den Spiegel zur Länge, und zugleich in seiner grösseſten Breite. Ob nun gleich das Wasser, wenn es hoch angeschwollen, kaum 20 Fuß tief ist, so ist doch diese Tiefe zureichend genug, Wellen von fünf bis acht Fuß zu erregen. Ueberdem streichen die Landwinde stoßweise, lieget nun unter diesen Umständen ein Schiff mitten auf den Wasser, so gehet es verloren, ehe es das Ufer erreichen kann.

Für die Spree ist es eine wahre Wohlthat der Natur, daß sie durch so viele grosse Seen ihren Lauf nimmt. Oberwärts der Spreewalde fließet sie in Ufern, welche zum Theil weißen, zum theil andern sehr leichten Sand ihr mitgeben. Hätte sie nun keine Gelegenheit, diese Ladung irgendwo abzusetzen; so würden die niedern Gegenden vieles an den Strombau zu verwenden haben, die Ufer zu verwahren, und ihren Canal fahrbar zu erhalten. Denn kein Strom ist in seinen Laufe sowol, als in der Tiefe veränderlicher, als derjenige, der vielen Wallsand mit sich führet. Welches also ein Nutzen war, den man Landseen zu verdanken hat.

Noch größer beynahe ist der Gewinn, welcher der Schiffahrt und den Mühlenwerken zu theil wird, wenn die grosse Seen, die sobald nicht abfließen, den Wasserstand des fahrbaren Wassers länger erhalten, als geschehen würde, wenn man bloß auf den Vorrath der Strombahn sich verlassen müßte. Wenn die Schiffahrten derer Ströme, die sich dieser Vortheile nicht zu erfreuen haben, längst aufgehöret hat; so kann noch die kleine Spree befahren werden. Um der Schiffahrt willen, ist also niemals zu wünschen, daß jemand auf den Einfall gerathe, die Ländereyen durch Erniedrigung der Spiegels, der Müggel- und anderer großen Spreeseen zu vermehren. Der Wasserstand

serstand ist überhaupt die zarteste Materie in der ganzen Hydrotechnik. Einen Strom nur um einen Zoll zu erhöhen, oder zu erniedrigen, ist gewöhnlicher weise nicht nur eine schwere Aufgabe; sondern ziehet auch die wichtigsten, oft auch die verdrießlichsten Folgen nach sich. Mit Veränderung der Breite der Ströme, kann man unbedachtsamer zu Werke gehen. Betrachtet man das Ganze der Erdkugel, so wird man finden, daß die Natur mit den hohen Maasse sehr sparsam hausgehalten habe. Was ist eine Meile, gegen die Oberfläche der Erde, gleichwol strecket selbst Chimborazo seinen Gipfel noch keine Meile hoch in die Luft. Der Abhang des vesten Landes nach dem Ocean ist so gelinde und beynahe so unmerklich, daß man die richtigsten Instrumente nöthig hat, ihn zu finden. Wäre dieser steiler, so würde auch der Stromlauf beschleuniget, ihre reissende Kraft würde verstärket, ihr Wasserstand erniedriget, und die Schiffahrt ohne Unterlaß gehemmet werden. Besonders aber ist es, damit ich zum **Müggelsee** wieder zurücke kehre, daß derselbe vor vielen andern Seen so hohe Wellen schläget, ohnerachtet seine Tiefe so gering ist, und wegen des vielen von oben herab kommenden Sandes immer seichter wird. Der Grund hievon ist bey der Hand. Dieser See lieget in einer ebenen Fläche, weder Berge noch hohe dicke Wälder halten die Windstrasse auf, und obgleich die Südseite mit einigen Bergen bedecket ist; so kan doch der Westwind, welcher in unsern Gegenden am öftersten stürmet, die ganze Fläche ergreifen, dessen Anprellen an die Müggelberge seine Gewalt nur noch mehr vermehret, und auch dasjenige vom Windstriche zum See hinweiset, was sonst vorbeyfahren würde.

Wir

Wir haben also die Wunder der Natur, so von diesen Gewässer erzählet worden, nirgends angetroffen. Es gehöret aber mit zu den Entdeckungen, zu wissen, daß diejenige Waare, welche andere feil bieten, gar nicht, oder doch nicht in demjenigen Werthe vorhanden sey, für welchen sie ausgeschrien. Kurz, der Müggelsee ist kein Wunderwerk der Natur.

Aehnlicher einem solchen Wunder siehet die bey großen Seen wahrgenommene Wanderschaft der Steine. Es wird in den neuen Mannigfaltigkeiten, in der 89sten Woche, unter den 4ten Februar 1775 der Steinwanderung bey dem Dorfe Retteinen, im Germanischen Kirchspiele in Preussen, von dem Herrn Hagen gedacht, und selbige den Anstoß des Eises zugeschrieben. Nun hat die Sache an und vor sich selbst ihre Richtigkeit, daß aber die Ursache aus einer ganz andern Quelle herzuleiten sey, wird man aus folgenden Beobachtungen wahrnehmen. Als ich im Jahre 1770, in Gesellschaft des Herrn Schmidts, den Spreestrom befuhr, gelangten wir im Storkowschen Kreise zu einem nicht gar zu großen See.

Hier erzählte man mir, daß nach verflossenen Winter oft eine gar merkliche Verrückung der Steine, bemerket würde. Steine von 20 bis 30 Zentner wanderten längst dem Ufer hin und her, nicht anders, als ob sie sich unter einander zu besuchen ihre Lagerstellen verliessen. Vor der Hand bemerkte ich nur die hin und wieder sichtbaren Spuren vormaliger Lager, und daß diese Wanderschaft nur am Ufer in dem Zwischenraume zwischen dem höchsten und niedrigsten Wasserstande des Seespiegels sich zutrage.

Dieser Umstand schien mir wichtig genug zu seyn, mehrere Nachrichten einzuziehen. Man berichtete mir ferner, daß diese Steine nicht nur sich zuweilen einander näherten, und wieder von einander entfernten; sondern daß manche in den See wieder zurückgingen, dagegen wieder noch ungesehene aus dem Grunde hervorkämen und sich an das Ufer hinlagerten, manche sogar über den See-weg zum gegenseitigen Ufer wallfahrteten. Uebrigens bemerke man diese Wallfahrt der Steine niemals des Sommers, sondern allemal nur nach geschmolzenen Eise des Winters, besonders aber wenn der Winter heftig gewesen, und das Wasser im See einen hohen Wasserstand gehabt.

So unglaublich mir auch anfänglich diese Erzählungen vorkommen mußten, so überführeten mich doch endlich so viele Zeugnisse, besonders ein ganz gleichlautender Bericht von der Maduesee in Pommern und mehreren andern, daß es damit seine völlige historische Gewißheit habe, ob sie mir gleich noch lange Zeit unbegreiflich zu seyn schien. Geschichte, die durch unverdächtige Zeugnisse verschiedener Personen bestätiget werden, können durch die Unbegreiflichkeit ihrer Entstehungsart nicht in Unwahrheit verhandelt werden, ohne sich lächerlich zu machen, und indem man die Vernunft vorschützet, hinter ihrem Vorhange Unvernunft zu begehen. Gleichwol erlaubet man sich hin und wieder diese Thorheit, welche die Logik selbst verdammet, bey dem Widerspruche gegen die geoffenbarte Religion.

Also die Steine wandern; gehen ins Wasser hinab um sich zu baden; steigen wieder heraus um sich zu trocknen: fahren von einem Ufer zum andern herüber, wenn ihnen ihr altes Lager nicht mehr gefällt; besuchen sich und nehmen wieder von einander Abschied. Zeugenaussage bestätiget diese Geschichte, und überlässet sie unserm Nachdenken. Man erlaube mir also über die Ursache dieser Wanderschaft nachzudenken. In den Steinen selbst sie aufzusuchen, wird wol keinem vernünftigen Menschen beygehen können; es ist folglich eine äußere Kraft, so diese Wirkung veranlasset. Diese Kraft muß nur im Winter sich erzeugen, weil man dergleichen Veränderungen der Lagerstelle niemals im Sommer bemerket haben will. Es muß sich auch diese Kraft nicht über die Linie des höchsten Wasserstandes hinaus erstrecken, weil man jenseits derselben keine Fußstapfen einer vorgegangenen Verrückung angetroffen hat. Dieses sind indessen diejenigen Bestimmungen sämmtlich, die wir denen gemachten Anmerkungen für die Beschaffenheit der verrückenden Kraft herzuleiten im Stande sind, im Grunde aber noch nicht gar zu viel sagen wollen.

Könnte man annehmen, daß diese Steine zuweilen die Gabe zu schwimmen erhielten; so liesse sich freylich das ganze Phänomen dieser Naturbegebenheit daraus erklären. Aber nun ist unsre Sache in eine schlimme Lage gerathen. Steine sollen schwimmen! —

Aber sie müssen schwimmen. Wo nicht; so bleibt dieses Wunder der Natur ein durch nichts zu entsiegelndes Geheimniß. Wollte man annehmen, sie wälzten sich; so müßte man das unterste zu oberst gekehret sehen. Allein das siehet man nicht, und wie könnten sie sich über das Wasser fortwälzen? Man lasse sie schwimmen, augenblicklich enthüllet sich alles, nur müssen wir uns nach der Ursache umsehen, so sie zu schwimmen nöthigen kann. Stillstehende Wasser frieren oberwärts und belegen sich mit einer Eisdecke, die bey harten und anhaltenden heftigen Froste oft über zween Fuß dick ist. Fällt hierauf Thauwetter ein, so schwellen die Ströme an, und mit denselben die Seen, in welche sie sich ergiessen, das Eis steiget

in

in die Höhe, bricht, und dann kommt es auf Wind und Eisfahrt an, wo die eingefrornen Steine hingeführet werden sollen. Am Rande des Sees werden sie von den Eisschollen so lange fortgeschleppt, bis die Steinklumpen durchbrechen und liegen bleiben. Zuweilen jaget sie der Wind mit ihrem Eisschiffe auf das Gegenufer, zuweilen bricht die Scholle mitten auf der Fahrt, alsdenn verschwindet ihre Ladung im Wasser, zuweilen rücken sie am Ufer weiter hinauf, und eben hieraus siehet man, warum die Steine niemals über die höchste Fluthlinie hinauf wandern, und sich nicht weiter von dem gewöhnlichen Wasserstande entfernen. Hierzu kommt nun noch, daß ein Stein, wenn er ganz mit Wasser bedecket ist, beynahe die Hälfte von seiner Schwere verlieret. Ein Stein, der 2000 Pfund schwer ist, behält kaum 1200 Pfund Schwere, träget nun ein Cubikfuß Eis 10 Pfund, zuweilen träget es mehr, so sind 200 Cubikfuß Eis, oder eine Scholle die 10 Fuß lang, eben so breit und zwey Fuß dick ist im Stande, einen solchen Stein mit sich fortzuschleppen. Es giebt aber auf solchen Seen weit größere Schollen, und also können sie auch Steine tragen, die entweder zum Theil über dem Wasser hervorragen und also nicht so viel als die ganz und gar bedeckten von ihrer Schwere verlieren, zum theil aber ihrer Größe nach noch viel schwerer sind. So unbegreiflich also anfänglich die Auflösung dieses Räzels zu seyn schien; so leicht gieng zuletzt die Sache aus einander. Nichts ist in dieser Auflösung übertrieben, alles ist vollkommen der Natur dieses Vorganges angemessen, alles stimmet mit den wahrgenommenen Umständen überein.

Nur ein Umstand ist aus diesen Gründen noch unerklärbar geblieben. Nemlich, wie es zugehe, daß

noch

noch nie gesehene Steine aus dem Grunde hervortreten, und sich an das Ufer lagern, und wir können nicht umgang nehmen, auch diesen Fall zu erörtern. In meiner Strombaukunst habe ich umständlicher gezeiget, daß Ströme am ersten auf dem Grunde frieren, warum denn nicht auch Seen? Das mehreste Stromeis ist Grundeis, man entdecket solches an den auf der untern Fläche angefrornen Sande und Steinen, man fühlet es mit den Botshacken; Schiffe frieren oft bis auf den Grund ein, ganze Anker werden vom Grundeise herausgerissen und fortgeschleppet. Man vertausche einen solchen Anker mit einem Steine; so wird kein Zweifel übrig bleiben, daß auch Steine mit dem Grundeise gehoben, und nachmals an das Ufer geführet werden können. So schwimmen, so schiffen, so wandern die Steine am Seeufer herum! Zuweilen mag wol der Anstoß der Eisfelder etwas zur Verrückung der Ufersteine beytragen, reißen sie doch wol Eisbrecher und Brückenpfeiler mit sich fort; aber alles lässet sich aus diesem Stoße keinesweges erklären.

Ich könnte diese Materie nunmehr verlassen, und mich begnügen, eine fast unglaubliche Naturbegebenheit, wie ich hoffe, mit Beyfall meiner geneigten Leser, gründlich erkläret zu haben Allein man kann noch von dieser Erscheinung einen sehr interessanten Gebrauch machen. In Schweden trift man große und schwere Steine an, die sich von Zeit zu Zeit immer weiter vom Gestade des Meerspiegels entfernen; man hat daraus die Folge herleiten wollen, als ob der Ocean von Jahr zu Jahr ab- und das veste Land mithin zunehme. In südlichen Meeren aber will man von diesen Wahrzeichen der Verminderung des Oceans nichts wissen. Ein Umstand, der diese

Meinung sehr verdächtig machet. Dieses ist indessen nicht genung, sie wird sogar auch falsch, wenn man bedenket, daß in Norden das Ufereis oft halbe Meilen weit in die See hinein friere, und bey seinem jähen Aufbruche von Sturm und Wellen weit auf das Land verschlagen werde. Wie leicht verrücket sich hier nicht der eingefrorne Steinklumpe?

Vielleicht berufet man sich noch auf die an den Klippen befindlichen Spuren einer ehemaligen Abspülung. Gar zu sicher sind dieselben indessen nicht. Man trift oft an Felsen und Bergen mitten im vesten Lande solche Streifen an, die jenen sehr ähnlich sehen, aber von ganz anderen Ursachen herrühren. Ueberdem lehret die Erfahrung, daß außerordentliche Stürme die See oft sehr weit in das Land hinein treiben. Schiffstrümmern könnten zwischen den Klippen hangen geblieben seyn, ohne einen Beweis abzugeben, daß solche Stellen vorher Meergrund gewesen wären. Eben so kann der Sand von den Wellen auf denen vorher unsichtbar gewesenen Scheeren aufgethürmet werden, dieser kann sich begrünen und in Inseln verwandeln, und gleichwol kein sicheres Merkmal abgeben, daß der Ocean nach und nach das veste Land verlasse und schwinde.

Dr. Blochs
Anhang
zu dieser Beschreibung des Müggelsees.

Als ich in Gesellschaft unsers verehrungswürdigsten Collegen des Herrn Oberconsistorialraths Silberschlag die Müggelsberge, und die daran stoßende See besuchte, nahm ich mir vor, dasjenige, was zur Naturgeschichte dieser Gegend gehört, zu bemerken. Da aber diese Berge nur große zusammen geschlämmte Hügel sind; so konnte ich auch nichts, als Sand, welcher mit Kiesel, Feuersteine, Wäken und Bruchstücke von Schiefer, Jaspis, Basalt vermischt war, entdecken. Vom letztern habe ich ein Stück mitgenommen, welches von einem fünfeckigen und ungleich seitigen Basalt abgesprengt war.

Es sind indessen die Bruchstücke vom Basalt auch in hiesigen Gegenden nicht selten. Unser Herr Rendant Ebel besitzt verschiedene Arten davon, die er theils in den Leimgruben, theils auf den Feldern gefunden hat. Da nun in unseren sich weit ausdehnenden Flächen gar keine Spuren von Feuerspeyenden Bergen wahrzunehmen sind, so dürften sie wohl mit den abgerissenen Felsenstücken oder Walken und den übrigen Steinarten, welche auf den Feldern in eben erwehnten Bergen befindlich sind, einerley Schicksal gehabt haben. Ob sie durch große Ueberschwemmungen und starke Fluten hierher geführet, oder aus dem Innern der Erde herausgeschleudert worden sind, dieses mögen unsere scharfsinnigen Cosmologen ausmachen.

chen. Minern lassen sich in unsern zusammen gespülten Bergen gar nicht vermuthen; daß ich aber auch keine Spur von Kalkminern und Versteinerungen entdecken konnte, welche doch sonst in hiesigen Gegenden so gemein sind, dieses war wider meine Erwartung. Da ich indessen diese reizende Gegend öfters zu besuchen gedenke; so werde ich auf selbige vorzüglich meine Aufmerksamkeit richten. Die Berge sind nur mit Fichten, und oben mit etwas Eichen besetzt, rund herum sind sie sowohl als der See mit Saatfeldern umgeben. Es ist daher diese Gegend, wie unser Herr Hofrath **Gleditsch** versichert, sehr arm an Pflanzen. Aber auch die Vögel sind aus Mangel der mannigfaltigen Hölzer, Sümpfe nnd Niedrungen, eben nicht sehr zahlreich. Unter den Raubvögeln sind der Fischaar (Falco aeruginosus) und der Mausefalk (Falcobuleo) die gewöhnlichsten. Zu den wenigen gewöhnlichen gehören der mittlere und kleinste Neuntödter. Wir haben hier zu Lande eigentlich vier verschiedene Arten von diesen Vögeln; den großen, den mittlern, den rothköpfigten, und den kleinsten; Linnee' aber erwähnt nur zweyer, den Wächter (lanius ex cubitor) und den Finkenbeisser (C. Collurio); Frisch hat zwar drey Arten, allein er macht aus dem Männchen des rothköpfigten, und aus dem Weibchen des kleinsten, nur ein Paar: da ich sie alle vier besitze, so werde ich sie bey einer andern Gelegenheit genau vergleichen und bestimmen. Von Strandvögeln sind der Fischreiher (Ardea Cinerea C.) der große und kleinste Rohrdommel (Ardea Stellaris et minuta) gemein; da in unserer Seereichen Gegend viele Entenarten angetroffen werden, so finden sich auch zu Zeiten anf der Müggelsee welche ein: dahin gehört die Krückent (Anas crecta), die Winterhalbente (Anas quer-

querquedula); diesen Herbst hat sich die Löffelente (Anas Clypeata), und diesen Winter auch der Pfeilschwanz (mergus minutus), die Taucherganz (Mergus merganser), und die weiße Nonne (Mergus albellus) häufig sehen lassen *), und eben dadurch bin ich im Stande gesetzt worden, mit Gewißheit zu sagen, daß **Pallas** **) recht hat, wenn er wider den **Linne'** erinnert, daß der Biebertaucher (Mergus Castor), und Tauchergans (Mergus merganser) eben so wie die weiße Nonne (Mergus albellus) und der Pfeilschwanz (Mergus minutus) nicht mehr als zweyerley Arten wären: von beyden Geschlechtern haben die jungen Männchen eben so wie die Sieen, einen Fuchs rothen Kopf; von letztern habe ich 10, von erstern 8 Stück untersucht, und bin ich durch den verschiedenen Bau der Luftröhren überführt worden, daß sie zweyerley Geschlechts sind, ohngeachtet sie beyde rothe Köpfe haben. Ungemein häufig habe ich die graue Fischmarre (laxus cinerarius) auf dem Wasser herum schwimmen gesehen. Der Müggelsee ist ein Fischreiches Wasser, er führt nicht nur diejenigen Arten, welche in den übrigen unserer Landesseen angetroffen werden, sondern auch den größten Theil unserer Flußfische: denn da er auf eine Seite von der Spree durchströhmt wird, und auf der andern mit Rohr und andern Wasserkräutern versehen ist, so finden sowohl

*) Bey diesen großen Fischräubern finde ich den Fiek (S. Besch. N. Fr 4. B. S. 549) dergestalt häufig, daß zuweilen bis auf 100 in den Darmcanal einer einzigen Ente vorhanden, und von ihnen nicht selten durchgebohrt waren. Von diesem merkwürdigen Phänomenon werde ich bey einer andern Gelegenheit umständlichere Nachricht geben.

**) S. d. Besch. 2. B. S. 555.

diejenigen, welche einen sumpfigten, als auch die andern, die einen Sand und kiesigten Boden lieben, ihr rechtes Element darin. Man findet daher folgende Fische in selbigen: 1) der Aal (Muraena anguilla C.), 2) der Aland (Cyprinus Jeses), 3) der Barsch (Perca fluviatilis), 4) der Bitterling (Cyprinus aphia), 5) der Bley (Cyprinus brama); dieser Fisch ist einer mit von den einträglichsten für dieser See, am häufigsten wird er bey der Fischerey unter dem Eise gefangen: nach **Richters** *) Versicherung, sind auf einen Zug für 300 Rthlr. Bleye gefangen worden; 6) der Karpfen (Cyprinus Carpio), 7) der Sanddöbel (Cyprinus dobula), 8) die Güster, und 9) im Teufelssee die Giebel. Die beyde Arten gehören beym Ritter zum Karpfengeschlecht, und sind in unserer Gegend sehr gemein; ich finde aber beym **Linne'** keine Beschreibung, welche auf diese Fische paßte. Ich werde sie in den Ichthyologischen Beyträgen, wo ich von unsern Landesfischen umständlich zu handeln gesonnen bin, genau beschreiben. 10) der Gründling (Cyprinus gobio), 11) der Hecht (Esox lucius), 12) die Karausche (Cyprinus Carassus), 13) der Kaulbarsch (Perca cernua), 14) die Pletze (Cyprinus erythroceghalus), 15) der Peitzger (Cobitis fossilis), 16) der Steinbeisser (Cobitis barbatula), 17) die Quappe (Gadus lota), 18) der Rothauge (Cyprinus rutilus), 19) der Schley (Cyprinus Tringa), 20) der Stichling (Gasterosteus aculeatus) 21) der Stint (Salmo eperlanus), auch dieses Fischgen findet man hier häufig, und wir erhalten von hier aus und von Spandau die ersten lebendigen Stinte, 22) die Uckeley (Cyprinus alburnus), 23) der Wels (Silu-

*) Ichthyolog. S. 826.

(Silurus glanis). Von diesem Fisch werden zu Zeiten ungeheure Stücke gefangen. Die Tiefe, worin sie sich aufzuhalten pflegen, wird daher das Welsloch genannt. Es ernähret dieser See nicht nur die Fischer in dem daran liegenden Köpenick und Ransdorf; sondern auch die von Schmöckwitz, Wernsdorf und Strahlow. Diese Dörfer liegen in einer Entfernung von einigen Meilen, theils oberhalb, theils unterhalb des Sees an der Spree. Die Fische, welche in der Streichzeit in den Fluß treten, gerathen größtentheils auf ihren Hin- und Rückzug den ihnen auflaurenden Fischern in ihre Netze; aber auch diejenige, welche durch die Fischerey auf der Müggel beunruhiget, ihre Sicherheit in den Strom suchen, finden hier ihren Untergang.

III.

Beschreibung
einer sehr sonderbaren
Seelaus
vom Hemorfisch;

von

J. F. W. Herbst.

Tab. III.

Die Natur ist nicht undankbar. Wer sich ihr aufrichtig widmet, wer sie nicht geringschätzig verachtet, sondern sie aufmerksam zu betrachten würdiget, den weiß sie auch auf das angenehmste zu belohnen. Denn ich glaube nicht, daß einem wahren Naturfreunde je eine grössere Belohnung zu Theil werden kann, als die er in der Freude genießt, wenn sich ihm neue und unbekannte Gegenstände darstellen, die ihn in das angenehmste Erstaunen setzen. Und wer hat sich jemals mit einem forschenden Auge in eine genauere Beobachtung der Natur eingelassen, dem nicht hie und da etwas vorgekommen wäre, oder der nicht manches bemerkt hätte, was vor ihm noch niemand wargenommen hatte? Freilich ist diese Freude alsdenn noch unendlich lebhafter, wenn wir auf Gegenstände gerathen, die sich von den gewöhnlichen Gang der Natur so entfernen, daß wir stutzig werden,

den, daß wir unseren Augen nicht recht trauen, daß wir eine Verblendung, wenigstens einen Betrug befürchten, weil wir eine solche Entdeckung mit den Regeln der Natur nicht zu reimen wissen. In diesem Verstande kann man wohl sagen, daß die Natur, die sonst denen Gesetzen sehr treu ist, die ihr Urheber ihr gab, sich doch an die Gesetze nicht binde, die Menschen ihr vorschreiben. Je tiefer wir in ihre Geheimnisse einzudringen suchen, desto öfter sehen wir uns gezwungen, an denen Planen und Gesetzen, die wir ihr vorgeschrieben haben, zu künsteln, zu verbessern, zu verändern, ganz umzuschmelzen, neue Hypothesen, neue Gesetze zu entwerfen, die denn am Ende doch eben so baufällig, eben so unvollkommen sind, wie die vorigen. Und in welchen Theil der Naturgeschichte wird man nicht dies als Erfahrung bestätigt finden. Eben die Mühe, eben das Kopfbrechen hat der Astronom, seine Cometen auf der Bahn im Gange zu erhalten, die er ihnen aus Pappe zugeschnitten hatte, als der Physiologe seine Saamenthierchen zu modificiren, und der Entomologe seinen Raupen Augen zu verschaffen. Ja unsre Sinne selbst scheinen sich zu der Absicht mit der Natur vereinigt zu haben, uns beständig zu täuschen, beständig in Ungewisheit zu lassen. Denn was wir heute ganz gewiß so gesehen zu haben glauben, das sehen wir oft morgen ganz anders; und so werden wir bey allen unsern vermeinten Kenntnissen doch ohne Unterlaß gezwungen zu gestehen: **Unser Wissen ist Stückwerk.**

Ich will jezt versuchen, ein Insect zu beschreiben, das von denen gewöhnlichen Gesetzen, die sich die Natur bey dieser Klasse von Geschöpfen gemacht zu haben scheint, so abweicht, daß die genauere Betrachtung desselben einem jeden denkenden Naturforscher nothwendig obige Gedanken erwecken müssen. Schon der blosse Anblick desselben wird einen jeden, wenn er auch nicht Kenner ist, auffallen. Wie viel grösser aber wird noch diese Befremdung, wenn man mit einem Vergrösserungsglase die genauere Structur und die einzelnen Theile desselben untersucht. Und wer weiß, wie viel Ursach zur Bewunderung wir haben würden, wenn wir die eigentliche Oeconomie dieses Thiers studieren könnten, da die sonderbare Bauart desselben auch sehr viel ausserordentliches in seiner Lebensart vermuthen läßt. Aber leider ist mir nichts davon bekannt. Ich habe verschiedene dieser Läuse von meinen wohlthätigen Freund, den Herrn Garnisonprediger **Chemnitz** zu Kopenhagen in Spiritus erhalten. Dieser würdige Mann hat sich nach seiner bekannten Uneigennützigkeit und warmen Eifer allen Naturfreunden zum Wachsthum ihrer Erkänntniß beförderlich zu seyn, schon auf mancherley Weise um meine Insectensammlung auf das freygebigste verdient gemacht. Er konnte mir aber von diesen Seeläusen keine mehrere Nachricht geben, als daß er sie von **Farröe** erhalten, und daß sie nach Aussage dessen, der sie ihm zugeschickt, sich auf den Fisch **Hemor** aufhalten. Dieser Hemorfisch ist nach dem Bericht des dortigen Correspondenten, ein Raubfisch mit sehr scharfen Zähnen, der nur selten gefangen wird, weil er die Schnüre abbeißt; er soll sehr groß seyn. Derjenige, von dem diese Läuse genommen sind, und der einzige ist, den dieser Correspondent gesehen, hatte drey Ellen, und war dick wie ein Sack. Die Läuse sassen an den Schwanz desselben. Der Hr. Pr. **Ström** will diese Läuse auch in Norwegen auf dem Lachs gefunden haben.

Wenn

Wenn gleich dies Insect eine **Seelaus** oder Fischlaus genennet wird, so gehört es doch weder zu dem Geschlecht der Läuse, noch zu einem andern Geschlecht des Linneischen Systems, sondern es macht ein ganz besonderes Geschlecht aus. Sollte es ja in das System gezwungen werden, so würde es am ersten unter das Geschlecht der **Schildflöhe** (monoculi Linn.) zu bringen seyn, indem es, wie wir unten hören werden, in einigen Stücken dem krebsartigen Kiefenfuß des Hrn. Pred. **Schäfers** ähnlich ist. Man könnte sagen, daß es aus einigen Eigenthümlichkeiten der Läuse und der Schildflöhe zusammengesetzt sey. Jedoch ich komme zur genaueren Beschreibung dieses merkwürdigen Thiers.

Die **natürliche Grösse** desselben ist in der ersten Figur abgebildet. Sie erreicht beynahe einen rheinländischen Zoll. Es theilt sich schon beym ersten Anblick in drey Theile, nemlich den großen Kopfschild, den Hinterleib und die langen Borsten. Um die ganze Structur dieses Insects genauer zu betrachten, so habe ich es in der zweyten und dritten Figur dreymal im Durchmesser vergrössert vorgestellt. In der zweyten Figur sieht man die **Oberfläche** desselben; diese ist gewölbt, weil das ganze Thier gleichsam kahnförmig ausgehöhlt ist; a ist der so genannte **Kopfschild**, den ich aber nur vergleichungsweise so nennen kann, weil dies Insect eigentlich gar keinen Kopf hat, wie solches bey Erklärung der Unterfläche sichtbar werden wird. Dieser Schild enthält über ein Drittel der ganzen Länge; er ist meist eyrund, vorne etwas platt; die Farbe so wie die Farbe des ganzen Thiers grünlich gelb mit einigen dunkleren Flecken, doch ohne Ordnung. An sich betrachtet ist er eine hornartige Haut, dünne, etwas glänzend, und läßt sich leicht biegen,

biegen, daher er, wenn er trocken wird, am Rande, wo er ausserdem noch dünner ist, leicht zusammenschrumpft. Hinten ist er ausgeschnitten, und an beyden Seiten in den Winkel des Einschnitts bey b b ist eine kleine Oefnung, so daß man völlig durchsehen kann. Von b b geht eine kleine Vertiefung bis nach vorne zu, so daß der mittelste Theil a etwas höher, und gleichsam oben drauf liegt. Nach vorne zu bekommt diese Vertiefung wieder einen kleinen Einschnitt bey x x, der jenem b b ähnlich ist, aber nicht ganz durchgeht. Man könnte in die Versuchung gerathen, diese Einschnitte oder vertieften Punkte x x für die Augen zu halten, allein es findet sich daselbst auch bey den stärksten Vergrösserungeu nicht die geringste Organisation. Auch in der Mitte des Schildes nach vorne zu, sieht man ein paar kleine ovale schwarze Flecken dicht neben einander; allein diese kann ich auch nicht vor Augen halten, denn theils haben sie nicht die geringste Convexitat, theils befinden sie sich nicht bey allen Exemplaren, theils lassen sie sich auch, wenn man sie gegen das Licht hält, daß die Haut durchsichtig wird, nur blos als Flecken, die in der Haut sind, ansehen. Es ist also auf der Oberfläche nicht die geringste Spur von Augen zu finden. Hinten am Kopfschilde in der Mitte, wo er ausgeschnitten ist, stehen ein paar Blättchen c c hervor, und unter diesen der Hals d, der oben auch nur eine weiche lederartige dünne Haut ist.

Wir kommen nun zur Beschreibung der Oberfläche des Hinterleibes. Dicht am Hals liegen über den Leib 2 ovale Blättchen e e; sie sind wie eine weiche Haut, und geben dem Thier das Ansehen, als wenn es, wie die Ohrwürmer kleine Flügeldecken hätte; sie biegen sich aber nicht wie bey diesen gewölbt um den Leib herum, sondern sie sind ganz platt, und lassen sich mit einer Nadel ungemein leicht in die Höhe heben. Darauf folgt denn der Hinterleib f, der aber gleich wieder mit einer weichen Haut g g gleichsam wie mit Deckschilden umgeben ist; doch läßt sie sich nicht vom Leib absondern. In der Mitte ist diese Haut eingeschnitten, und da kommen denn unter derselben wieder zwey bewegliche Blättchen oder Lappen k k zum Vorschein, auch stehen noch zur Seiten zwey ähnliche i i. Unter h h gehen die beyden langen Röhren in den Leib hinein. Diese gehören mit zu denen sonderbaren Eigenschaften dieses Thiers. Sie sind bey einigen über 3 Zoll lang, und scheinen unten doch noch abgeschnitten oder gerissen zu seyn. Ihre natürliche Dicke ist wie eine starke Schweinsborste, und so sind sie auch durch das Microscop anzusehen, nemlich inwendig klar und durchscheinend; sie sind nicht wie die Borsten an Schäfers krebsartigen Kiefenfuß gegliedert, sondern sie gehen dratförmig und in gleicher Dicke fort. So lange sie feucht sind, lassen sie sich nach Gefallen biegen, so, daß wenn viele in einem Glase zusammenliegen, sich diese Borsten oft so in einander verwickeln, daß man nur mit Gefahr, sie zu zerreissen, dieselben auseinander bringen kann. Sie sind inwendig nicht hohl sondern dicht, doch nimmt man bey der stärksten Vergrösserung einige Poros gewahr, aus welchen beym Drücken, so wohl die Luft, als der eingezogene Spiritus heraustritt. Von den Zweck dieser beyden fadenförmigen Theile läßt sich vieles muthmassen, aber nichts bestimmen. Sollen sie dem Thiere, wie dem Kiefenfuß, das Schwimmen erleichtern? Oder läßt es durch dieselben seine Unreinigkeiten von sich, indem ich wirklich in einem einige abgesetzte dunkle Theile wie

in

in einem Mastdarme sahe? Ich bin geneigt, sie für Luftröhren zu halten, so wie die Natur aus diesem Grunde dem Wasserscorpion (Nepa linearis und Cinerarea Linn.) hinten am After die langen borstenartigen Röhren zugetheilt hat, und dies wird mir eben dadurch wahrscheinlich, weil sie nicht articulirt sind.

Die untere Seite, welche in der dritten Figur vergrössert abgebildet ist, wird noch mehr unsre Bewunderung auf sich ziehen. Hier sehen wir nun das Thier in seiner ausgehöhlten Gestalt. Sehr sonderbahr ist es, daß der obere Theil, wo doch alle zur Nahrung und Bewegung nöthigen Werkzeuge in dem Schilde gleichsam wie in einem Kahn zusammenliegen, doch beynahe nichts als Schale ist. Kein Kopf, keine fleischigten Theile, ausgenommen einige wenige schwache Erhöhungen oder Buckeln in der Mitte des Schildes sind zu finden, sondern die Füsse und der Saugec sind wie in der Schale eingelenkt oder angeklebt. Ganz oben in der Mitte dicht am Rande steht eine kleine Erhöhung wie eine Drüse. Darauf folgen ein Paar Füsse oder Klauen kk. Diese haben eine hellgelbe durchsichtige Farbe, wie der reinste Bernstein: nur bey der stärksten Vergrösserung des Tubi A im Hofmannischen Microscop erkennet man ihre wahre Bauart. Ich habe in der vierten Figur eine solche Klaue in dieser stärksten Vergrösserung vorgestellet. Sie besteht aus 2 Gliedern, nemlich die eigentliche Wurzel, welche weich und drüsenartig ist, und auf der inwendigen Seite eine stumpfe Spitze hat, und die Klaue selbst, welche beynahe hornartig hart ist. Mitten über diese Klaue läuft eine rinnenförmige Vertiefung. An der innern Seite sieht man oben an der Spitze einige kleine Zacken, wie die Zähne der Krebsscheeren; darauf folgen bis

auf

auf die Hälfte herunter solche schieflaufende Rinnen wie ein Schraubengang; wie bey x vorgestellet ist. Zwischen diesen beyden Klauen in der dritten Figur liegt der Stachel oder Saugrüssel l. Hiedurch unterscheidet sich nun hauptsächlich dieses Thier von dem Geschlecht der Monoculorum. Mir ist keine einzige Art derselben bekannt, die einen Stachel hätte. Selbst der große Molukkische Krebs, mit welchen sonst dieses Thier in Ansehung des obern Theils sehr viel ähnliches hat, hat keine Spur vom Stachel; wenigstens habe ich an dem in unsern gesellschaftlichen Cabinet befindlichen, und von unsern verdienstvollen Herrn Spengler uns geschenkten Exemplar keinen entdecken können; auch erwähnen weder Herr Spengler in seiner so genauen Beschreibung desselben (Siehe den 2ten Band unsr. Beschäft.) noch Hr. Schäfer in seiner Abh. über d. krebsart. Kiefenfuß nichts von einem Saugrüssel. Dieser Stachel nun schließt der Länge nach herunter dicht an die Schale an, wie bey denen Wanzen, er kann aber leicht mit einer Nadel aufgehoben werden. Zwischen dem ersten und zweyten Paar Füsse, zu beyden Seiten des liegenden Stachels steht ein kleiner Theil wie ein Fühlerchen, welches 2 Glieder hat. Ferner sieht man oben zu beyden Seiten nach dem äussern Rande zu, zwey ovale glatte Erhöhungen m unter einander. Beym ersten Anblick sollte man sie vor Augen halten; allein ich finde dazu manche Bedenklichkeit. Denn theils haben fast alle erhöheten Theile in der Schale eine solche convexe Gestalt und Glätte; theils findet man an dieser Stelle auf der obern Seite nicht die geringste Spur von Augen, es müßte also das Thier entweder unter sich sehen, oder auf den Rücken schwimmen; theils sieht man auch bey der stärksten Vergrösserung nicht die geringste

ringste Organisation dieser drüsenartigen Erhöhungen; und theils endlich findet man auch in den Schwimmfüssen eben solche augenartige Theile, die denen bey m völlig ähnlich sind, und wo man doch wohl nicht leicht wahre Augen vermuthen sollte. Wären indessen diese Gründe jemanden nicht hinreichend, diesem Thier deshalb einen so edlen Sinn abzusprechen, so bin ich es gern zufrieden, daß er diese convexe Erhöhungen vor Augen halte. Denn so viel glaube ich behaupten zu können: entweder diese Theile bey m sind die Augen, oder es hat gar keine.

Etwas unter denen scheinbaren Fühlerchen ist das **zweyte Paar Füsse** eingelenkt bey n. Diese sind halb Fuß- halb Krebsscheerenartig. Fig. 5. zeigt ihre wahre Gestalt. Sie bestehen auch aus 2 Gelenken; oben ist die Keule v, und denn kommt der hackenförmige Fuß w, welcher an der inwendigen Seite einige zahnähnliche Erhöhungen hat, auf deren hintersten und größten stehen einige schwache Spitzen. Auch kommt in der Mitte dieses Fußtheils noch ein kleiner Arm y heraus, der kurz und dick ist, und ein eigenes Gelenk zu haben scheint. Zwischen und unter diesen Füssen sieht man in der 3ten Figur einige Erhöhungen, die der Leib des Thiers zu seyn scheinen. Von hier gehen auch zwey Sehnen oder Bänder aus, die dicht an der Schale bis nach den äußern Rand zu fortlaufen, und wodurch das Thier vielleicht im Stande ist, die Schale selbst mehr oder weniger zusammen zu ziehen. Ausserhalb hat diese Schale noch einen dünnern halb durchsichtigen Rand, der mit Härchens eingefaßt ist.

Was nun dieses Thier dem Geschlecht der Monoculorum nahe bringt, sind 2 Paar **Schwimmfüsse** p und q, welche übereinander liegen. Bey

Fig.

Fig. 6. ist der obere, und in Fig. 7. der untere Schwimmfuß abgebildet. Sie sind wie Blättchen oder Lappen, einer zarten Pergamenthaut ähnlich, halb durchsichtig, mehr weiß als gelblich; unten endigen sie sich in 2 etwas hackenförmige Theile übereinander. Hauptsächlich sind dabey diejenigen Härchen wohl zu beobachten, mit welchen sie unten eingefaßt sind. Sie sind an der rundlichen Forderspitze am längsten, nehmen alsdenn immer mehr an Länge ab, und sind zuletzt kaum mehr merklich. Unter einer starken Vergrösserung gaben diese Härchen einen vortreflichen Anblick; und nun erscheinen sie als Federn, dessen Stammröhre oder Kiel hohl und an den Seiten mit lauter Franzen wie eine Gänsefeder eingefaßt ist. Will man hiebey vergleichen, was Schäfer in seiner Abhandlung von dem krebsartigen Kiefenfuß, von dessen Füssen pag. 37. u. s. w. sagt, nnd tab. VII. Fig. 1. 2. abgebildet hat, so wird man erstaunen, wie ähnlich sich diese beyden Thierchen in diesem Stücke sind, so wie man mit der Oberfläche des Kopfschildes von seinem abgebildeten Molukkischen Krebs und mit dem Kopfschilde dieses Thiers sehr viel Aehnlichkeit finden wird. In dem grossen Schwimmfuß Fig. 7. sieht man einige convexe Theile, von welchen ich oben sagte, daß sie denen scheinbaren Augen Fig. 3. m. völlig ähnlich sind. Sollten dies wol Eyer, und die Füsse selbst die Mutterfüsse seyn, die Schäfer an seinen Kiefenfuß fand? Unter diesen Schwimmfüssen liegt noch ein Lappen oder eine Haut Fig. 3. q. die gleichsam wie eine Unterlage der Füsse aus dem Schild heraushängt. Sie kann wie die Füsse in die Höhe gehoben werden, und ist auswärts mit Härchen eingefaßt.

So klein alle diese Theile sind, so groß ist nach Verhältniß der Hinterleib, welcher auch um ein merkliches dicker und fleischigter ist, als die in dem Schilde wie in einer Schüssel liegenden Theile. Zunächst am Schilde stehen in der Mitte zwey scheibenförmige Blättchen r etwas über einander, und an jeder Seite ein kleineres. Unter diesen kommen ein Paar länglicht runde Lappen s s hervor, und in der Mitte stehen zwey kleinere diesen ähnlich. Sie lassen sich insgesammt leicht in die Höhe heben. Alsdenn geht der Hinterleib etwas ausgehohlt herunter; er ist, da das Thier todt ist, etwas zusammengeschrumpft, lederartig, und in der Mitte sieht man eine Erhöhung wie einen Canal. An diesen sind unten wieder zwey Blättchen oder Schwanzklappen t. an einen kleinen Stiel eingelenkt, und diese sind vermuthlich Schwimmwerkzeuge. Sie haben unten vier federartige Spitzen, wie in der 8ten Fig. vergrössert vorgestellt wird.

Da umständliche Beschreibungen von dieser Art etwas ekelhaft zu lesen sind, zumal für dem, der nicht ganz eigentlich auf die Zergliederung der Thiere und auf den Bau ihrer kleinsten Theile sein Augenmerk richtet, so habe ich, so viel möglich, mich hiebey der Kürze beflissen. Es wäre sonst noch sehr viel merkwürdiges von diesem Thierchen zu sagen, und wie viel bewundernswürdiges entdeckt das Auge des Forschers, welches sich gar nicht durch Worte ausdrücken läßt. Doch dies ist diesem Thier nicht allein eigen. Es ist kein Geschöpf auf der Welt, das nicht bey einer genaueren Betrachtung eine solche unergründliche Weisheit, eine solche unnachahmliche Sorgfalt des grossen Schöpfers zeigte, die sich nur empfinden aber nicht beschreiben läßt, und die uns mit einer sanften Gewalt zwingt, ehrerbietig zu verstummen, demüthig anzubeten, und uns selbst unabläßig zu sagen: **Wie groß ist Gott, wie klein bist Du!**

Nach=

Nachdem diese Beschreibung schon dem Druck übergeben war, meldete mir Herr Chemnitz folgendes: „Ich habe auf Ihr Verlangen die Beschreibung „dieser Seelaus nachgesehen, die, wie Herr Spengler Ihnen gemeldet, der Herr Pr. Ström im „10ten Bande der kopenhagischen gelehrten gesellsch. „Schriften pag. 23 bekannt gemacht hat. Sie „heißt bey ihm Monoculus thorace abdominique ovato „cauda lobata. Diese scheint aber von Ihrer Hemorslaus merklich verschieden zu seyn. Er beschreibt „sie umständlich auf 3 Quartseiten, und sagt, daß „der Lachs von diesen Läusen geplagt, die See verlasse, und die reissenden Ströme hinaufgehe, um so „von den Läusen befreyet zu werden. Er beruft sich „bey dieser Lachslaus auf die Abhandl. der Schwed. „Akademie 1751. 2te Abhandl. 1stes Quartal; doch „sey der dortige Kupferstich von seiner Lachslaus verschieden. Sie sehen hieraus, daß Ihre Beschreibung der Hemorlaus gewiß nicht überflüßig ist." Da ich nicht Gelegenheit habe, die Strömsche Beschreibung dieser Seelaus in den Kopenhagischen Schriften zu Gesicht zu bekommen; so muß ich nur so viel sagen, daß ich die von ihm beschriebene Lachslaus für ein ganz anderes Insect halte, als diese Hemorslaus, weil diese nicht die geringste Aehnlichkeit mit dem in den Schwedischen Abhandlungen beschriebenen und abgebildeten Lachswurm hat, der gar nicht einmal unter die Insekten, sondern unter die Mollusca gehört, und vom Linne' Lernaea salmonea genannt wird.

IV.

Nachricht
von einem
merkwürdigen Achat
durch

P. E. Klipstein,
Kammerrath des Landgrafen von Hessen-Darmstadt
zu Darmstadt.

Nebst einer Abbildung Tab. IV.

Einer meiner Freunde, der aber eben kein Kenner von Mineralien ist, kaufte diesen Achat als Dose einem Fuhrmann ab, welcher eine ganze Ladung solcher Waaren führte, und diese, vermuthlich, weil sie hier und da Sprünge zu haben schien, wohlfeil gab. Er stiftete sie in meine Sammlung, ohne die Seltenheit dieses Steins und den Ort, wo er gefunden oder gebrochen worden, zu wissen. Ich selbst sah sie zwar gleich anfangs für ein schönes Stück an, allein die eigentliche Merkwürdigkeit erkannte ich erst einige Zeit hernach. Collini erregte meine Aufmerksamkeit am meisten. Seine Meinung, daß die in den Achaten eingeschlossene Kräuter und Moos ähnliche Körper hauptsächlich von einer eisenhaften Substanz herrührten *), war mir sehr wichtig, da sie von einem Manne

*) Journal d'un voyage. p. 195 — 199.

Manne herkam, der vorzüglich Gelegenheit hat, eine grosse Menge dieser Steine zu beobachten.

Bey dem seeligen Herrn **von Moll** in Wien sahe ich dasjenige braune und grüne Moos, welches auch **Ferber** *) gesehen, und für wahr erkannt hat, daher war ich seit der Zeit nicht sehr zweifelhaft gegen das Daseyn vegetabilischer Theile im Achat gewesen, was ich aber in diesem Achat beobachtete und merkwürdig fand, war nicht Moos, sondern **kleine rothe Beeren mit einer grünen Substanz**, die viel frischer oder grasgrüner sich ansahe, als die gewöhnliche moosartige Gestalten in andern Achaten, auch keine so faserichte Theile zeigte, wie diese.

Zwey kleine Seitentäfelchen meiner Dose enthielten braune moosähnliche Fäserchen, und unterschieden sich damit so von den übrigen vier Tafeln, daß ich zweifeln muß, ob sie alle aus einem Achat geschliffen worden sind, doch war der Grund einerley, nämlich weißblaulich, halb durchsichtig, und gab mir Vermuthung, daß es einer derer Achaten seyn möge, welche **Collini** von Homberg im Grumbachischen S. 196. beschreibt, und worinn **Ferber** **) ein würkliches Lichen eingeschlossen sahe.

Die merkwürdige Stelle, worin derselbe seine Reue erzählt, daß er dieses seltene Stück, so theuer es auch gehalten würde, nicht kaufte, ist besonders für reiche Naturalisten sehr lesenswerth.

*) Ferbers neue Beyträge zur Mineralgeschichte verschiedener Länder. S. 22.

**) Ferbers bergmännische Nachrichten von den merkwürdigsten mineralischen Gegenden der Herzoglich Zweybrückischen, Churpfälzischen, Wild- und Rheingräflichen und Nassauischen Länder. Mietau 1776. S. 74 — 75.

Bekanntlich gehören alle versteinerte Früchte unter die Seltenheiten, woran man so lange als möglich zweifelt, und sich bemühet, sie zu den figurirten Steinen oder zufälligen Naturproducten zu zählen. Was man allenfalls noch dafür gelten läßt, sind wenige Beyspiele von Eicheln, Nüssen, Bohnen, Mandeln, Pfirsichkern, Tannäpfeln und Fruchtähren, wozu ich noch Buchecker zähle, wovon ich selbst seit kurzem eine besitze. Doch fehlet es auch hier nicht an Widersprüchen. Aber fleischigte Beeren sollen ganz aus dem Reich der Versteinerungen ausgeschlossen seyn; und in Steinen, die nicht durch einen Niederschlag, sondern durch eine Congelation entstanden zu seyn scheinen, will man überhaupt keine Versteinerung glauben.

Die innere und äußere Gestalt meiner Beeren, wie sie durch das Schleifen entwickelt worden, sagte mir indessen so viele wichtige Zweifel, gegen ein blosses Naturspiel, daß ich mich unmöglich dem Unglauben und dem Ausspruch anderer, die denn doch wenigstens dieses Stück nicht gesehen hatten, so blindlings überlassen konnte.

Ich legte die Dose aus einander, und schickte ein Täfelchen Herrn Geheimen Kammerrath Cartheuser. Derselbe hielte diesen Achat ebenfalls für sehr merkwürdig. Die ganz irregulaire Gestalt und verschiedene Grösse derer eingeschlossenen Körper, wie auch die verschiedene Lagen, woraus ihre Schalen nach dem Vergrösserungsglas zu bestehen schienen, erregten aber doch Zweifel bey diesem würdigen Naturforscher gegen das Daseyn ächter Beeren. Diese Zweifel waren indessen so beschaffen, daß er sie selbst nicht für unwidersprechlich hielte. „Soll man denn, schrieb er mir, die schöne Dentrittische Figuren in dem

so-

sogenannten Moco nicht für würkliche Moose oder Pflanzen halten?

Als ich das Täfelchen zurück erhielt, so war ein Stückchen durch Unvorsichtigkeit des Ueberbringers abgebrochen. Dieser Zufall brachte mich auf den Entschluß, meinen Achat chimisch zu untersuchen. Ich antwortete Herrn Geheimen Kammerrath:

„Eine so grosse Veränderung als die Versteine„rung seye, könnte auch leicht in den versteinerten „Körpern Veränderungen herfürbringen; eben hierinn „könne auch der Grund von den scheinbaren verschiede„nen Lagen derer Schalen liegen; ich seye entschlossen, „das abgebrochene Stück einer mehreren Gewißheit „aufzuopfern, und darinn vorzüglich seiner Anleitung „zu folgen.“

Diese erhielt ich auch, und da das abgebrochene Stückchen zu wenig war, so zerbrach ich die Tafel, und nahm den Theil, worinn sich die meisten Beerengestalten fanden.

Herr Anton **Merk** und ich, wir haben diese Versuche gemeinschaftlich und wiederholt angestellt.

Sie sind folgende:

Wir pulverisirten einen Theil in einem metallenen Mörser, und dann schlemmten wir das feinste, ein graugrünliches Pulver ab. Durch das Vergrösserungsglas bemerkten wir rothe und grüne nebst hellen Achattheilchen darinn. Dieses Pulver wurde vorsichtig in eine gläserne Phiole gebracht, die Oefnung mit einem Medicinalglas bedeckt, und die Fugen wohl verlutirt, dann zwischen glühende Kohlen gesetzt, und so einige Stunden darinnen gelassen, daß das Achatpulver durchaus glühete. Bey Eröffnung der Phiole bemerkte man außer dem sehr starken empyrevmatischen Geruch, der sich in beyden Gläsern sehr stark ausgebreitet hatte, einige schwarze ölichte Flecken an dem Halse der Phiole, auch war das Pulver in der Farbe dunkler worden, und zeigte durch das Vergrösserungsglas eine Menge kohlenartiger Fasern, welche denn allein die vorher roth und grün gewesene Theilchen der Beeren und der grünen Substanz ausmachten; die weisse Achattheilchen lagen separat da. Einige von diesen schwarzen Theilchen auf glühende Kohlen geworfen fiengen sogleich Feuer, und liessen eine Asche zurück; auf fliessenden Salpeter getragen bemerkte man hier und da auf der Oberfläche eine Verpuffung.

Diese Versuche wurden mit einem gleichen Achatstück mit aller nur möglichster Genauigkeit wiederholt, um allem Verdacht eines Versehens zu entgehen, die Erscheinungen waren aber dieselbe, außer daß sich diesmal die schwarze ölichte Flecken an dem Halse der Phiole nicht zeigten, folglich das brennliche Oel diesmal nicht so wie das erstemal in seiner Substanz aufstieg, dagegen aber war der Geruch so stark und anhaltend, daß man ihn noch über vierzehn Tage hernach in den erwähnten Gläsern stark empfand. Die inflammabilische Theilchen des Pulvers gaben sich ferner noch mehr zu erkennen, als man dasselbe mit dem Glauberischen Wundersalz in Flusse versetzte, wodurch eine wahre Schwefelleber entstand. Endlich wurde dies in der Phiole zurückgebliebene Pulver in einem offenen Feuer calcinirt, die Farbe wurde hierauf heller, und es brauste ganz wenig mit Säure auf; mit Fett vermengt und calcinirt löste die Vitriolsäure einige Eisentheilchen auf, die sich sowol bey dem gelben Niederschlag durch Alcali als auch durch die Eisenflecken, wenn man die Auflösung auf eine Kupferplatte brachte, genugsam zeigte.

Mir

Mit einem andern ordinairen Achat, der viele moosähnliche Theilchen enthielte, wurden gleiche Versuche angestellt, und das nämliche, nur in viel geringerem Grad erhalten.

Nun ertheilte ich Herrn Geheimen Kammerrath von allen diesem Nachricht, und hatte das Vergnügen, eine Antwort zu erhalten, worinn derselbe erklärte, daß die so gut von statten gegangene Versuche ihn völlig überzeugten, daß dieser Achat würklich versteinerte Beeren enthalte. Die Sache seye immer für den Naturforscher wichtig.

Es haben zwar verschiedene gelehrte Chemiker und Mineralogen *) von dem Dentrittischen Achat behauptet, daß er bituminöse Theile enthalte, weil ein bituminöser Geruch entstünde, wenn man ihn in das Feuer bringe, allein ich zweifle, daß sie die Untersuchung so weit getrieben haben, sonst hätten sie nicht dabey stehen bleiben können, und diesen ausnehmend brennlichen und ganz eigenen Geruch für den Geruch eines Bergpechs erklären können, wiewol es auch möglich ist, daß in ihren Achaten wahres Bergpech enthalten gewesen ist, daß aber dasselbe so vollkommen gestaltete Körper sollte formiret haben, ist über alle Wahrscheinlichkeit, eben so unwahrscheinlich ist es, daß dergleichen Gestalten allein zufällig durch eine eisenhafte Substanz erzeuget worden seyen, solche Substanzen können wol unterweilen Gestalten herfürbringen, wobey eine gute Einbildungskraft Aehnlichkeit mit diesem oder jenem natürlichen Körper findet,

 aber

*) *Walleri* System. mineral. Holmine 1772. p. 286. Brückmanns Abhandlung von Edelgesteinen. Braunschweig 1773. p. 231. *Neumann* prael. enym. p. 1600.

aber daß sie so oft oder beynahe immer Gestalten herfürbringen sollten, die ein und denselben Körper, das Moos, vorstellen, ist nicht zu vermuthen; daß in meinem Achat etwas wiewol wenig von Eisentheilen vorhanden waren, ist nicht wider das Daseyn vegetabilischer Körper, sondern ehe dafür; denn bekanntlich hält ja alle vegetabilische Erde etwas Eisen.

Wenn nun jene Versuche: der brennliche Geruch, die kohlenartige Theile ꝛc. genug gezeigt haben, daß vegetabilische Körper in meinem Achat vorhanden sind, so ist es nun auch nicht wol zu leugnen, daß die rothe und runde Körper Beeren gewesen sind, wiewol dieses durch keine chemische Zerlegung, sondern nur allein durch den Augenschein entschieden werden kann.

Ich habe deswegen gegenwärtige Zeichnung angegeben, und kann versichern, daß sie vollkommen treu ist.

A, ist ein Täfelchen, und zwar das nämliche, wovon ein Theil denen Versuchen aufgeopfert worden ist.

B, ist der Durchschnitt, woran man sehen kann, wie diese Körper in das Innere eingedrungen sind.

C, vollkommene Beeren mit ihren Stielchen und Knöpfen.

d, durchschnittene Beeren, theils regulair, theils irregulair.

e, Eine Beere, wo oben das Knöpfchen herfürgehet, und die rothe Substanz sich aufgeflockt hat.

f, Eine Beere, woran man zwey Stiele bemerkt, und drey Abtheilungen. Die rothe Substanz hat sich auf einer Seite auch verflockt.

g, zwey Beeren an einem Stiel.

h, eth, etliche Beeren an einander gequetscht und aufgeschnitten, worinn drei Stielchen liegen.

I, ein Stielchen, das mit rothen Fäserchen umflockt ist.

Die Gestalt einiger Beeren, besonders e, ist so natürlich, als nur etwas seyn kann, und diese natürliche Gestalt hat sich dann am besten erhalten, wann der Körper allein oder frey lieget, wo aber mehrere zusammen gekommen sind, da hat sich eine zusammen gedrückt, eine andere ausgedehnt, und die meisten scheinen im ersten Anblick, als wären sie zusammen geflossen. Durch das Vergrösserungsglas aber bemerkt man noch deutlich, daß jede ein einzelner Körper war.

Diese verschiedene Verdruckungen bezeugen, daß es fleischigte Körper waren; denn feste Körper würden ehender zersplittert oder zerrissen, nicht aber gedehnt oder gepreßt erscheinen.

Die innere Gestalt kommt völlig mit der von aufgeschnittenen Beeren überein. Die Schale ist in der Mitte Markig weiß, oder meist weißröthlich. Diese Markähnliche Substanz ist gegen die innere Holung zu mit einer feinern Haut umgeben, die Holung aber selbst mit der Achatmasse gefüllt, daraus man bald ein, bald mehrere Stielchen herfürstechen siehet. Gegen außen hat die Schale ebenfalls eine ganz feine hautige Einfassung des markigen Wesens, und ist auf der Oberfläche mit einer rothen flockigen Substanz versehen. Diese Substanz könnte nun vielleicht blos ein mineralisch färbendes Wesen seyn, das nicht nothwendig zu diesen runden Körpern gehöret, weil selbst die bloße Stielchen, auch wenn sie einzeln liegen, damit oft umgeben sind, oder ist es vielleicht ein Produkt aus dem Beerensaft?

Die

Die Farbe dieses rothen flockigen Wesens, besonders gegen das Licht gehalten, ist Morgenroth. Die Stielchen sind in Kern dunkelgrün, außen spangrün, und zum Theil, wie gesagt, mit der nämlichen rothen flockigen Substanz umgeben wie die Beeren. Ob dieses wahre pedunculi seyen? Diesem scheint wol die Beere f und h entgegen zu seyn, besonders wo eine Beere drey solcher Stiele enthält. Wenn ich aber bedenke, daß sich die Stiele, gleich wie die Beeren von den Sträußern losgerissen haben müssen, weil sie auch ganz einzeln angetroffen werden, so können wohl durch die nämliche Veränderung mehrere Stielchen in eine Beere geschoben worden seyn. Es müssen auch nicht alle Stielcher gewesen seyn, es waren vielleicht zum Theil bloße Reißcher oder Aestcher.

Was es für Beeren gewesen?

Diese Frage möchte nicht so leicht entscheidend zu beantworten seyn. Vielleicht wäre es leichter, wenn man die Lagerstätte, und also auch die Pflanzen und Sträuche, die daselbst wachsen, kennte. Anfangs habe ich sie, nebst mehrern Freunden, für Beeren des Sambuci racemosi gehalten, und gewiß, ihre Farbe und äußere flockige Gestalt kommt sehr damit überein, allein ich wage es doch noch nicht, sie ferner zuverläßig dafür auszugeben.

Sind diese vegetabilische Theile in dem Achat ganz versteinert, oder nur darinnen eingeschlossen?

Für durchaus versteinert kann ich sie nicht halten, weil sich ein wahrer Stein nicht zur Kole verwandelt; für durchaus blos eingeschlossen kann ich sie aber auch nicht erkennen, weil der Achat sonst keine Politur, dort wo sie fürkommen, hätte annehmen können, dennoch hat er es gethan; nur daß man da, wo die aufgeschnittene Beeren fürkommen, wenn man schief über die polirte Fläche wegsiehet, theils rundliche Einschnitte wahrnimmt, theils eine mattere Politur, theils aber auch gar keine Veränderung beobachtet. Hingegen die grüne Substanz nimmt sich ganz deutlich heraus, daß sie nicht, oder in keine so starke Versteinerung übergegangen ist.

Man beobachtet allenthalben, wo sie fürkommt, ihre mehr Erd- als glasartige Substanz. Hieraus schließe ich, daß diese Körper zum Theil, aber nicht alle, durchaus in die wahre Versteinerung übergegangen sind. Jene grüne Substanz stellt sich auch im Bruch als ein erd- oder ocherhaftes Wesen dar, da hingegen die Beerengestalten innigst mit dem Achat vereiniget sind, und sich nie davon trennen lassen.

Auch dieses scheint von ihrem fleischigen oder saftigen Wesen herzufolgen, welches mehrere Verwandschaft mit der Steinmachenden Materie gehabt haben mag, als die harte und holzige Substanz derer Stielen und des Laubes.

Ich sehe nun keinen Grund mehr, warum der Jaspis und die Kristallen nicht auch vegetabilische Theile sollten enthalten können. Vielleicht hätte man auch schon hievon mehrere Gewißheit, wenn sich Liebhaber leichter entschließen könnten, seltene Stücke zu zerstossen und chymisch zu untersuchen. Allein wer nur ein Einziges besitzt, dem ist auch so etwas nicht zuzumuthen. Ich selbst würde es vielleicht nicht gethan haben, wenn mich nicht der Gedanke, daß ich noch drey Tafeln übrig behalte, getröstet hätte. Indessen ist ohne solche Untersuchung das Auge allein Richter, und da sich dieses leicht irret, so bleiben immer Zweifel übrig.

V.

V.

Von der Nassauischen Mineralgeschichte und vom brennenden Berg zu Dutweiler in dem Fürstenthum Nassau-Saarbrücken.

von C. F. Habel.

So unbedeutend bisher den meisten Naturforschern die Nassau Saarbrücksche Länder geschienen, so merkwürdig würden sie jeden Mineralogen seyn, der nur Zeit und Gelegenheit hat, sie gründlich kennen zu lernen. Der Herr Professor **Ferber** hat zwar derselben in seinen Bergmännischen Nachrichten von den merkwürdigsten Gegenden der Zweybrückschen und Nassauenschen Länder, Mietau 1766. aber nur beyläufig S. 86. und nicht aus eigenen Beobachtungen erwehnet; welches sehr zu beklagen ist: da man sonst von diesem großen Mineralogen und richtigen Beobachter sehr wichtige Nachrichten über diese Länder würde erhalten haben. Herr ꝛc. **Büsching** gedenkt in seiner Erdbeschreibung außer der zwey Hohenöfen in den Nassau-Usingischen Ländern, die von einigen thonartigen

tigen weichen flözartigen Eisensteinen betrieben werden, noch der heißen Bäder (Mattiacos fontes calidos) und Tacitus in An. XI. 20. einer Silbergrube, die Curtius Rufus in agro Mattiaco, wiewohl mit wenigem Vortheil, hätte öfnen lassen. Dithmar in Not. ad Tacit de moribus German. V. 7. urtheilt nicht unrecht, wenn er sagt: Certe non venas, sed laborem et scrutinium defuisse apparuit. Ob nun gleich einige Gelehrte an der Glaubwürdigkeit des Tacitus in diesem Punkt gezweifelt, besonders diejenigen, welche die Mattiacas aquas bald hierhin, bald dorthin versetzten, so hat man vor 7 oder 8 Jahren etliche Stunden von Wiesbaden, bey den Dorfschaften Nauroth und Auringen die deutlichsten Proben von diesem alten römischen Bergwerk, nemlich die Rieschen und Heerde, und auch selbst ein Silbererz, nemlich das Fahlerz, nebst verschiedenen Kupfererzen, gefunden. Das Gebürg worauf man die Grube eröfnet, ist die so genannte Höhe oder Taunus der Alten; die Grube selbst lag aber nicht auf dem Tauno der Deutschen, sondern auf dem römischen Antheil, wie die Ueberbleibsel des bekannten Phal- oder Polgrabens jetzo noch ausweisen. Da dieses Werk durch eine neue Gewerkschaft wird betrieben werden, so habe ich vielleicht auf ein andermal bessere Gelegenheit umständlichere Nachricht von diesem Bergwerk so wohl, als von der Naturgeschichte des Taunus, der in der Gegend von Wiesbaden vorzüglich aus Gneis besteht, zu geben. Brückmann in Magnl. Dei subter. führt den schönen Idsteinischen Marmor an, der aber eigentlich in dem Amt Burgschwalbach bey dem Dorf Mudershausen bricht, und vor andern vieles Merkwürdige hat. Bey Strinz im Idelsteinischen muß der Bergbau ehemals ganz beträchtlich gewesen seyn, wie man aus den vielen alten Halden deutlich abnehmen kann. Das Gebürg besteht aus einem blauen Thonschiefer, und sitzt wahrscheinlich auf dem Gneiß auf, der in der Höhe das Hauptgebürg ausmacht. Eine Stufe, die ich aus diesem alten Werk erhalten, war ein grobspeisigter Bleyglanz. Diese Gänge sind mit der alten Daißbachischen Grube, die eine Stunde von da, in eben dem Gebürg liegt, verwandt. Man findet bey Durchgrabung der alten Halden nicht allein eben solchen Grobglanz; sondern auch noch kleinspeisigten ♄ Glanz, weißen Bleyspath, grünes ♄ Erz; ♀r Kies und ♀rgrün. Die Gangart ist ein Quarz; allein auf diesem nämlichen Gebürg, eine Stunde weiter der Aar hinunter, findet man in den Gängen neben dem Quarz einen schönen weißen und fleischfarbenen schweren Spath mit Schwefel- und Kupferkies. In dem Oberamt Usingen sind ebenfalls ehemals verschiedene Gruben betrieben worden, und zwar meistens auf Bley und Silber, wie die Stufen, so man noch jetzo auf den Halden findet, deutlich ausweisen. Das Hundstaller ☽r und ♄ Bergwerk blieb erst vor 10 Jahr liegen. Das Gebürg gehört noch zum Taunus der Alten, ob es gleich jetzo andere Namen hat, und schon 8 Stunden von Wiesbaden entfernt liegt. Ich übergehe jetzo die schöne und häufige blaue Dachschiefer; den Walker- und Porcellainthon; den Märgel; die viele Versteinerungen rc. so sich sämmtlich in den Nassau-Usingischen Landen findet, und gewiß die Achtsamkeit eines guten Mineralogen verdienet. — —

Das Fürstenthum Nassau-Saarbrück-Saarbrück ist von Hrn. **Ferber** ebenfalls kurz in den angeführten Bergm. Nachrichten S. 77 und 78, und auf eben die Art, wie das Fürstenthum Saarbrück-Usin-

Usingen beschrieben. Ich war auf meiner letzten Reise so glücklich, dieses Land genauer kennen zu lernen. Es besteht gänzlich aus Flötzgebürgen, welche vorzüglich eine Menge von Eisensteinen und Steinkohlen liefern. Letztere tragen seit der preißwürdigen Regierung des Höchstseligen Fürsten **Wilhelm Heinrichs** das meiste zum angefangenen Flor des dasigen Fürstenthums bey. Sie sind vielleicht unter allen Steinkohlengruben in Deutschland die wichtigsten, mächtigsten und besten. Man würde nicht zu viel thun, wenn man verschiedene Flötze zu Dutweiler und Sulzbach, wo sich ihrer 12 bis 15 übereinander befinden, der guten engländischen vollkommen an der Seite setzte. Ich will gegenwärtig nur ein Flötz davon, der mir besonders wichtig scheint (mit Uebergehung der übrigen Saarbrücker Naturmerkwürdigkeiten) bekannt machen; da ich nicht vermuthe, daß sie schon genaue Nachricht davon erhalten haben. Es ist das Flötz, welches man die Landgruberkohlen nennt, das sich von Dutweiler nach Sulzbach zu erstrecket, und in das Bliescastelische ꝛc. fortstreicht. Seine Mächtigkeit ist 14 Schuh, davon man 4 Schuh als Bühnenkohlen zur Dachfestung, ob sie gleich noch zu brennen wären, anstehen läßt, und die 10 Schuh mächtige gute Kohlen durch Verschrämen und Loskeilen gewinnt. Sein Fallen ist Thonlägig, welches auch bis in eine noch nicht erforschte Teufe fortgeht. Dieses Flötz hat so wohl in der Sohle als unmittelbar im Dach einen blauen Thonschiefer mit Abdrücken, der gleich über sich einen Alaunschiefer, so viel Kies enthält, wie nicht weniger Abdrücke, und über den Alaunschiefer wieder einen gemeinen Thonschiefer, und denn einen Buddingartigen, grauen, mit vielen Thon vermischten Sandstein auf sich ruhen hat. Der alten Sage nach,

nach, lernte man erst in dasiger Gegend vor 200 Jahr dieses Foßile näher kennen, und nach und nach auch benutzen. Die damalige starke Bevölkerung dasiger Gegend, die freylich in der Folge sehr stark abgenommen, und jetzo wieder in der Zunahme ist, die das Holz kostbarer machte, mag freylich das mehrste zur Consumtion der Steinkohlen beygetragen haben. Die Einwohner von Dutweiler suchten gegen einen geringen Verdienst Steinkohlen zu graben und zu verführen. Da das Landgrüber Flötz zu Tag mit seinen Blumen aussetzte, und es sehr mächtig war, eröfneten sich die einzeln Einwohner, oder auch kleine Parthien derselben, eigene Löcher; denn es fiel dazumal noch niemand ein, daß dieses einmal eine beträchtliche Revenüe vor die Fürstliche Rentkammer werden könnte, wie es erst unter der vortreflichen Regierung **Wilhelm Henrichs**, dieses in Wahrheit sehr großen Cameralisten, so sehr er auch von undankbaren, die sich keine Mühe nehmen wollen ihn kennen zu lernen, verkannt wird, wirklich geworden, indem dieser und die zwey andere Flötze, so gegenwärtig betrieben werden, aber lange nicht so mächtig als dieser sind, eine jährliche reine Revenüe von 8000 Fl. verschaffen. Man machte also vormals Löcher, als in Steinbrüchen, und dieses in Menge, wobey man weder auf Ordnung noch Dauer sahe, und solches in Form der Stollen. Man gieng darin so weit fort, als man konnte, und es entweder die warmen Wetter, die Bequemlichkeit der Förderstrecken, oder die Brüche nur zuließen, welche letztere denn um so viel häufiger waren, als die Schemel breit vorgenommen wurden, da man sie zu 35 bis 40 Schuh breit ohne Verbauung machte. Man ließ zwar einige Bergfestungen von Kohlen stehen, allein unbeträchtlich und gewöhnlich zu schwach.

Auf

Auf diese Weise wurde besonders dieses, weilen es die besten Kohlen enthält, in einer Zeit von ohngefähr 80 Jahren ganz verwühlet, besonders auf der Seite nach Dutweiler zu, da es vor die Fuhre am bequemsten war. Vor ohngefähr 120 Jahren machte ein Hirte auf einem Stock, der auf einer Halde vom Landgruberkohlenflötz stund, Feuer, welches in den Raum, der aus lauter brennbarer Materie bestund, niederbrennte, und endlich in die alte Arbeit selbst kam. In dieser traf es so wohl die Bühnenkohlen, als die Stollensohle die ganz aus Kohlen bestund, nebst vielen andern zerstreueten an. Das Feuer zeigte jetzt erst seine Stärke, und brach heftig aus. Die Einwohner von Dutweiler, die auf das erste Glimmen wenig geachtet, kamen jetzo in die größte Furcht, weil sie glaubten, das Feuer würde sich endlich in alle Flötze verbreiten, und suchten durch Herbeyführung einer Menge Wassers dasselbe zu löschen. Das Feuer wurde aber nur um so viel heftiger. Man mußte den Flötz also nur brennen lassen. Das Feuer schlich beständig der alten Arbeit nach den Berg an, der sich nach Dutweiler zu verflächet, und gieng zugleich in das Alaunschieferflötz mit über, bis man vor ohngefähr 20 Jahren angefangen, das Feuer mehr nach seinem Willen durch Schächte und Stollen zu lenken, indem es sich von der Seite nach Dutweiler zu sehr verlohr und in die Teufe gieng. Man erreichte dadurch einigermaßen den erwünschten Zweck, allein das unterirdische Feuer ist auch durch dieses, und daß man die Schiefer nach Dutweiler zu an dem Feuer nicht genug eingebrochen, seit 6 Jahr nach der Seite des Berges, der sich nach Sulzbach verflächet, in den alten Gruben ganz hinunter bis an das Thal gegangen. Das Feuer brennt niemals weit in die ganz derbe

Steinkohlen und Alaunschiefer, wenn man ihm keine Luft macht, sondern bleibt alsdenn nur in den Bühnenkohlen. Auch in diesen geht es nicht gar weit fort, wenn es nicht wieder eine alte Arbeit erreicht. Dieses ist auch die Ursache, daß es sehr viele Jahre, wenn es ganze Kohlen angetroffen, stehen geblieben ist. Der durchs Feuer kalcinirte Alaun, der sich in Gestalt eines Tropfsteins anlegte, oder auch das Gestein bloß überzog, machte, daß man schon gegen 100 Jahr darauf dachte, das brennende Kohlen und Alaunflötz in einigen Nutzen zu ziehen. Man hat es auch mit der Arbeit so weit darauf gebracht, daß man jährlich, wenn er gehörig eingebrochen und verdeckt ist, an 300 bis 320 Ctr. aus diesen brennenden Berg, ohne sonderliche Kosten bringen kann. Walrabenstein, den 14ten Jun. 1778.

VI.

Beschreibung
aller
Prachtkäfer
die, so viel bekannt ist,
bisher bey Berlin gefunden sind;
auch etwas
über die Naturgeschichte
dieser Käfergattung
von
J. F. W. Herbst.

Es ist längst der Wunsch aller derer gewesen, welche die Betrachtung der unzähligen Geschöpfe auf Erden nicht blos zum Puppenspiel brauchen, oder, wie **Plutarch** sagt, von Leichtsinn und Ehrbegierde angetrieben, sich gleich den Vögeln in die glanzvollen Höhen physikalischer Untersuchungen emporschwingen, sondern dadurch tiefer in die Geheimnisse der Natur einzudringen suchen, daß ein jeder Naturforscher seine vorzügliche Aufmerksamkeit auf das Land und auf die Gegend richten möchte, wo sein Aufenthalt ist. Denn es ist nicht nur angenehm, zu wissen, was eine jede Gegend vor Naturproducte aufzuweisen hat, und was ihr allein eigen ist, sondern eben dies ist auch oft der Schlüssel, der uns, insonderheit bey lebendigen Geschöpfen, ihre Naturgeschichte öfnet. Denn wenn sich ein Thier, dessen Lebensart noch gar nicht bekannt ist, nur zu einer gewissen Gegend hält, und man ist alsdenn nur aufmerksam auf das, was diese Gegend vor andern eigenes hat, so wird uns dies oft auf die Spur leiten, auf welcher wir die Lebensart dieses Thiers entdecken. In keinen Theil der Naturgeschichte bestätigt sich dieses mehr als entschiedene Wahrheit, als in der Geschichte der Insekten. Es ist bekannt, daß viele Insekten sich nicht etwa nur allein in einem Welttheil, sondern nur in einer Provinz, oft gar nur in einem Bezirk von wenigen Meilen aufzuhalten pflegen. Wüßten wir also von jeder Gegend, welche Insekten sich da, und da allein befinden; wüßten wir alsdenn auch, was diese Gegend aus dem Pflanzenreich eigenes hat, so würde uns dies schon gewissermassen ihr Futter, und so auch ihre Lebensart errathen lassen. Unser würdiger Freund, der Herr **Bergsträsser** hat daher schon einen rühmlichen Anfang gemacht, uns mit denen Insekten der Hanauischen Gegend bekannt zu machen; nur wäre zu wünschen, daß er die schon so oft abgebildeten Insekten weggelassen hätte. Dieses abgerechnet, will ich seinem rühmlichen Beyspiel folgen, und, so viel es die engen Gränzen dieses Werks erlauben, die Naturfreunde mit denen in der Berlinschen Gegend befindlichen Insekten bekannt machen. Um mehrerer Ordnung willen, will ich jedesmal ein besonderes Geschlecht vornehmen. Wenn ich gleich einen **Frisch** zum Vorgänger gehabt habe, so ist doch noch neues genug für mich übrig geblieben. Vor

diesmal

diesmal habe ich die Prachtkäfer zu meinen Gegenstand gewählt.

Die Naturgeschichte dieser Prachtkäfer ist bisher wenig bekannt gewesen. Noch von keiner einzigen Art hat man die Larve gesehen oder bekannt gemacht; ausgenommen die sehr unzuverläßige Abbildung und sehr unbestimmte Beschreibung, die uns die **Merianin** von der Larve des Buprestis giganteae gegeben. Man hat daher auch den Aufenthalt und die Lebensart dieser Käfergattung sehr verschieden bestimmt. Einige waren so ungerecht, daß sie diesen schönsten unter allen Käfergeschlechtern sumpfigte und stinkende Oerter zur Wohnung anwiesen; und damit man bey ihren schönen Glanz ja nicht ihren schlechten Ursprung vergessen möchte, so gab man ihnen gar den Namen Stinkkäfer, obgleich ich niemals eine so üble Eigenschaft an ihnen wargenommen habe. Es sind mir auch gar keine Gründe bekannt, aus welchen man diese Meinung hergenommen hat. Denn wenn man diese auch aus dem Alterthum herleiten wollte, so ist noch sehr zu zweifeln, ob die Alten unter den Namen Buprestis diese Käfer verstanden haben. Andre, es sey nun, daß sie der Schönheit dieser Käfer mehr Gerechtigkeit wiederfahren ließen, oder aus Galanterie gegen die schönen Indianerinnen, die dieselben in den Ohren zu tragen pflegen, gaben ihnen wohlriechende und ihren Glanz angemessene Blumen zur Wohnung. Es kann seyn, daß sie zum Theil auf den Blumen ihre Nahrung suchen, obgleich ich dies bey aller Aufmerksamkeit nur bey einigen von denen kleineren Arten wahrgenommen habe, so trägt dies doch zu ihrer besondern Geschichte wenig bey, weil man eben dies beynahe von allen Käfern, sogar von denen Mistkäfern sagen kann, die sich auch oft auf Blumen ertappen

 lassen.

lassen. Ich habe schon im 4ten Bande unsrer Beschäftigungen einige Gründe angeführt, aus denen ich muthmassete, daß sich die Larve wohl im Holz aufhalten möchte. Was aber damals nur Muthmassung war, das ist nun durch neue Bemerkungen zur völligen Gewißheit bey mir geworden. Es ist wohl der Mühe werth, zu erzählen, wie ich zu dieser Entdeckung gekommen bin.

In der Mitte des Julius, als zu welcher Zeit sich diese Käfer zu zeigen anfangen, gieng ich über einen Holzplatz, und sahe im Vorbeygehen den Obertheil eines grünglänzenden Käfers auf einen Kloben von Eichenholz aufgerichtet liegen. Da ich eilig war, und nur einen flüchtigen Blick darauf geworfen hatte, so glaubte ich, ein muthwilliger Knabe habe etwa das Obertheil eines Goldkäfers abgerissen, und auf diesen Kloben gesetzt, und gieng also gleichgültig vorüber. Im Weitergehen fiel mir immer dieser halbe Käfer wieder ein. Die Einbildung, die uns sonst so gern täuscht, mahlte mir immer ein solches Bild von diesem Käferstück vor, das von einem Goldkäfer sehr verschieden war. Diese Vorstellung setzte mich dergestalt zu, daß, so eilig ich auch war, so konnte ich doch nicht ruhen, ich mußte umkehren, und meinen zerstümmelten Käfer wieder aufsuchen. So sehr es mich verdrossen hätte, einen ziemlich weiten Weg vergeblich gemacht zu haben, so groß war meine Freude, als ich bey genauerer Betrachtung ihn für ein Fragment eines mir noch ganz unbekannten Prachtkäfers erkannte. Ich stand noch immer in der Meinung, daß man dieses Stück auf den Kloben hingestellet hätte, und schalt auf die grausame Hand, die einen so seltnen Käfer so gemishandelt hatte. Wie erstaunte ich aber, als ich dieses Stück wegnehmen wollte,

wollte, daß es fest war. Nun wurden meine Augen erst geöfnet; ich sahe, daß dieser Käfer aus seinen bisherigen Gefängniß den ersten Blick in die große Welt that, und eben im Begriff war, seine Höhle zu verlassen. Ich wollte ihn diesen Schritt erleichtern, allein er paßte so drange in seine ovale Zelle, daß meine Hülfe sein Tod wurde. Ich hob ihn also mit einer starken Nadel aus seiner Höhle, deren Größe ganz genau mit der Dicke seines Leibes übereinstimmte. Er war noch überall mit zerfreßnen Holzmehl umgeben, und er würde vermuthlich auf immer meinen Händen entgangen seyn, wenn ich einige Minuten später gekommen wäre. Ich bin darum in dieser Erzählung so umständlich, um Anfänger dadurch zu warnen, daß sie ja nichts flüchtig übersehen, oder für unbeträchtlich halten, indem ein ohngefährer Zufall oft zu Entdeckungen Gelegenheit giebt, die man bey dem mühsamsten Scharfsinn nicht machen kann. Es ist nicht zu beschreiben, wie sehr es mich freuete, daß ich nicht nur einen neuen sehr schönen Käfer gefunden hatte, welcher No. I. umständlicher beschrieben wird, sondern daß auch zugleich dadurch ein Licht über die Naturgeschichte dieser Käfergattung verbreitet wurde. Denn hier ist es wohl erlaubt, analogisch von einer Art auf das ganze Geschlecht zu schließen. Mir ist noch kein Beyspiel bekannt, daß Käfer, die der äusserlichen Bildung nach, zu einem Geschlecht gehören, in ihrer Lebensart und Entwickelung gänzlich abweichen sollten. Die Larven der Sonnenkäfer leben allezeit auf Pflanzen; die Larven der Wasserkäfer allezeit im Wasser, und der Holzkäfer allezeit im Holz. Sollte aber die Natur jemals wesentliche Ausnahmen hierin machen, so würde ich aus solchen Abweichungen lieber neue Geschlechter machen, als sie mit zu denen zählen, zu welchen sie, der äusserlichen Bildung nach, zu gehören scheinen.

So viel wir nun aber auf einer Seite durch diese Entdeckung gewinnen, so viel schwerer wird es auf der andern Seite, das eigentliche Vaterland dieser Käfer zu bestimmen, weil sie leicht durch das Holz aus einer Gegend in die andere versetzt werden können. Und da besonders nach Berlin so vieles Brennholz von andern Orten eingeführt wird, so ist es auch nicht meine Meinung, daß diejenigen Käfer, die ich jetzt beschreiben will, insgesammt hier zu Hause sind, sondern nur, daß sie hier gefunden werden. Vielmehr ist zu vermuthen, daß einige unter ihnen Fremdlinge sind, weil sie so selten gefunden werden. Da indessen alles hiesige Brennholz in der Mark Brandenburg geschlagen wird, so wird man hoffentlich kein Bedenken tragen, alle nun folgende Käfer für ächte Brandenburgische Landeskinder zu halten.

1. Der Eichenprachtkäfer. Buprestis quercus.

Ich gebe ihn diesen Namen, weil ich ihn, wie ich schon oben gesagt habe, in einen Eichenkloben gefunden. Er gehört unter die größten dieses Geschlechts, die hier gefunden werden; indem er meist einen Zoll lang ist. Ich habe weder eine Beschreibung noch Abbildung von ihn finden können. Am nächsten kommt er der Abbildung, die **Schäfer** in seinen iconib. tab. XXXV. Fig. 6. von einem Prachtkäfer gegeben, der weder vom Ritter **Linne'**, noch von **Götzen** citiret ist. Der Kopf dieses Käfers ist grünglänzend, und die Augen groß und braun. Das Brustschild weicht etwas ab, indem es nicht, wie gewöhnlich, vom Kopf bis an die Flügeldecken immer breiter wird, und unten mit seinen scharfen Ecken dicht an die Deckschilde anschließt, sondern es ist scheibenförmig rund, wie bey der fünften Art der Linneischen Bockkäfer. Am kenntlichsten wird er durch einen stark vertieften Punct auf dem Brustschilde dicht über das kleine Schildlein; übrigens ist das Bruststück wie der Kopf, durch unzählige Puncte chagrinartig und grünglänzend. Die Deckschilde sind jede durch neun Streifen gerippt, außerhalb gerandet, und endigen sich ohne Spitze; daher er zur dritten Klasse des Linneischen Systems gehört; die Farbe ist grünglänzend, doch so, daß sie, je nachdem sie gegen das Licht gehalten werden, ins goldgelbe spielen. Unten ist der ganze Käfer blaugrünglänzend, die Füsse sind blau, die Fühlhörner schwärzlich, und der Bau des ganzen Käfers, so wie aller einzelnen Theile, stimmt mit denen charakteristischen Kennzeichen dieser Käfergattung vollkommen überein.

2. Der Kupferrand. Buprestis aeruginosa.

Dieser ist einer der schönsten aber auch der seltensten Prachtkäfer. Er ist zwar nicht im Linneischen Natursystem beschrieben, doch aber in der 13ten Ausgabe, hinten, wo die Schäferschen icones zur Ergänzung des Systems verglichen sind, also genannt, und dabey Schäfers icon. tab. 35. Fig. 7. citirt. Es wundert mich daher, daß dieser Käfer in den entomologischen Beyträgen nicht vorkommt; es müßte denn im zweyten Bande ein Druckfehler seyn, und statt tab. 53. vielmehr 35 stehen. Die Schäfersche Abbildung weicht aber sehr von der Natur ab: Näher kommt ihn die Abbildung in Schäf. Element. tab. 31. Fig. 1., welche Abbildung aber der Ritter bey dem Bupreſt. Chryſoſtigma citirt hat, der aber nicht die geringſte Aehnlichkeit damit hat. Die Grösse dieses Käfers iſt zwiſchen einen halben bis ganzen Zoll, weil ſie nicht immer gleich iſt. Die innere Hälfte der Deckſchilde hat das ſchönſte Grasgrün mit untergelegten Golde. Die äuſſere Hälfte hingegen iſt kupferroth glänzend. Auf jedem Deckſchilde ſtehen der Länge herunter 4 blauſchwarze Linien, die aber nicht in einem Zug fortlaufen, ſondern aus kleinen abgeſetzten Strichen von ungleicher Gröſſe beſtehen. Das Bruſtſchild hat eben dieſe grünglänzende Farbe; über die Mitte deſſelben läuft gleichfalls eine blauſchwarze Linie, und an den Seiten ſtehen einige kleine Striche. Der Kopf iſt auch grün; die Fühlhörner blauſchwarz, und die Füſſe nebſt der Unterfläche blaugrün. Er gehört gleichfalls zur dritten Klaſſe im Syſtem.

3. Der Achtfleck. Bupreſtis 8 guttata Linn.

Dieſer Käfer gehört auch unter die ſeltenen hieſiger Gegend. Die Schäferſche Abbildung hat den Fehler, daß die gelben Flecke zu roth ſind, da ſie vielmehr ſchwefelgelb ſeyn ſollten. Die untere Seite iſt nirgends abgebildet, ob ſie gleich das ſchönſte an dieſen Käfer iſt. Denn er iſt daſelbſt glänzend blau. Jeder Ring des Hinterleibes hat auf jeder Seite 2 ſchöne gelbe Flecke; das Bruſtſtück iſt unten auch gelb eingefaßt, auch ſtehen in der Mitte bey der Einlenkung des Kopfs 2 gelbe Flecke; die Keulen der hinterſten 2 paar Füſſe haben auch einen großen gelben Fleck. Von dieſen Käfer beſitze ich eine ſonderbare Varietät; dieſer iſt faſt einen viertel Zoll gröſſer. Anſtatt der vier runden gelben Flecke auf jedem Deckſchilde ſieht man nur einige unordentliche gelbe Striche, gerade

als

als wenn der gelbe Auftrag auf dem schwarzgrünen Grunde wieder ausgewischt sey, ehe die Farbe trocken gewesen. Unten ist die Grundfarbe nicht blau, sondern grünlich, und die gelben Flecke mehr roth, und die auf den Keulen fehlen ganz.

4. Der Maryländer. Buprestis Mariana Linn.

Dieser ist unter denen bekannten europäischen Prachtkäfern der größte, indem seine Länge oft ein und ein viertel Zoll erreicht. Man findet ihn zwar nicht häufig, doch ist er nicht so selten, als die vorigen 3 Arten. In der Farbe weichen diese Käfer oft ab; bey den schönsten sind die Vertiefungen auf den runzlichten Deckschilden und Bruststück schön kupferroth, und die Erhöhungen grünlich schwarz und glänzend. Andere sind aber auch nur überall dunkel mattschwarz.

5. Der Berliner. Buprestis berolinensis.

Schon im vierten Bande unsrer Beschäftigungen habe ich diesen seltenen Käfer beschrieben. Da ich aber die Abbildung daselbst nicht in allen Exemplaren selbst illuminirt habe, und der Maler mein Gemälde nicht einmal beym Illuminiren vor sich gehabt hat, so hat auch dieser Käfer in den meisten Exemplaren mit der Natur nichts ähnliches mehr, als bloß den äusserlichen Umriß.

6. Der Goldpunct. Buprestis Chrysostigma Linn.

Die stärkste Grösse dieses Käfers erreicht einen halben Zoll, allein selten wird er so groß gefunden.

Die

Die in den entomol. Beyträgen hiebey citirte Schäferſche Abbildung kann dieſer Käfer nicht ſeyn, weil dieſelbe die Gröſſe eines Zolles hat, der ganze Bau verſchieden iſt, und die zwey vertieften Goldpuncte auf jeden Deckſchilde ganz fehlen, die doch das weſentliche Kennzeichen dieſes Käfers ſeyn ſollen. In dem Syſtem des Herrn **Fabricii** finde ich hiebey **Sulzers** Geſchichte der Inſekten tab. 6. Fig. 39. citirt; allein auch dieſe Abbildung iſt ſehr ſchlecht gerathen, und niemand wird dieſen Käfer daraus kennen lernen. Die obige Abbildung des **Schäfers** hat **Fabricius** nicht mit citirt, und er muß ſie alſo auch nicht vor den Chryſoſtigma erkannt haben. Da nun aber keine andere Citata gefunden werden, ſo folgt daraus, daß dieſer Käfer noch ſo gut wie gar nicht abgebildet ſey, ſo wie mir auch wirklich keine Abbildung deſſelben bekannt iſt. Es wundert mich, daß der Ritter von dieſen und einigen andern Arten nicht eine beſondere untre Abtheilung gemacht hat, da ſie doch ſehr abweichen, indem das Bruſtſtück von den Seiten, beſonders nach dem Kopf zu, lappenförmig herunter hängt, wodurch ſie ſich weſentlich von denen übrigen Prachtkäfern unterſcheiden. Ueberhaupt ſtimmen die Beſchreibungen dieſes Käfers nicht überein; **Degeer** ſagt von ihm: elytris ſingulis maculis tribus rubro-aureis impreſſis, margine purpureo nitido; allein es ſind auf jeden Deckſchilde nicht 3 ſondern nur 2 Goldpuncte, und einen Rand haben ſie eigentlich gar nicht. **Fabricius** giebt zum Kennzeichen an: elytra longitudinaliter ſulcata, da doch die Deckſchilde gar nicht gefurcht, ſondern nur runzlicht ſind. Sollten wir etwa alle drey von einen ganz verſchiedenen Käfer reden? Ich will wenigſtens meinen Chryſoſtigma ſo genau beſchreiben, daß er

auch

auch ohne Abbildung nicht leicht verkannt werden soll. Die Grösse schwanket zwischen 5 und 6 Linien; die Stirn ist grünglänzend, und so auch die vier ersten Gelenke der Fühlhörner, die übrigen fallen ins braune; die Augen sind groß und braun. Das Bruststück hängt an den Seiten, besonders nach den Kopf zu, herunter, ist etwas runzlich, schwärzlich kupferglänzend mit unzähligen Grübchen, am Rande nach den Kopf zu grün, doch hat es nicht eigentlich einen deutlichen erhobenen Rand; das kleine Schildlein ist blau. Die Deckschilde sind kaum so lang als der Körper, und unten etwas stumpf abgeschnitten, schwärzlich und matt kupferglänzend, bey einigen glatter und glänzender wie bey andern, gewissermassen chagrinartig, oben bey der Einlenkung haben sie einige Runzeln, gleichsam wie Falten; in der Mitte jeder Flügeldecke stehen 2 ziemlich große Goldpunkte über einander, wie ein Colon, etwas mehr als eine Linie auseinander: man siehet auf den Deckschilden keine Furchen noch Striche, sondern nur auf einen jeden ohnweit der Nath unterwärts eine erhöhete Linie, die sich aber nach dem Bruststück zu, gänzlich verliert. Unten ist der Körper, so wie die Füsse, grün kupferglänzend, welches nach außen zu ins röthliche spielet. So siehet mein Chrysostigma aus. Ich habe diesen Käfer gewöhnlich nahe bey einem Holzplatze an einen schönen und heitern Sommermorgen in den Vertiefungen der Weidenstämme gefunden.

7. Der blaue Prachtkäfer. Buprestis cyanea Fabric.

Er hat den ganzen Bau des vorigen, nur ist er etwas kleiner, nemlich 4 Linien lang, und überall blau;

blau; im übrigen kann man alles, was von der Struktur des Chrysostigm: gesagt worden, auch auf diesen Käfer anwenden. Man findet ihn hier nicht häufig.

8. Das Glanzschild. Buprestis nitidula Linn.

Auch dieser kommt der Struktur nach, mit den vorigen beyden überein; aber er ist noch kleiner, nemlich kaum 3 Linien. Das Brustschild ist vortreflich grasgrün, und die Deckschilde haben ein eben so glänzendes Blaugrün; nur die Augen sind braun. Es wundert mich, daß **Fabricius** diesen Käfer aus seinem System weggelassen hat, da er doch im Linneischen System steht. Allein die dabey citirte Abbildung aus **Schäfers** icon. tab. 50. Fig. 7. zeigt die Bauart dieses Käfers gar nicht deutlich an, und die ganze Aehnlichkeit besteht in der Grösse und Farbe. Er gehört hier unter die seltenen.

9. Der Brustpunct. Buprestis 4 Punctata Linn.

Abermals ein Käfer von der vorigen Bauart, die meiner Meinung nach, eine besondre untre Abtheilung verdienet hätten. Es giebt von diesem Käfer zwey Arten, die doch aber so nahe verwandt sind, daß ich nicht gern eine neue Species daraus machen möchte. Die eine Art ist etwas größer, nemlich meist 4 Linien lang, und hat einen schwachen Kupferglanz; dieses scheint der Degeersche zu seyn, der ihn subviridinigra beschreibt. Die andere Art ist nur kaum 3 Linien lang, und mattschwarz, und vermuthlich die Linneische Art; diese letzte Art hält sich sehr häufig

häufig in den gemeinen gelben Kuhblumen (Leontodon Taraxarum) auf, da die erstere hauptsächlich an den Weidenstämmen gefunden wird. Beyde sind etwas mehr platt gedrückt als die vorigen; runzlich, und die Deckschilde etwas kürzer als der Hinterleib. Die Unterflügel spielen mit Regenbogenfarben, und der Leib unter den Flügeln, besonders bey der grössern Art, ist schön grünglänzend; so wie sie auch unten etwas goldglänzendes hat, da die kleinere Art ganz schwarz ist. Freylich Gründe genug, zwey verschiedene Species daraus zu machen.

10. Der Rothafter. Buprestis haemhorroidalis.

Die im Linneischen und Fabriciußischen System gegebene Beschreibung von dem Buprest. rustica. stimmt ziemlich genau mit diesen Käfer überein, vielleicht ist er auch derselbe; allein da ich jenen weder in Natur noch aus einer Abbildung kenne, so kann ich auch hierinn nichts entscheiden. Diejenigen, die jenen besitzen, werden so gleich am besten bestimmen können, ob mein haemhorroidalis der rustica des Linne' sey, wenn sie nur zusehen wollen, ob derselbe unten auf dem letzten Ringe des Unterleibes 2 große rothgelbe Flecken hat, denn dies ist das sicherste Kennzeichen des Meinigen, daher ich ihn auch obige Benennung gegeben habe. Die übrige Beschreibung desselben besteht im folgenden: Er ist einen halben Zoll und anderthalb Linien lang, und die Bauart völlig dem Bupr. 8 gutt. gleich; der Kopf ist grünglänzend, chagrinartig und etwas rauh; die Augen sind braun und vor der Stirn gelb eingefaßt; über dem Maul stehen auch 3 gelbe zusammengelaufene

Striche gleich einer 3; das Maul hat 2 gelbe Flecke; so wie auch zwey dergleichen unter den Augen stehen; das Brustſtück ist grün, an jeder Seite vom Kopf an bis zur Hälfte gelb eingefaßt, und überall chagrinartig; einige haben unten ohnweit der scharfen Ecke zu jeder Seite einen vertieften Punct, der bey andern fehlet. Die Deckschilde sind bald grünlich, bald röthlich kupferglänzend, oft mehr oft weniger runzlich, jede ist durch neun Striche gefurcht, auch schwach punctirt und unten wie abgenagt, so daß 3 kleine stumpfe Spitzen doch wenig merklich hervorstehen. Das kleine Schildleiu ist wie polierter Stahl. Unten glänzet er stärker wie oben, und spielet mit grün und roth; der letzte Ring des Leibes hat, wie oben gesagt, an jeder Seite einen rothgelben Fleck. Man findet ihn hier nicht selten, und gemeiniglich an die hölzernen Zäune der Baumgärten.

11. Das Dreyeck. Buprestis minuta Linn.

Ich glaube, daß dieser deutsche Name ihn kenntlicher macht, als wenn **Müller** ihn das Mignaturschild nennet; denn seine Gestalt ist wirklich etwas dreyeckig, indem er vorneher dick und gewölbt ist, aber hinten ziemlich spitz zugeht. Die Grösse erreicht nicht volle 2 Linien. Der Kopf und das Brustſtück, welches nach den Deckschilden zu gewissermassen dreylappig ist, sind kupferglänzend, doch etwas matt; die Deckschilde schwarz, etwas glänzend, obenher runzlich und schwach punctiert, ohne Furchen, und quer über dieselben laufen einige wellenförmige Striche, die aus weißen Härchen bestehen; daher die Beschreibung des **Geoffroi** ganz genau gerathen ist: Cucujus fusco-cupreus, triangularis, fasciis undulatis villoso-albidis.

dis. Er ist hier noch sehr selten gefunden, woran aber vielleicht seine kleine Gestalt Schuld ist. Ich habe ihn in den Blumenstaub einer gelben Blume gefunden, allein ich habe vergessen, in welcher es war.

12. Der langgedehnte Prachtkäfer. Buprestis elongata.

Dieser Käfer scheint wieder zu einer ganz andern Klasse der Prachtkäfer zu gehören; indem er nach Verhältniß seiner Länge ausserordentlich schmal ist, noch mehr als die Springkäfer. Ich habe von diesen Käfer zwey Verschiedenheiten; der eine ist 4½ Linie lang und purpurroth glänzend; der andere 3½ Linie lang und grünglänzend. Sie sind aber in der Struktur einander so ähnlich, daß jene Abweichungen vielleicht nur Geschlechtsunterschiede sind. Das Bruststück ist nach den Deckschilden zu einigemal eingebogen, so daß es 4 stumpfe Ecken macht; ferner ist es gleichsam sattelförmig, das heißt, es geht an den Seiten, besonders nach den Kopf zu, ganz bis unten herum, so daß der Kopf wie eingewickelt aussieht; an den Ecken bey den Deckschilden hat es eine Falte, und ist so wie der Kopf punctirt; die Länge desselben ist nach Verhältniß der Flügeldecken, sehr kurz. Die Deckschilde schliessen oben sehr dicht an das Brustschild an, so daß wo dieses eingebogen ist, jene ausgebogen sind, gehen darauf in gleicher Breite mit dem Bruststück grade bis über die Hälfte herunter, und laufen denn mit einemmal sehr spitz zu. Oben bey der Einlenkung haben sie an jeder Seite einen platt zusammen gedrückten Kniff, sonst aber weder Runzeln noch Furchen, sondern sind nur sehr fein punctirt, so wie die allerfeinsten Feilen, die zum Poliren gebraucht werden. Es kann seyn, daß dieser Käfer in des Fabricii System unter No. 39. bis 43. mit begriffen ist, allein, so lange noch nicht von allen bekannten Insekten gute Abbildungen vorhanden sind, so lange müssen sich die Species immer mehr häufen, weil sich nicht alle charakteristische Kennzeichen durch Worte, geschweige denn durch wenige Worte, ausdrücken lassen.

Dies sind nun also die mir bekannten Prachtkäfer hiesiger Gegend; und die ich insgesammt, ausgenommen No. 2. selbst gefangen habe. Indessen zweifle ich nicht, daß ich bey fortgesetzter Aufmerksamkeit nicht noch mehrere Arten entdecken sollte. Ich hätte gewünscht, daß ich die hier beschriebenen Arten auch zugleich hätte abbilden können. Da aber dies die Kupfer dieses Werks zu sehr anhäufen würde, so muß ich dies so lange ausgesetzt seyn lassen, bis ich einmal alle noch nicht abgebildete Insekten meines Kabinets denen Liebhabern der Entomologie mit einmal werde vor Augen legen können.

VII.

Beschreibung
zwoer neuen Gattungen
Meereicheln (Lepades)
nebst der Isländischen
Kammmuschel (Ostrea Islandica)
mit Abbildungen.
von L. Spengler.

A. Die warzenförmige Meereichel. Fig. 1. 2. 3.

Wenn man diese sonderbare Meereichel auf ihren Ruhestand betrachtet, so sollte man sie eher für die Blüte oder Ansatz irgend eines Korallen oder andern Steingewächses ansehen, weil hier keine Spur von einer Oefnung, unter welcher sonst der Deckel mit dem Thier sich bey dem ganzen Geschlecht zu zeigen pfleget, vorhanden ist. Seit vielen Jahren hat dieselbe meine Aufmerksamkeit und Bewunderung an sich gezogen, wenn ich sie bald auf der Isländischen Kammmuschel (Ostrea Island.), bald auf dem Murex despectus, oder auf der Lepas balanus, zuweilen einzeln, zuweilen aber in großer Gesellschaft antraf. Ich sorgte demnach für eine genaue Abbildung, da ich bey ihrer Zergliederung sahe, daß es ohne dieselbe eine vergebliche Arbeit seyn würde, durch eine bloße

Beschreibung sie dem Naturliebhaber kenntbar vor Augen stellen zu können.

Bey nunmehriger Beschreibung eines raisonnirenden Verzeichnisses meiner Konchyliensammlung, führte mich die Ordnung auf dieses merkwürdige Produkt. Ich suchte meine Zeichnungen und gemachte Anmerkungen hervor, und ich glaube, daß die Konchylienfreunde mit Recht von dieser Meereichel nebst einer treuen Abbildung auch eine umständlichere Beschreibung fordern können, als in einem methodischen Verzeichniß angebracht werden darf.

Das ganze Körperchen ist an seiner Grundfläche mehrentheils rund, und macht, seiner verschiedenen stumpfen Winkeln ohngeachtet, ein halbrundes Gewölbe aus, welches gänzlich der Figur einer Warze, Fig. 1. gleichet. Nach der größten mir vorkommenden Gattung, hält sie im Durchschnitt 4 Linien, die meisten aber pflegen viel kleiner zu seyn. Alles ist an dieser Muschel dicht verschlossen und bedeckt, und erst nach genauer Untersuchung durchs Vergrösserungsglas wird man eine gefaltete Klappe a. b. die an dem einen Ende breit und gerade, an dem andern aber bey g. zugerundet ist, und welche den Deckel ausmacht, gewahr. An dem vorhin gedachten breiten Theil steckt dieser Deckel unter der scharfen Kante des Kelchs, und vorne bey g. wo er rund ist, schliesset er genau oben auf die Wände der Muschel, und hier lässet er sich durch ein scharfes Instrument in die Höhe heben. Er besteht aus zwey ungleich großen gefalteten Schälchen Fig. 2. das eine hat von oben einen überstehenden Zahn C. und das andere von unten einen Falz, vermittelst dessen sie fest und dicht ineinander schliessen können, und erst alsdenn öfnen sie sich auseinander, wenn das Thier seine, einem Federbusch gleichende

Klauen

Klauen oder Fühlhörner, welche inwendig unter dem glatten Deckel eingerollt sind, zum Raub ausstecken will. Wenn der Deckel abgenommen, und der Kelch vorsichtig von seinem Ruhestand abgelöset worden, so theilt sich derselbe in 4 äußerst ungleiche Theile, aus welche er zusammengesetzt ist. Diese Zusammenfügung ist ganz sonderbar. Die 2 Haupttheile d. e. und d. f. sind die grössesten. Sie sind nach einem stumpfen Winkel hohl eingebogen, und machen von aussen in der Mitte einen flachen Rücken a. b. Von der Mitte dieser beyden Rückens nun bis zu der andern vordern Ecke d. wird durch eine Diagonallinie ein triangelförmiges Feld abgesondert, in welchem in gleicher Richtung 7 tief eingeschnittene erhobene Falten, die an ihrem Ende scharf gezähnelt sind, erscheinen, und tief in einander eingreifen. An der andern Seite bey e. hat dieses Seitenstück 5, und das andere bey d. f. 4 dergleichen gezähnelte Falten, in welche das 3te Stück e. g. und endlich das allerkleinste f. g. wieder zusammen schliessen. Diese 2 letztern passen bey g ohne Zähne gerade aneinander. Außer diesen gezähnelten Falten, welche der Muschel statt eines Gelenks dienen, ist der übrige äussere Theil der 4 Seitenschalen nach einer geraden Linie gefaltet. Diese nebst den gezähnelten, und selbst die Deckelfalten, sind wieder sämmtlich in die Quere auf das allersauberste mit zarten Streifen Regelmäßig eingeschnitten. Diese kleine Meereichel hat keinen andern Boden, als eine dünne Haut, und setzt sich unmittelbar mit ihrem gezackten Rand der 4 Seitenstücke auf fremde Körper fest. Fig. 3. zeigt die inwendige Figur derselben an. Unter dem vordern und abgerundeten Theil des Deckels Fig. 1. g. raget inwendig Fig. 3. h. ein runder Zahn hervor. Die 2 kleinsten Seiten-

 stücke

stücke machen bey ihrer Zusammenfügung g. von inwendig eine Scheidewand, und diese theilt mit einer andern erhobenen scharfen Kante eine Kammer ab Fig 3. i. In dieser Kammer ist das Thier, welches gänzlich dasselbe ist, wovon das ganze Geschlecht der Meereicheln bewohnt wird, befestiget, und dessen Fühlhörner sind an den glatten untern Theil des Deckels K. dergestalt angelegt, daß bey dessen Oefnung solche so gleich zum Fang seiner Nahrung herausstrecken kann. Die ganze Muschel ist von inwendig glänzend glatt, und alle Fugen sind so dicht geschlossen, als wenn alles nur aus einem Stück erbaut wäre. Ihre natürliche Farbe ist weiß; wenn aber die fremden Körper, auf die sie sich anzusetzen pflegen, in moderichten Grund gelegen haben, so nehmen sie auch eine braune oder schmutzige Farbe an. Ihr eigentliches Vaterland, wo sie am häufigsten fallen, ist wohl Island, wie oben schon gesagt worden, doch habe ich sie auch sehr schön auf einem Klumpen Meereicheln von Ferröe erhalten. Zwischen den starken und ausgebreiteten Wurzeln eines nordischen Fucus marinus in Gesellschaft einer Muschelgattung aus dem Myageschlecht, fand ich ganze Nester oder traubenförmige Klumpen einer Abänderung von dieser beschriebenen Warzeneichel. Der ganze Plan, die Anzahl der Wände, der Deckel, selbst inwendig ist alles dem vorigen gleich; aber eben diese Wände sind bey ihrer merkwürdigen Schönheit der schiefen und scharfen Falten ganz anders vertheilt und anders gebauet, und geben der Muschel beynahe eine dreykantige Figur.

Auf den langen Stacheln eines Echinus aus dem mittelländischen Meer pflegt sich die erstere Gattung, die doch etwas kleiner ist, häufig anzusetzen, sie fallen auch leicht von denselben ab, wenn sie lange in Sammlungen liegen.

Eben dasselbe Thier, wie ich schon erwähnt habe, welches das ganze große Geschlecht von Entenmuscheln und übrigen Lepadib. zu bewohnen pfleget, bewohnet auch diese kleine Warzeneichel. Es ist dasselbige, doch mit geringer Einschränkung, eben das, was die Federbuschpolypen des süssen Wassers sind. Jene wissen mit ihren gelenkartigen und mit Haarborsten besetzten Armen eben so, wie diese, einen Wirbel im Wasser zu erregen, der ihnen die nöthige Nahrung zum Munde führet. Unter allen Schriftstellern hat niemand dieses Thier gründlicher und genauer beschrieben, als Needham, und einen eben so grossen Beobachter den Hrn. Pastor Göze haben wir die Uebersetzung hievon in dem 7ten Bande der Berlinschen Sammlungen pag. 277. und 565. Tab. 4. 5. zu danken, die alle andere Beschreibungen von diesem Thier entbehrlich macht. Es hat zwar vor kurzen diese Warzeneichel der gelehrte Herr Pastor Schröter in seinem, den Liebhabern der Naturgeschichte so beliebtem Journal 5ten Band pag. 522. unter dem Namen: Lepas dentata seu serrata beschrieben. So hat auch der um die Naturgeschichte seines Vaterlandes berühmte Norwegische Prediger Herr Ström, im 10ten Theil der Schriften der hiesigen Königl. Gesellschaft der Wissenschaften, eine sehr geschickte Beschreibung dieser neuen Gattung Meereichel nebst dem Thier in Dänischer Sprache geliefert (welche mir jedoch erst, nachdem die Meinige vollendet gewesen, zu Gesicht gekommen), indessen bin ich doch versichert, daß die gegenwärtige denen Naturliebhabern gar nicht überflüßig scheinen werde.

B. Die Stern-Patellenförmige Meereichel Fig. 4.

Die allermeisten Gattungen von Meereicheln nähern sich der runden-Walzen-oder auch Kegelförmigen Figur. Sie haben einen mehr oder weniger tiefen Kelch. Ihre aus 6 ungleich breiten Tafeln bestehende Wände, haben unter sich bey allen Arten der Abänderungen, ein fest bestimmtes Ebenmaaß. Desto auffallender muß dem Kochylienkenner die gegenwärtig zu beschreibende neue Gattung Meereichel vorkommen, weil ihre äussere Figur so wenig gemeinschaftliches mit allen bekannten Arten Lepades zu haben scheint. Und gleichwohl ist ihre innere Struktur und die ganze Zusammensetzung, ob sie schon nicht so gleich ins Auge fällt, nach den gleichen Regeln gebauet, welche das ganze Geschlecht unter den Konchylien so merkwürdig machet. So bald man einen Blick auf diese Muschel wirft, so wird man glauben, die kleine Patella sacharina oder Sternpatelle vor sich zu sehen, wenn nicht die kleine Oefnung in der Mitte die Sache zweydeutig machte. Ihre Grundfläche besteht aus 5 hervorstechenden Spitzen, deren Zwischenraum von einer Spitze zur andern rund ausgeschnitten ist, wodurch die Muschel die Sternförmige Figur erhält. Von der untern äussern Kante, die an ihren längsten Spitzen 11 Linien auseinander stehet, gehet sie in einer geraden Linie bis zu der kleinen fünfkantigen Mundöfnung, die am weitesten Theil 3 Linien lang ist, pyramidalisch zu. Ihre ganze Höhe ist auch 3 Linien, und ob sie schon ein Fünfeck ausmacht, so ist gleichwohl ihr Haus aus 6 Tafeln, die an ihren Kanten mit kleinen Zähnen ineinander schließen, gleich allen Meereicheln, zusammengesetzt. Selbst diese

Zusam-

Zusammensetzung folgt ihrem alten Plan, und läßt sich an der ungleichen Zahl der fünf scharfen Ecken nicht irre machen. Aufmerksame Konchylienkenner wissen, daß die 6 Tafeln der Meereicheln anf folgende Art vertheilt sind: vorne, wo die Mündung des Kelchs schmal eingebogen ist, gleich der Form des Ausgusses eines Trinkgefässes, wo nemlich der Rücken der 2 hohen Spitzen des vierschäligen Deckels sich anlehnet, nenne ich die erste Tafel, die eine mittelmässige Brtite hat. Dieser folget an jeder Seite eine sehr schmale, die kaum den dritten Theil der Breite der erstern in sich fasset. Hierauf kommen wieder an jeder Seite eine der ersten gleich breite Schale. Und endlich schließt die 6ste und allerbreiteste, die ganz genau der ersten gegenüber stehet, den Kelch. Eben diese Eintheilung findet sich auch an dieser neuen Gattung. Die Spitze a. ist hier die vorderste Tafel. Genau in der Mitte in den ausgeschnittenen Theilen b. c. stehen die 2 schmalen Täfelchen. Die übrigen 3 sind vertheilt ohne Rücksicht der Spitzen, nur so wie das Ebenmaaß der Tafeln es erforderten.

Von aussen sind dieselben in die Länge zart gestreift, und inwendig von unten hinauf scharf gerippt. Die Wände sind doppelt, und der Zwischenraum mit geraden Scheidewänden abgetheilt. An den 5 Pfeilern oder Ecken sind die Kammern am weitesten. Innerlich ist die Mündung dieser Meereichel so wie die Lepas balanoides, mit einem in die Quere gereiften Kragen, der die Höhe einer Linie hat, eingefaßt. Sie ist von unten mit einem weissen und schnurgeraden Boden, der durch einen gezackten Rand inwendig die gezähnelten Kanten der Wände genau einpasset, und der auswendig glatt, inwendig aber mit Rippen, welche vom äussern Rand nach dem Mittelpunct zu laufen,

laufen, dicht verschlossen. Die Farbe ist violet und mit Weis untermischt, inwendig aber ganz weis. Von dem steinschaligten Deckel, dessen sich der Einwohner dieser Muschel, gleich andern Meereicheln zu bedienen wird genöthiget seyn, weiß ich nichts zu melden, weil solcher bey allen Exemplaren, die ich erhalten, schon mit dem Thier verlohren gewesen.

Der Körper, worauf diese sternpatellenförmigen Meereicheln sich fest zu setzen pflegen, sind die ins Wasser hangende Zweige oder die Wurzeln des Serybaums d. auf welchem sich auch die vom **Rumph** so genannten Stockaustern nebst dem Lorbeerblatt k fest zu hängen gewohnt sind, nur mit dem Unterschied, daß jene sich gar nicht nach der Form des Zweiges richten, sondern beständig ihre Basis eben und flach behalten, als ob sie auf einem Stein wären glatt geschliffen worden. Ihr Vaterland ist die an seltenen Konchylien so reiche Küste von Coromandel, und daselbst von Tranquebar.

C. Die Isländische Kammmuschel (Ostrea Islandica.) Fig. 5.

Aus Anlaß der oben beschriebenen warzenförmigen Meereichel, ließ ich die eine Hälfte der Isländischen Kammmuschel, weil sie mit dergleichen Gattungen Lepades besetzt war, abzeichnen, damit die Naturliebhaber theils die natürliche Grösse derselben, theils die Art, wie sie sich in ganzer Gesellschaft am gewöhnlichsten auf diese Gattung Muscheln anzusetzen pflegen, ersehen können. Und weil der Herr von **Linne'** diese Muschel (aus was für einer Ursache, ist mir unbekannt) nicht beschrieben, ob ich gleich solche ihm ehemals zugesendet, so will ich bey dieser Gelegen-

heit

beit sie hier beschreiben: Figur 5. stellt demnach das Untertheil dieser Muschel vor. Sie gehört zu den ungleich öhrigen Kammmuscheln, weil an der rechten Seite das Ohr von beyden des kurz und schreg abgeschnitten, an der andern aber breit hervorragend erscheinet. Bey dem Deckel verhält es sich anders. Das linke Ohr ist zwar eben so schief und kurz abgestutzt, wie das rechte am Untertheil, hingegen ist hier das rechte, welches sonsten eben so breit wie seine Gegenpart ist, von unten hohl ausgeschnitten, so, daß eine dreykantige Oefnung an diesem Ort entstehet, wenn beyde Schalen auf einander liegen. Der Rand des Deckels an diesem ausgeschnittenen Theil ist mit 7 scharfen Zähnen bewafnet. Die Muschel ist etwas höher als breit. Das Untertheil mehr gewölbt, und folglich tiefer als der Deckel. Auf beyden Schalen nebst den Ohren laufen nach der Länge eine Menge scharf abgesetzte schmale Rippen, die bald einfach, bald in der Mitte getheilt sind, und also unordentlich mit einander abwechseln. So wohl diese Rippen, als die Furchen zwischen denselben, sind mit zarten Schuppen ganz dicht belegt. Sie sind scharf und dünn, wenn die Muschel frisch aus der See kömmt; stumpf hingegen, wenn solche am Strande vorhin herum gewälzet worden. Inwendig zeigen sich die Rippen vertieft, und die Zwischenfurchen erhoben, und in diesem Verhältniß schliessen beyde Schalen an ihrem gezackten Rand scharf ineinander. Statt des Gelenks findet man an jeder Schale inwendig mitten vor dem Wirbel eine triangelförmige Grube, die mit einem schwarzen zähen Band (Ligament) ausgefüllt ist. Zu beyden Seiten dieser Grube nach der ganzen Breite, entstehen an dem Deckel, nahe an der äussern Kante 2 flache Erhöhungen als Zähne, welche wieder in eine

eine Fuge der untern Schale dicht zusammen schliessen. Sie werden oft über 4 Zoll breit, und 4½ Zoll lang. In Schönheit und Höhe der Farben übergehen sie alle orientalische Kammmuscheln. Das schönste und angenehmste Roth, wie Karmin, bald wie Rosen und Karmoisin ꝛc. wird man auf keiner andern Muschel so antreffen. Es giebt auch welche, die schön gelb und mit braun schattirt, andere violet, ja auch wohl solche, die ganz weiß sind. Was aber alle diese Farben erhöhet, ist dieses: daß keine Muschel einfärbig ist. In lauter Zirkelbogen, nach der Figur der Muschel, wechseln dunkle und helle Farben kunstmäßig mit einander ab, und bereiten dem Auge, gleich den farbenreichsten Blumen, die angenehmste Farbenschilderung. Das Untertheil an diesen Muscheln ist immer stärker und dunkler von Farbe, als der Deckel, welcher ungleich heller ist, ja öfters von ganz andern Gattungen Farben, so daß man zu zweifeln anfängt, ob auch die beyden Schalen zusammen gehören? Sie sind, wie ihr Name ausweiset, in Island zu Hause, woher sie häufig kommen, aber nur selten, daß beyde Schalen noch zusammensitzen, und als ächte Doubleten können in Kabinettern gebraucht werden. In Grönland werden sie auch wohl gefunden, nur nicht so häufig. Bey Archangel fällt eben diese Kammmuschel, sie ist aber weit grösser, als die Isländische und Grönländische. Ihre Rippen sind mehr geschlossener, und in der Farbe, so wohl in- als auswendig hochroth, und gegen den Wirbel violet; beyde Schalen sind einander in der Farbe gleich. In **Olaffens** Reise durch Island wird auf Tab. 10. Fig. 5. des 2ten Tom. die untere Schale dieser Muschel vorgestellt,

stellt, allwo sie Hörpudiskur genannt wird. Bey Lister Tab. 1057. Fig. 4. ist eben dergleichen Untertheil abgebildet, so wie auch in Knorr 1ten Tom. Tab. 5. Fig. 2. und Tom. 5. Tab. 15. Fig. 1. Ein gelber Deckel aber Tom. I. Tab. 4. Fig. 1. Diese drey Schalen hat der Herr Prof. Müller bey des Hrn. von Linne' Ostrea obliterata citirt, welches sie aber nicht ist; zum Beweis, wie wenig man sich in diesem Werk auf die Hinweisungen beym Knorr verlassen kann. In des Hrn. Etatsrath Müllers : rodromus pag. 248. No. 2990. wird diese Muschel unter Peten Islandicus &c. angeführt. In dem Regenfusischen Werk 2ten Theil haben wir eine dergleichen prächtige Kammuschel zu erwarten. Ich kann diesen Aufsatz nicht schliessen, ehe ich noch einer merkwürdigen Abänderung Erwähnung gethan hage. So wie die Ostrea nodosa, oder Korallenmuschel, an der einen Schale mit 9 aufgehobenen Falten ohne Buckeln versehen ist, eben so haben diese Isländischen an beyden Schalen dergleichen Falten, und sind auch so, wie jene nebst ihren zwischen stehenden Furchen, aufs feinste und regelmäßigste gereift, und zugleich mit weissen, äusserst feinen Schuppen, die kaum sichtbar sind, überdeckt. Das übrige kommt mit der beschriebenen gewöhnlichen Gattung überein. Die Farbe ist mehrentheils weiß, durch welches ein angenehmes roth durchscheint, nur oben an dem Wirbel herum, und zum Theil an den Ohren sind sie gänzlich roth. Sie sind mir in einigen Exemplaren nur ein einzigesmal aus einem Isländischen Seestrand vorgekommen. Ich habe sie noch in keinem Kabinet angetroffen.

VIII.

VIII.

Zusätze
des Herrn
Professor Camper
zu seiner von der
Naturforschenden Gesellschaft
gekrönten Preißschrift.

Seit meinem Schreiben vom 13ten August 1778. habe ich Gelegenheit gehabt, die Anmerkung zu prüfen über die Würkung des mit Haut und Haar verscharreten, an der Seuche gestorbenen Rindviehes, wovon in der Königl. Preußl. Instruction vom Jahr 1765. Seite 58. Meldung geschiehet, und die ich in dem 5ten Hauptstück meiner Preißschrift Seite 22 bis 23. erwähnet habe. In dieser Instruction wird behauptet Seite 58. **daß das mit der Haut eingescharrete Vieh nach 10 Jahren noch nicht verweset gewesen.** Aus Achtung für eine unter Königl. Namen herausgekommene Instruction, und aus Mangel eigener Beobachtungen, sagte ich nichts über die Glaubwürdigkeit dieser Behauptung, sondern wartete, bis sich eine bequeme Gelegenheit darzu darbieten mochte.

1) Ich

1) Ich Theile Ihnen also mit, was ich den 25sten August 1778. beobachtet habe, mit der Bitte, es in dem nächsten Band Ihrer Beschäftigungen einzurücken.

Ich begab mich an gedachtem Tage zu den Herrn Nicolas Fonteni einem reichen Landmann, welcher in dem Dorfe Nied eine Meile von Franeker wohnet, um der Ausgrabung verschiedener an der Seuche Anno 1769. verreckten, und neben einander mit ihrer Haut 7 Fuß tief eingescharreten Stücke Rindviehes beyzuwohnen. Man hatte diese Thiere erstlich mit Stroh, und sodann dünne mit Erde, die hier lehmartig ist, bedeckt. Nachdem die Erde vorsichtig weggenommen war, fanden wir eine Lage von Stroh, welches zwar niedergesunken, aber gar nicht verfault war, und unter demselben die ganze Knochengeribbe des Viehes, ohne den geringsten Spuren von Haut, Fleisch, Sehnen oder Knorpeln: nur hie und da viel Fett ohne Haut, aber feste und verhärtet, so wie es bey der Malvation des Fleisches aller Thiere geschiehet.

Ich hob die Ribben ganz vorsichtig auf, zwischen welchen nichts anders vorhanden, als unverwesetes Heu, womit der Magen des Viehes vor dem Tode war angefüllet gewesen.

Alles übrige, nämlich die weichen und knorplichten Theile, die Haut nebst den Haaren, waren dergestalt verweset, als wenn das Vieh ohne denselben wäre eingescharret worden. Diese Beobachtung beweiset, daß die in der oben genannten Instruction als eine gewisse angeführte Erfahrung nicht mit der in einer so wichtigen Sache nöthigen Vorsicht gemacht worden ist. Es ist deutlich, daß man die Lohgerbereyen hat begünstigen wollen, unter dem Vorwande,

 daß

daß die Ansteckung länger daure, wenn man das verreckte Vieh nicht ablederte.

2) Wir fahren mit der Einimpfung der Kälber fort, welche von Kühen, so die Krankheit überstanden haben, gefallen sind, und zwar mit dem besten Erfolge. Jedoch hat ein unglücklicher Umstand alle unsere Einimpfer abgeschreckt. Es wurden nämlich seit einigen Jahren, doch nicht beständig, die genesenen Kälber, welche man auf die Wiesen geschickt hatte, von einen Husten befallen, welcher nach und nach zunahm, und selbige mit entsetzlichen Zufällen tödtete; nicht ein einziges ist davon gekommen, der Rotz floß ihnen aus der Nase, sie hörten auf zu wiederkauen und fielen ab, bis der Tod erfolgte. Wegen der Aenlichkeit vieler Zufälle mit denen von der ansteckenden Lungensucht, glaubte der Landmann, daß es ein Rückfall der vorigen Krankheit sey, und daß also die Einimpfung von der sie sich so viel gutes versprochen hatten, zu nichts helfe; der Handel mit dem eingeimpften Vieh wurde unterbrochen, und die Viehhändler geriethen dadurch in eine große Bestürzung. Man verlohr über tausend Stücke durch diese Seuche, ohne die Ursache davon ergründen, oder ein Mittel dawider ausfündig machen zu können.

Ich begab mich also zu einem meiner Nachbaren der von 50 Stücken, die er durch die Einimpfung gerettet hatte, über 30 verlohr, in den Monath August 1778. auf eine Wiese, wo er verschiedene Kühe, Färsen, Schaafe, Pferde rc. weiden ließ, welche sich aber alle wohl befanden.

Den 2ten Septbr. vorigen Jahres öfnete ich ein an dieser Krankheit verrecktes Kalb; die Eingeweide waren völlig gesund, der dritte Magen ohne die geringste Entzündung; mit einem Wort, es war nichts

in

in den Unterleib zu finden. Ich fand keine Entzündung in der Brust, welche ich nachher mit aller Vorsicht öfnete; das Blut war zwar hin und wieder an der Oberfläche etwas geronnen, aber dieses geschiehet auch bey allen Thieren die geschlachtet werden.

Ich nahm also die Zunge mit der Luftröhre weg, um alle die Werkzeuge des Athemholens zu untersuchen; kaum hatte ich die Spalte der Luftröhre (Rimam glottidis) geöfnet, als einige tausend Würmer zum Vorschein kamen; ich verfolgte die Luftröhre, und fand sie bis zur Insection in den Parenchymate der Lungen voll von Myriaden dieser Würmer, die weiß und dünne, und einen, anderthalb, auch zwey Zolle lang waren.

In einem anderen Stück fand ich einen Klumpen von einigen tausenden dieser Würmer, die die Luftröhre verstopft und das Thier erstickt hatten. Bey allen an dieser Krankheit gestorbenen Kälbern war die Luftröhre, und folglich auch die Lunge mit diesen Würmern angefüllt, aber ich fand keinen einzigen Wurm in den (Vesiculis Pulmonalibus) Lungenbläschen. Ich untersuchte sie mit dem Vergrösserungsglase, und fand den Kopf und den Schwanz derselben zugespitzt, ein ziemlich breiter Darm oder Röhre gieng vom Kopf bis zum Schwanz, und neben diesen befanden sich viele eyrunde und etwas dunkle Körperchen; ich verwahrte diese Würmer auf verschiedene Art, ich sahe, daß sie am dritten Tage todt waren, aber ihre Körper wimmelten von kleinen Würmern, die in den Leibern ihrer seit länger als vier Tagen verstorbenen Mütter lebten; sie glichen vollkommen den großen, nur sahe man nicht an ihnen die runden Körperchen neben dem innern Canal. Sie sind also lebendig gebährende Würmer. Die Dicke der großen war ein Sechszehntheil eines Zolls. Ich habe die Jungen durch eine Oefnung am Schwanze herauskommen gesehen, doch kamen die meisten durch die Wunde der Mutter heraus, denn ihre Körper zerbrachen sehr leichte nach dem Tode. Ich habe mein möglichstes gethan, um ähnliche Fälle in den Schriften von der Vieharzneykunst, und eine Beschreibung derselben bey den Naturforschern zu entdecken; **Klein**, **Linnäus**, **Pallas**, **Müller** ꝛc. alle die von Würmern insbesondere geschrieben haben, verwechseln sie mit der Vena medinensis. Man nennet Gordius einen Wurm, der seiner Gestalt nach, jenen ähnlich ist; vergleicht man ihn aber mit unsern Lungenwurm, so siehet man, daß man ihn nicht gekannt hat. Sehr sonderbar ists, daß **Gesner** einen dergleichen Würm **Wasserkalb** nennet, aber mit den Zusatz, daß er seinen Ursprung nicht kennt; nur wisse er, daß ihn die Kälber mit dem Wasser herunter schluckten; magno etiam vitae periculo. **Klein** hat diese Stelle wörtlich ausgeschrieben; es scheinet also, daß **Gesner** Würmer gekannt hat, die den Kälbern tödtlich wären.

Ich glaubte anfänglich, daß Herr **Goeze** ähnliche Würmer in den 3ten Theil unserer Beschäftigungen beschrieben hätte; als ich aber diesen aus einen Aal heraus gezogenen Wurm näher untersuchte, fand ich ihn zwar mit der Beschreibung und der Abbildung genau übereinstimmend, aber von den unsrigen verschieden.

Ich säumete nicht, eine für unser Land so wichtige Beobachtung so gleich durch die Leuwarder Zeitung bekannt zu machen, und bat die Sachverständigen, daß sie uns ihre Beobachtungen mittheilen möchten. Wir erfuhren, daß eine der ansteckenden

Lungen=

Lungensucht ähnliche Krankheit, zuweilen die Kühe und Kälber überfalle, auch diejenigen, die nicht durchgeseucht sind; daß man sie den Husten κατ ἐξοχην nenne, daß man schon Würmer in ihren Lungen gefunden habe, und daß sie alle daran stürben. Die Krankheit ist also nicht neu, aber meine Beobachtung war es und ist es noch, da man noch niemals diese Ursache untersucht hat. Es ist wahrscheinlich, daß die geneseten Kälber, deren Lungen noch erschlaffet und schwach sind, diesen Krankheitsstoff mit dem Wasser hinunter schlucken, und daß diese kleine Würmer durch den Spalt der Luftröhre in dieselbe kommen, daß sie sich da vermehren, weil sie ins Unendliche lebendige Jungen gebähren; vielleicht sind sie fruchtbar für viele Geschlechter, wie bey vielen andern Insekten. Es ist wahrscheinlich, daß die Schwäche der Lunge hindert, selbige durchs Husten heraus zu stoßen, welches doch bey den Kühen, Fersen und auch bey denjenigen Kälbern geschiehet, welche die Seuche noch nicht gehabt haben. Ich habe so gleich angerathen, die mit diesen Würmern geplagten Kälber im Stall zu bringen, und mit Milch, Heu rc zu futtern, einige sind davon gekommen. Da der Herbst herankam, und dieser widrige Zufall dem Landmann den Muth benahm, die Impfung fortzusetzen, mußte ich den Frühling dieses Jahres abwarten.

Ich habe viele Kälber auf meine Kosten einimpfen lassen, und habe sie auf die nämliche Wiese treiben lassen, auf welcher die Kälber des vorigen Jahres so heftig von den beschriebenen Würmern waren angegriffen worden; aber bis jetzt habe ich diese Krankheit noch nicht beobachten können. Ich werde den Monath August abwarten, um das Wasser so wohl in den Gräben, als in den Pfützen der Wiese zu unter-

 suchen,

suchen, und zu sehen, ob Würmer darinn befindlich sind.

Mir ist indessen gesagt worden, daß diese Krankheit periodisch sey, daß sie in einem Jahre an einem Orte sich zeige, wo sie weder vorher noch nachher gewesen; ich könnte also leicht die Gelegenheit verfehlen, aber alsdann wird man mir aus andern Gegenden Kälber schicken, die den **Husten** haben.

So bald ich selbige erhalte, sollen sie in meinen Baumgarten in Hütten gebracht werden, wo sie durch fleißiges Beräuchern eine gesunde Luft einathmen werden: ich werde nicht ermangeln, unserer Gesellschaft von dem Erfolge meiner Erfahrungen Nachricht zu geben. Denn nicht allein meinem Vaterlande, sondern ganz Europa ist daran gelegen, eine Viehseuche kennen und behandeln zu lernen, die, ob sie gleich nicht ansteckend ist, dennoch ärger als die Lungensucht ist, da sie allen damit befallenen Rindvieh tödtlich ist.

Ich bitte Sie, wertheste Herren Kollegen, meine Beobachtungen bekannt zu machen, um besonders in Deuschland, wo diese Seuche zum Theil noch herrscht, die Naturforscher zu ermuntern, mit mir gemeinschaftlich, nicht allein die Krankheit, sondern auch ein schickliches und nicht kostbares Heilungsmittel dawider ausfündig zu machen.

Es würde sehr gut seyn, wenn man erfahren könnte, ob der **Wurmhusten** das Vieh an allen Orten auf die nämliche Art überfällt.

Die Menschenliebe herrschet nun so allgemein, daß wir uns nicht genug freuen können, daß alle Nationen ohne Rücksicht des Vaterlandes, an einer so wichtigen Sache Theil nehmen, Klein Lanhum den 6. Jul. 1779.

IX.

Mineralogisch = Botanische Lustreise von dem Berge Terglou in Krain zu dem Berge Glokner in Tyrol im Jahr 1779.

vom

Professor Hacquet.

Tab. VI. VII.

So empfindungsvoll, so angenehm und schön, als es immer für einen Reisenden seyn mag, in einer kurzen Zeit, verschiedene Länder, Gebäude, selbst Abarten vom Menschengeschlechte u. s. w. zu sehen; so scheinet mir doch dies nur ein Schatten der Wollust zu seyn, gegen jene, die der empfindet, welcher die natürlichen Seltenheiten kennet, sammelt, und in ein paar Tage, ja oft auch nur in einem einzigen, durch verschiedene Jahreszeiten (wenn ich mir dieses Ausdrucks bedienen darf) wo ihm in einer sol-

chen

chen Strecke verschiedene Pflanzen, Insekten, und ganz andere Steine und Gebürge, als vorher, aufstossen, durchwandern kann. Ein solcher Fall hat sich bey dieser kleinen Reise zugetragen, als ich mich von dem Berg **Terglou** im Herzogthum Krain über dem **Hochhorn** in Kärnthen zu dem Berg **Glokner** in Tyrol begab.

Die angränzenden Gebürge der Algkette, worin der erste Berg sitzt, sind die **Karnische** (Carnia) gegen Abend, welcher das kegelförmige Thal von Flitsch und **Trenda**, zum Theil absondert; gegen Mitternacht die **Kärnthinsche** (Carinthia), gegen Morgen und Mittag aber jene, welche die **Ketten in Krain** bilden. Alle diese Berge, sammt dem **Terglou**, bestehen aus dem allgemeinen dichten **Kaltsteine**, welcher von Farbe weisgrau ist; seine Theile sind manchmal mehr oder weniger unfühlbar, im Bruche doch immer mehr rauh als glatt, die Kanten mittelmäßig scharf, und auch jederzeit weißer, als auf seiner Oberfläche. Die Spitzen der Berge sind am stärksten verwittert, so, daß wenn man auch von diesen Felsenstücken entzwey schlägt, der Bruch niemals so weiß ist, als diejenigen, welche tiefer brechen. Der Verwitterung ist aber dieser Kalkstein so wohl auf den Anhöhen als auch in der Tiefe sehr ausgesetzt. Wenn ein solcher Stein anfängt zu verwittern, so wird seine Oberfläche immer mehr oder weniger ungleich rauch oder mehlicht, und so wie er verwittert, zerfällt er in einen eisenschüßigen unreinen Thon oder Mergel, der bald mehr Thon, bald mehr kalkartig ist; manchmal ist er auch ganz thonigt; von Farbe dunkelgelb, worinn sich ein Glaskopf oder kleine glatte Stücken Eisenerz zeigen. Stürzt man große Stücken von einer Anhöhe, so geben sie bey dem Auffallen

fallen einen etwas Schwefelgeruch. Dieser Kalkstein ist nicht sehr fest, hat auch weder eine große Schwere noch Kälte, und er löset sich vollkommen in der Salpetersäure auf, wo mannichmal wie eine kleine Wolke im Grunde der Auflösung bleibt, welche sich etwas thon- oder auch kieselartiger Natur zeigt. Herr Sage *) und andere, sagt ausdrücklich, daß der Kalkstein immer etwas Thonerde bey sich habe, folglich ist auch unser Stein zu dem wahren Kalk zu rechnen, indem er nicht eher aus der Säure seine aufgelöste Erde fallen läßt, bis man nicht mit einem alkalischen Salze die Auflösung gesättiget hat. Wenn man den Stein zu Kalk brennt, so wird er sehr weiß, gut bindend und gleichförmig, das mehrstemal bekömmt man eine Spuhr von Eisen darin. Alle hohe Berge, und die ganze Jullische und Karnische Algkette besteht aus diesem weißgrauen Kalksteine, der keine Spuhr von Versteinerung in sich enthält, wenn er ansehnliche Anhöhen bildet; nur an dem Fusse des Hauptgebürges findet man solche: und so hat dann Cronstedt **), ohne jedoch von andern Ländern Kenntniß zu haben, die Wahrheit der Sache genau bemerket, wenn er zu Ende des 4ten §. sagt: „Die Kalkerden müssen da gewesen seyn, ehe Thiere „und Gewächse ihr Daseyn erreichten." Finden sich einige, welche aber in einem schon sehr gemischten Kalksteine brechen, so ist er jederzeit etwas dunkler als der vorhergehende, wo sich die Vorgebürge anlegen. Es ist gewiß ein großer Unterschied von diesem Kalk-

*) Elemens de mineralogie Docimastique par Mr. Sage a Paris 1770.

**) Cronstedts Versuche einer Mineralogie; vermehrt von Brünich, Leipzig 1770.

steine gegen jenen, der im kiesel= oder glasartigen Gebürge bricht. Wie auch von jenem, der einzelne Berge in Krain, Hysterich und andern Gegenden ausmachet. Dieser allgemeine Kalkstein bricht auch oft in großen Schichten, wovon eine Lage oft zu mehrere Schuhe dick ist; nur auf den höchsten Bergen kann man solche nicht gewahr werden. Das darin enthaltene Eisenwesen ist nicht überall gleich, sondern nur in manchen Gegenden: durch die Verwitterung wird man aber solches oft von großer Ferne mehr oder weniger gewahr. Am Fuße solcher hohen Berge, wo sich wie kleine Flözlager von den verwitterten Theilen bilden, findet man verschiedene Schiefer, Horn und glasartige Steine, doch habe ich auch auf einer Höhe von 7000 Schuhen des Berges Terglou, gegen das Karnische Gebirg zu, in den Steinrissen kleine Quarzkörner in einen Kalktrümmerstein, der durch eine eisenschüßige Kalkerde mit kleinen Körnern von Glaskopfe verbunden war, gefunden, wo sonst nicht die geringste Spuhr eines andern Gesteins vorhanden war, als von allen Seiten eben der angeführte Kalkstein.

Ich gestehe wohl gern mit Herrn Bowles *) ein, daß man mit den Kalksteinen gehörige Unterscheidungskennzeichen angeben soll, welche sich weiter, als auf die Farbe und Härte erstrecken sollten; dann gewiß ist es, außer dem reinen weißen Marmor, oder noch besser, der reinen Kreide, haben wir keinen reinen Kalkstein, obgleich, wenn wir ein Stück gemeinen Kalksteins durch die gehörigen Hülfsmittel versetzen, wir wenig Unterschied gegen die Kreide finden. Der oben

*) Introduction à l'Histoire naturelle & à la Geographie physique de l'Espagne par Bowles à Paris 1776.

oben angeführte weißgraue Kalkstein ist indessen sehr verschieden von dem schwarzen Kalksteine, wovon Herr Gmelin *) glaubt, daß ganz Krain daraus bestehe. Wer in Krain kommt, und noch nie ein so hohes Kalkgebürge gesehen hat, wie das unsrige ist, würde bey vielen die höchsten Spitzen mit Schnee badeckt glauben, so weiß sind sie.

Ich weiß keinen einzigen Mineralogen anzuführen, der unsern gemeinen Kalkstein richtig beschrieben habe. Scopoli **) läßt ihn vor den weißen gelten, indem er auf der ersten Seite sagt: Weißer dichter Kalkstein aller Orten. Allein nichts weniger als dieses, denn der schöne weiße Kalkstein von Istrien macht doch noch einen großen Unterschied gegen den unsrigen, nicht allein in der Farbe, sondern auch in der Struktur aus. Eben so wenig kann man auch aus den kurzen Beschreibungen andrer Schriftsteller was abnehmen; und findet man auch eine Bestimmung, die mit dem vorhabenden Körper etwas übereinstimmet, so ist es doch oft noch lange der Stein nicht, den der Verfasser nennet. u. p. w. Wallerius ***) hat also sehr einsichtsvoll gesucht, die äußerlichen mit den innerlichen Kennzeichen in der Mineralogie zu verbinden, welches Herr Werner ****) noch viel ausführlicher, was das Aeusserliche anlangt, erläutert.

In

*) Des Ritters Carl von Linne' vollständiges Natursystem des Mineralreichs, von J. F. Gmelin, Nürnberg 1779.

**) Scopoli Einleitung zur Kenntniß der Foßilien, Riga 1769.

***) G. *Wallerius*. De Systematibus Mineralogici - Halmiae 1768.

****) Von den äußerlichen Kennzeichen der Foßilien, von A. G. Werner. Leipzig 1774.

In diesem Gebürge von gleichförmigen Steinen, finden sich eine Menge Alpenpflanzen, ich will hier von denen nur Meldung thun, welche neu sind, und nicht in der Krainischen Flora aufgezeichnet sind, wie auch zum Theil beym **Linnäus** nicht. Gegen Abend des Berges Terglou in das Trendathal zu, fand ich eine neue Art einer Scabiose, welche mit keiner einzigen im ganzen Linneischen Natursystem übereinkommt; sie gehört unter die erste Abtheilung, die **Linne'** macht, nemlich unter jene, wovon die Blüthe in vier Theile getheilt ist. Der Standort dieser Pflanze ist nicht über 4000 Schuhe hoch über die Seefläche auf den Felsen. Geruch habe ich keinen besondern daran wahrgenommen; die ganze Höhe davon beträgt nicht über 8 Zoll, überhaupt mehr trocken als saftig: die Wurzel ist rund, knotigt, und gehet senkrecht in die Erde hinein; auswendig ist sie hellbraun, mit feinen Fasern versehen, inwendig ist sie aber weisser und holzig; aus dieser Wurzel entstehen ein, zwey bis drey grade Stengel, welche rund und gestreift sind: bey der Entstehung sind sie dünner als gegen der Blume zu. Die Blätter stehen gegen einander, und umfassen den Stengel; nie mehr als 4, höchstens 5 Paar habe ich an einer Pflanze gefunden, und jederzeit kreuzen sich ein Paar davon mit dem andern. Diejenigen, welche am nächsten bey der Wurzel entspringen, haben etwas mehr als die Hälfte der Länge von der ganzen Pflanze; sie sitzen auf gebogenen Stielen, welche gegen den Stengel eine Linie bilden; zu Anfange sind sie bis auf den Stengel zerschlissen, höher hinauf aber zwo bis drey Linien breit tief gezahnt, wovon die Zähne sägenartig stehen. Durchaus gehet eine scharfe Rippe bis zur Endspitze, welche aber nur in den ersten Seitenlappen merklich ist; glatt ist die ganze Pflanze, so auch die Blätter, welche oberhalb hellgrün, unten etwas weißer sind. Die zwey folgende Blätter stellen nur eine bloße Rippe dar, welche mit drey Paar eben so schmalen Lappen versehen sind: das dritte und letzte Paar, welches jederzeit einen halben Zoll unter dem Kelch entspringet, ist ganz leinförmig ohne Lappen und Zähne, steiget gerade den Stengel hinauf, wo sie manchmal über den Kelch bis zur Blüthe reichen. Die ganze Blume kommt der siebenbürgischen Scabiose am ähnlichsten. Der Blumenkelch ist unbewehrt, wovon die Schuppen dachziegelartig eyrund gestumpft auf einander liegen. Die Blume ist etwas dunkelweiß ins geleröthliche fallend. Als ich diese Scabiose im Monat August antraf, war ihre Blüthe schon meistens verwelkt, daß ich sie nicht mehr vollkommen sehen konnte, ob gleich die schöne **Rhagondie** noch ganz im Flor war. An der ganzen Pflanze habe ich keinen widerwärtigen Geschmack gefunden.

Nachdem ich mich von dieser Pflanze weiter gegen den **Eisberg des Terglou** *) zu wandte, kam mir eine **neue Art einer Flockenblume** vor; ich hielt sie anfänglich für die leinblätterichte des **Linne'**, allein ich fand sie, bey genauer Untersuchung, doch verschieden. Die Wurzel ist schwarz, holzig, fortwährend, mit vielen Zasern versehen, aus welcher ein einziger einen halben, auch einen ganzen Schuh hoher gekerbter, sehr rauher grad stehender Stamm entspringt, wo zu Ende auch nur eine Blume sitzt, wie bey

*) Man sehe im ersten Theil der Oryctographia carniolica 1778. die Gebürgskarte vom Lande, wo auch der Berg auf dem Titelkupfer vorgestellt ist; wie auch des Floriant-Schitsch Mappa-Carniolae.

bey der vorgehenden ohne allen Seitenästen: die Blätter laufen wechselsweis am Stamm hinauf, welchen sie zum Theil umfassen; sie sind gleich breit, ausgenommen die Wurzelblätter, welche in der Mitte etwas breiter sind, ungemein wolligt, auf der Oberfläche grün, unten aber weiß, und daselbst auch mit viel mehrer Wolle besetzt; ihre Länge betrift manchmal zwo Drittel des Stamms. Die einzige Blume hat einen zurückgekrümmten haarigen Blumenkelch, wovon die Schuppen am Rande sehr braun sind. Die Blumenkrone ist vollkommen blau wie bey der vorigen. Die ganze Pflanze hat weder sonderlichen Geruch noch Geschmack. Der Standort ist eben so hoch als wie bey der vorigen.

Ein paar Stunden tiefer im Gebürge fand ich einen kleinen **blauen Enzian** neben dem **purpurrothen** stehen, der einen halben Zoll nur an Höhe hatte. Es scheinet eine Abartung des stammlosen zu seyn. Seine kleine Wurzel gehet grade in die Erde hinein ohne Seitenfasern, aus welcher sechs bis acht kleine eyrunde unbestielte Blätter entstehen, welche ganz glatt sind, aus welche dann eine einzige Blume hervorkommt, wovon der Kelch so lang als die Blätter, und in fünf Theile getheilt ist. Die Blumenkrone ist noch einmal so lang, von Farbe blau, in fünf eyrunde glatte Lappen getheilt. Der Geruch dieses Enzian ist angenehm; der Geschmack der ganzen Pflanze aber ist etwas widerwärtig bitter.

Als ich die vorstehende Anhöhe des Berges gegen Mittag bestieg, bekam ich in einer Strecke von drey Stunden Höhe, weil alsdann keine Erde mehr zwischen denen Steinen, folglich auch keine Pflanze mehr zu sehen ist, noch vier folgende besondere Arten vorher zu Gesicht. Die erste, welche sich häufig, aber

selten

selten blühend fand, war ein Löwenzahn. Die ganze Höhe der Pflanze ist ein und ein halber Zoll, wenn sie nicht zwischen zwo Steinen steckt, wo sie denn oft ihren kleinen Stengel verlängert, und also bis drey Zoll lang wird. Die Wurzel ist hart und beständig, jederzeit gebogen, wo aus deren dickern Theil viele lange weiße Fasern gehen. Der Stengel, welcher daraus entspringt, ist einen halben Zoll lang, welchen fünf bis sechs Blätter wechselsweise umfassen, diese haben beynahe keine Stiele, und die Lappen sind sehr gedrängt und tief aufgeworfen. Die erstern sind fast ganz glatt, wohingegen die letztern nur wie rauhe Blatstiele unter der Blume sitzen, ohne die geringsten Seitenlappen zu haben. Die Haare des Stengels sowohl als von den Blättern und dem Kelch, sind steif und schwarzbraun. Die einzelne Blume beträgt an Größe nicht über einen Zoll, sie ist ohne widerwärtigen Geruch; der Geschmack aber von der ganzen Pflanze ist etwas bitterlich. Der Blumenkelch ist ganz rauh, und bestehet aus lanzettenförmigen Schuppen, welche dachziegelartig grade auf einander liegen. Die Farbe davon ist braun. Die Blumenkrone ist Goldfarbe, wovon zu Ende die Blättchen fein gezahnt sind. Der Samen davon ist weiß und mit einer haarigen Krone besetzt. Diese Pflanze, wie die vorigen, blühen im August und September.

Wie ich zu der mittlern Höhe der Eisberge kam, fand ich die folgende in der Blüthe, als erstens eine Scharte (Serratula), welche aber Linne' unter das Geschlecht des Kratzkraut (Cnicus) genommen hat, und sie Zwergkratzkraut nennet: Allein Herr Jacquin hat sie ohnlängst ausführlich in dem fünften Theil seiner Flora austriaca pag. 20 beschrieben,

und

und auf der 440. Tafel abgebildet *). Diese Abbildung zeiget deutlich, daß die Pflanze sich in einem wärmern und fetten Erdreich, in Ansehung der Blätter, sehr geändert hat, so wie man es am deutlichsten auf der angeführten Tafel bey dem einzeln Blatte sehen kann. Als ich sie vor 3 Jahren das erstemahl auf der Anhöhe des Eisberges fand, so waren alle Blätter der Pflanze bald mehr oder weniger gezahnt; und jene, welche noch nicht ausgewachsen waren, hatten die Zähne nicht so deutlich, und so vergiengen sie auch jenen, welche aus dem Gebürge überpflanzt wurden; überhaupt bekommen alle Alpenpflanzen, wenn sie in Gärten übersetzet werden, viele Aenderungen an ihrem Wuchs, so daß man oft glauben soll, sie machten ganz neue Arten aus. Lieb wäre es mir zu wissen gewesen, ob auch diese Pflanze in Oesterreich sich auch nur an einer gewissen Anhöhe hält, wie bey uns. Ich habe sie nie viel unter tausend Klafter Seehöhe angetroffen, und jederzeit da, wo die Eiswässer hinkommen, denn sie liebt sehr die Feuchte.

Die schönste und zugleich die angenehmste ist eine Aretische **Pflanze** (Aretia), welche in der Blüthzeit einen Geruch von sich giebt, der demjenigen ähnlich kommt, den der gemeine Flieder von sich giebt, aber viel angenehmer; der Geschmack der Pflanze ist nicht widerwärtig. Die Wurzel ist beständig Pfeilähnlich, holzigt, mit etwas Zasern versehen; die Stengel, welche selten über einen Zoll an Höhe haben, sind mit unbestielten länglich eyförmigen haarigten Blättern besetzt, welche wechselweis den Stengel hinauf

*) Jacquin, Florae austriacae sive Plantarum Electarum in austria archiducatu sponte crescentium, icones ad vivum coloratae fol. m. Vol. V. 1778. Vindobonae.

auf laufen. Zu Ende des Stengels sind meistens zwo bis drey Blumen auf ganz kurzen Stielen. Der Kelch ist etwas wolligt, worauf eine schöne blaue Blüthe sitzt, welche wie ein Präsentierteller gestaltet, und wovon die Krone in fünf Lappen getheilt ist. An einigen Orten habe ich diese Pflanze einblumig gefunden, welche Abänderung aber blos daher rührt, wenn die Pflanze mit der Wurzel zwischen Steinen stecket, wo sie gepreßt ist, und nicht Nahrung genug erhält. Mehr als hundertmal habe ich dieses an der Primula carniolica (Jacquin Flora austriaca Tom. V. appendice Tab. 4.) und andern beobachtet. Wo sich die vorhergehende Pflanze findet, da ist auch folgende **Potentille** häufig, sie kommt der glänzenden des **Linne'** am nächsten. Der genaue und erfahrne Kräuterkenner, Herr Abt **Wulfen** hat letztere in dem oben angeführten Werke sehr richtig beschrieben und abgebildet.

Die Wurzel der unsrigen ist schwarz, holzigt und gehet grade in die Erde mit wenig Seitenfasern. Der Stengel ist selten über ein und einen halben Zoll hoch. Bey seinem Ursprung umfassen die Blätter denselben, welcher gebogen in die Höhe gehet, und so wie die Blätter ganz mit einem weißen Filz überdeckt sind, sie bestehen jederzeit aus drey eyrunden Blättlein, welche zusammengefalten, und mit zween spitzigen Ansätzen versehen sind. Die einzelne Blume ist groß, von blaßrother Farbe, wovon die Blätter herzförmig sind. Der Kelch ist rauh und etwas dunkelroth gefärbt. Der Saame ist rund mit wenigen feinen Federn umgeben. Der Geruch ist etwas angenehm, der Geschmack aber undeutlich. Diese Pflanze sowohl wie die vorhergehenden blühen im September.

Ob ich nun gleich den Berg Terglou schon mehr als einmal beynahe ganz bestiegen habe, wie auch seine umliegende Gegend, so kann ich mich doch noch lange nicht schmeicheln, daß mir kaum mehr als ein Drittel der dortigen seltenen Pflanzen zu Gesicht gekommen sey. Allein meine Geschäfte haben mir nie mehr als eine sehr kurze Zeit erlaubt mich da aufzuhalten. O wie oft habe ich mich nicht ein Jahr lang als Schäfer da zu seyn gewünschet, um Zeit zu haben, diese blumenreiche Gegend zu allen Zeiten durchgehen zu können, wie viel seltene Pflanzen würde ich nicht noch entdecken können, die mir so nie zu Gesicht kommen werden. Dieses hohe und mächtige Gebürge hat eine Menge verschiedener Klimats, wo denn auch so viele verschiedene Pflanzen ihren Wohnsitz finden: der Theil des Gebürges, der gegen die See hält, ist immer mit der heissen Sonne beleuchtet, da hingegen die Mitternachtseite beynahe keine Sonne in den engen Thälern hat, worin die ewigen Eisberge entspringen, welche vielleicht so alt als die Welt, oder wenigstens doch so alt als die hohen Berge sind, die nächst einer Ueberschwemmung ihre Entstehung wie andere gemischte Gebürge zu danken haben.

Als ich meinen Weg weiter gegen Kärnthen zu fortsetzte, fand ich noch eine Menge Alpenpflanzen, welche aber beynahe alle vom Herrn Scopoli *) in der Flora des Landes beschrieben sind. Unter jene, welche ihm aber nicht zu Gesicht gekommen sind, ist der getüpfelte Enzian des Ritter Linne', welchen ich noch damals häufig in der Blüthe fand. Der Geruch

*) Scopoli Flora carniolica, editio 2da. c. fig. Vindobonae 1772.

ruch von dieser Pflanze ist beynahe nichts, aber das Bittere der Wurzel ist eben so stark, als bey dem rothen und gelben.

Die **Kalksteine** dauerten hier immer fort, bis gegen das enge Thal **des Wurzen**, wo ich dann verschiedene unbedeutende **Marmorarten** fand, die meisten bestanden aus Trümmern, wovon die Farbe gelbroth war. In diesen Geschieben fand ich auch in einem eisenschüßigen Thone gefärbte **Hornarten**, wie auch allerley **Jaspis**, aber nur in unbeträchtlichen Stücken. Da ich hier wieder über den andern Theil der Alpkette setzen mußte, so kam ich wieder in den **einförmigen Kalkstein**. Hier zwischen denen höchsten Kalkbergen, in denen tiefen Schluchten fand ich ein Paar kleine Berge, von zusammengesetzten **Felssteinen**, der aus Quarz mit ein wenig eisenschüssiger Erde verbunden war. Der Quarz bestehet meistens aus lauter runden Stücken, welche aus dem weissen ins Gelbe fallen, wozwischen das Bindungsmittel so wenig ist, daß man es kaum ohne ein gewafnetes Auge sehen kann; manchmal ist es auch ein wahrer **Gestelstein** des **Kronstädts**, nemlich blos Quarz und Glimmer; nahe an diesen Felssteine saß ein schwärzlichter fester Kalkstein, der von einem ungemein festen Korne war, und gewiß eine schöne Politur annehmen muß.

Aller Orten fand ich hier eine kleine Abänderung des Krainerischen **Astranz**, den Herr **Jacquin** in dem oben angeführten Werke beschrieben hat. Die Pflanze ist kaum zwey Zoll hoch, mit fünflappigen Blättern, welche bis an den Stiel eingeschnitten sind: der Stengel war selten zweigicht, und jederzeit mehr hängend als gradstehend. Noch eher als ich über die letzten Berge in Kärnthen kam, waren solche mit einen

 röth-

röthlichten weißgefleckten Schiefer bedeckt, einige davon brausten bald mehr, oder weniger mit denen Säuren: Die weissen Flecken, die darinnen stachen, brausten am wenigsten, als wenn jene erst kieselartig werden wollten; an vielen Orten fand ich hier guten Mergel, wie auch tiefer gegen die Fläche zu, ganz reinen blauen Thon, welcher mir ungemein geschickt zur Töpferarbeit schien, indem er mit feinen Glimmer gemischt war.

In der Fläche fand ich nichts merkwürdiges mehr, was verdiente angeführt zu werden, indem der **Drau = oder Trapfluß** aller Orten die Fläche mit seinem vielfältig gemischten Schoder überdeckt hatte, worauf an vielen Orten schon die fruchtbarsten Felder stehen. Auch bey diesem Fluß habe ich eben das beobachtet, was ich vielfältigemal in Krain beobachtet habe, nemlich, daß der erwähnte Fluß vor Zeiten sein Bette viel höher gehabt als dermalen. Ich begab mich also zu der Hauptstadt des Landes, welche wir, so wie auch die Winden, die einen Theil der Einwohner von Kärnthen ausmachen, Zelantz oder Selantz nennen, ohne Zweifel daher, weil die alte Stadt Sala, welche aber einige für das alte Tiburnia halten, dagestanden ist. Die Deutschen, welche alle slavische Namen verstümmeln, oder ganz und gar verändern, nennen sie **Clagenfurt**, man sehe **Valvasor** *) seine Beschreibung vom Lande, wie auch Herrn **Büschings** Erdbeschreibung zu Anfang des siebenten Theils **). In dem ganzen Orte war für mich

*) Valvasor Topographia Archi-Ducatus Carinthiae, oder ausführliche Beschreibung aller Städte u. s. w. mit Kupfern, Nürnberg, fol. 1686.

) Geographie universelle par **Monf. Büsching, Strasburg 1773.

mich nichts merkwürdiges, als der oben angeführte genaue Beobachter Herr Abt Wulfen. Dies war das erstemal, daß ich das Vergnügen hatte ihn persönlich kennen zu lernen. Ich bekam bey ihm die seltenen kärnthnerischen Pflanzen zu sehen, die er seit vielen Jahren gesammelt hatte, sie alle genau beschrieben, und die meisten nach der Natur abmahlen lassen. Die mehresten befinden sich dermalen in der oben angeführten Flora Austriaca, beschrieben und abgebildet. Unter den übrigen, die er noch hatte, bekam ich auch eine zu sehen, welche ein eignes Geschlecht ausmacht, sie gehört unter die zwote Klasse des Natursystems des Linne'. Ich zweifle nicht, daß derjenige, wer sie auch immer bekannt macht, ihr nicht solle den Namen Wulfenia beylegen, indem ein so verdienter Mann als der Erfinder ist, gewiß mehr verdient als diese kleine Ehre.

Von dieser Hauptstadt wendete ich mich gegen Oberkärnthen. Mein erstes war, zu dem beträchtlichen See zu kommen, den man den Wertersee nennt, und eine halbe Stunde von der angeführten Stadt liegt, und durch einen Kanal solcher das Wasser giebt. Er ist bey vier Stunden lang, und von einer halben bis einer ganzen breit. Dieser See ist auf beyden Seiten mit kleinen Bergen umgeben, welche meistens aus einem Ofenstein oder Saxum fornacum Wallerii bestehen. Die erstern Hügel nahe an der Stadt sind ein blosser Schiefer, der meistens thonartig ist, und sehr verschiedene Farben hat; aus diesem Schiefer werden beynahe alle Häuser in der Stadt erbaut. Da ich nun die ganze Länge des Sees ausgieng, so habe ich auch oft beobachtet, wie die Hügel verschieden abwechseln, bald bestehen sie aus dem angeführten Ofensteine, bald aus dem Schiefer, oder auch aus Kalksteine, der sie durchschneidet. Vom letztern Stein ist die Textur ziemlich fest und von gleichen Korn, manchmal aber auch aus Trümmern bestehend. Die Farbe davon ist hellgrau, zuweilen auch ins Schwarze fallend. Versteinerungen habe ich keine bemerkt, indessen kann es doch wohl da einige geben, wo ich nicht gewesen bin, denn in einer solchen niedrigen Lage sind sie in dergleichen Steine nicht selten. Es ist hier unmöglich zu sagen, welches Gestein das Grundgebürge ausmacht, indem sie mit einander gleiches Streichen in die See halten. Mein ferneter Weg nach Villach ließ wenig mehr die Gebürgsart erkennen, indem alles mit der Dammerde überdeckt ist, doch an solchen Orten wo einige Felsen hervorschauten, war es der oben angeführte Ofenstein, welcher recht großschuppigten Glimmer hatte. Zwischen dem See und dem angeführten Orte, findet sich eine enge Schluft, welche bis in den Trapfluß aushält: durch diesen Hohlweg hat man oft vorgeschlagen, den Fluß mittelst eines Grabens in den See zu führen, um alles schiffbar bis zur Hauptstadt zu machen. Allein nicht, daß eine solche Zuführung des Flusses eine große Geldsumme erforderte, sondern die Sache scheint mir ein für allemal sehr beschwerlich und ganz unthunlich, dann ganz ungezweifelt liegt der Fluß schon tiefer als die Stadt, zu welcher er geführt werden soll, und welcher von Tag zu Tag noch niedriger wird, so wie alle reissende Flüsse in hohen oder gebürgigen Ländern zu thun pflegen.

Wenn man gegen **Villach**, Valvasor und Kuschnig am andern Ufer kommt, so wird alles eben, und der Drau = oder Trapfluß macht die Gränzscheidung beynahe vollkommen von dem **Kalk = und Schiefergebürge**: alles was links des Flusses liegt, nemlich gegen Morgen, ist **kalkartig**, so wie auch gegen

Mittag,

Mittag, und gehört zu den oben angeführten Alpketten, welche nach dem mittägigen Zirkel nnd weiter hält, hingegen was rechts oder gegen Abend und Mitternacht liegt, ist wie gesagt **Quarz = oder Kieselschiefer;** denn in strengen Verstande genommen ist kein Gebürge, welches nicht gemischt wäre. **Dieser Schiefer** macht hier in Oberkärnthen das Hauptwesen der Gebürge aus. Er ist ein Stein, der aus folgenden Stücken besteht. Nemlich aus Quarz und Glimmer, zufälliger Weise verhärteten Thon, Serpentin, Kalkspath, Asbeste am seltensten Hornstein und Feldspath. Der Quarz ist nicht jederzeit weiß, sondern er hat auch andre Farben, wie dann auch der Glimmer bald weiß, gelb, schwarz und grün ist. Dieser Schiefer besteht aus sehr **unordentlichen Lagen**, bald flach, bald gebögen, und streicht nach allen Weltgegenden: seine Festigkeit ist bald mehr oder weniger, nachdem die Schichten mehr oder weniger fremde Theile in sich haben. Er ist oft nicht mehr der Verwitterung ausgesetzt als der festeste Granit, wovon er zuweilen die Mutter ist. Diesen Schiefer nennt Herr **Arduino** *) **Hornschiefer**, welcher doch ganz was anders ist; besser wäre es gewesen, ihn **Felsschiefer** zu nennen, oder **Gestellsteine**, obgleich der letztere sich dadurch unterscheidet, daß er nicht so schieferartig bricht, und sonst keine fremde Theile in sich hat; denn meistens besteht der Quarz in Gestellstein aus Stücken wie im Granit und Trümmerstein, wohingegen hier der Quarz aus Blättern be-

*) Racolta di memorie chimico-mineralogiche, metallurgiche, e Orittografiche del Sign Arduino e di alcuni suoi amici, 8 Venezia 1775; auch Deutsch, Dresden 1778, mit Kupfern.

bestehet, wozwischen der Glimmer, und oft auch andere fremde Theile liegen. Auch Herr Arduino hat diesen Schiefer am häufigsten in den italienischen Gegenden gefunden, und daraus den Schluß gemacht, er müsse das Grundgebürge aller übrigen ausmachen.

Von letzt angeführten Orte wandte ich mich denn in das Trapthal *) wo ich das Gebürge, worinnen sich die Bleygruben vom Lande befinden, links liegen ließ, und hatte zur rechten die Drau, oder wie man im Lande zu sagen pflegt, Trapfluß, von welchem dann das Thal den Namen hat. Auf der rechten Seite dieses Flusses sind die Gebürge vom Anfang bald Kiesel, bald kalkartig so wie man höher ins Land kommt, sind sie ganz von ersterer Gattung, wohingegen sie links noch immer kalkartig bleiben, bis man nach Paternion kommt, wo dann alles aus Fels = oder Quarzschiefer besteht. Zu Stockenvoje, zwo Stunden vom letzten Orte, in einem Graben, befindet sich eine ziemlich reiche Quecksilbergrube, welche aber dermalen auf Befehl des Hofes geschlossen ist, und nichts darf ausgebeutet werden, und daß aus der guten Ursach, daß man das wohl eingerichtete Werk von Hydria nicht in Verfall bringe, indem dies allein reich genug ist, nicht allein die Monarchie, sondern auch den auswärtigen Handel zu versehen. Da ich nun nicht den eingetriebenen Stollen habe befahren können, so kann ich auch nichts von dem innern sagen, ob es ein Gang oder

was

*) Da in Kärnthen, wie in Tyrol, die Thäler offen, und nicht so geschlossen wie in Krain viele sind, und ganze Striche Landes einnehmen, so wird dann auch die Unterabtheilung dieser Länder in Hauptthäler getheilt.

was anders sey, indessen will ich doch die Erzarten anführen, die da brechen. Der Gangstein u. s. w. ist der **Quarzschiefer**, der oft mit einem Talk- und Schneidestein gemischt ist. Das gemeinste Erz ist ein **ungestalter derber Zinnober**, Cinnabaris amorphus solidus, welcher in einem milchweissen Quarze vn mattem Bruche eingemischt ist. Meistens bricht dieses Erz in Schichten, wozwischen ein weißgrauer Talk steckt, der die Gewinnung sehr erleichtert; da der Zinnober nur fleck- und streifweis in dem Quarze einsitzt, so hat dieses Erz ein schönes Ansehen, und nähme der Zinnober so gut die Politur als der Quarz an, so würden sich die angenehmsten Sachen daraus verfertigen lassen.

Die zwote Gattung von Erz, die ich da erhalten habe, ist ein ganz feiner **kristallisirter Zinnober**, welcher pyramidalförmig ist, und manchmal überdecken ihn auch von Zinnober gefärbte sechsseitige Quarzkristallen. Die Stuffe, die ich besitze, ist ein Stück grauer Quarz mit der erwehnten Talkerde gemischt, worinn ungestalter Zinnober und würflicher Kies sitzt: auf einem Ende dieses Steins sitzen aber die Zinnober und Quarzkristallen.

Die dritte Gattung ist **loses Quecksilber**, welches in lauter feinen Kugeln in dem grauen schieferichten Quarze einsitzet. Der Quarz ist an manchen Stücken graublau gefärbt, von dem darinn befindlichen Zinnober. In einem ansehnlichen Stück, welches ich erhalten, befinden sich die Quarzlagen von ein bis zwo Linien dick, wo jederzeit die Talkerde zwischen sitzt, welche oft ganz asbestartig ist. So lange der Quarz taub ist, so lange sind die Quarzschichten dünne, so bald er aber mit dem Halbmetall geschwängert ist, so werden dieselbe mächtiger und das so lange, als das Mineral anhält.

Dieses sind bis diese Stunde die einzigen Erdarten, die mir von dieser Grube zu Händen kommen sind. Von hier aus nahm ich meinen Weg nach **Spital** zu; in dieser Strecke fand ich immer das nemliche Gestein, wie dann auch etwas **Würkstein.** Von Pflanzen fand ich gar nichts besonders. An dem letzt angeführten Orte verlies ich das Trapthal und wandte mich in das **Katschthal**, den **Lieserfluß** *) hinauf nach **Gemund.** Von hier aus gieng ich stets mit einem sanften Steigen in das hohe Gebürge. Die gemeinsten Steine waren der angeführte **Schiefer**, dann brauner und röthlicher **Porphir**, weislicher **Granit** und **schuppichter Basalt**, der hier niemals einen kristallisirten einschließt. Verschiedene **Trümmersteine**, wie denn auch den **Geisberger** und **Würkstein.** Die Gebürge waren hier noch ziemlich sanft, und meistens bewachsen bis zu ihren höchsten Gipfel. Hier fand ich den **österreichischen Salvey** des Jacquin, **flora austriaca** im dritten Theil auf der 112ten Tafel.

Von Gemund aus wandte ich mich in das **Gebürge** zwischen Morgen und Mitternacht, wo **Steyermark** mit **Kärnthen** und **Salzburg** angränzte. Das Gebürge bleibt das nemliche, so wie auch das Thal noch eben den Namen führt. An ein Paar Orten fand ich ein sehr grobes Gemisch, welches einen **Granit** uneigentlich vorstellt, indem, ob zwar die nemlichen Bestandtheile sich darinn befinden, es

*) Man sehe die Landkarten von Kärnthen, von Andrian Jesuit und andern, welche aber alle fehlerhaft sind.

es dennoch keinen wahren Granit ähnlich sieht. Der Stein besteht aus grossen Stücken, welche manchmal von einem Quadratzoll bis auf ein und mehrere Schuhe haben. Die Quarzstükken machen das beträchtlichste aus, nebst blassen fleischfärbigen Feldspath mit Glimmer, oft Asbest und sehr wenigen in sechs Ecken kristallisirten Basalt. So nachtheilig als immer die Vervielfältigung der Benennung in der Naturhistorie ist, so weiß ich doch nicht, ob es nicht besser wäre, diesen Stein **Granitstein** als Granit zu nennen; denn wer diesen Stein kennt, und den orientalischen Granit dagegen hält, muß gestehen, daß dies ein himmelweiter Unterschied ist; denn letzterer bestehet aus einem Gemische von lauter kleinen Theilen, wohingegen ersterer aus ungemein groben Stücken bestehet, die, ob sie zwar eben die Theile besitzen, doch ein ganz anderes Gemische machen; wollte man aber dazwischen keinen Unterschied erlauben, so müßte der feine Sandstein mit dem groben Quarztrümmerstein eine einzige Art ausmachen, denn die Bestandtheile sind doch auch oft die nemlichen. Die erste Granitart die Herr **Charpentier** in seinen Gebürgarten aufgestellt, gehört zum theil zu diesen oben angeführten Granitstein, oder groben Granit, welcher lange jene Politur nicht annimmt, die der fein oder gleichförmige gemischte annimmt.

In eben dem Gebürge findet man auch den Gneis, welcher grau ist, wie denn auch einen solchen **gefärbten Kalkstein** in Nestern. In diesem Gebürge kam ich zu einem kleinen Orte welcher **Kremsbruken** heißt, wo die Hohöfen der gräflich Latranischen Familie sind, welche in dieser Gegend, wie ich weiter erwähnen werde, einen starken Eisenbau führen.

führen. *) Der Schmelzofen, den ich da fand, hatte 21 Schuhe an Höhe, seine obere und untere Weite war ein und ein halben, in der Mitte war die Weite verhältnißmäßig gegen das übrige. Was das Verhältniß des Einsatzes mit Erze und Kohlen anlangt, ist nach gemeiner Art, nemlich nach Umständen der vorfündigen Erzgattungen; was aber die Schmelzung selbst anlangt, ist zweyerley. Entweder werden **Flossen**, oder **Blech** geschmolzen. Erstere Art ist allgemein bekannt, aber letztere nicht so sehr; doch will ich von beyden Arten ein Wort erwähnen. Eine **Flosse** oder grosse Eisenmasse hat gemeiniglich vier bis fünf Zentner an Schwere, und bis fünf Schuhe an Länge, ein und einen halben breit. Nachdem der Ofen scharf gehet, nachdem wird auch oft auf Flossen gestochen. Diese Flossen werden bey den meisten Werken geröstet, und wieder vollkommen geschmolzen, oder in einem kleineren Feuer zerrennet. Wenn eine solche Masse zum zweytenmal gut geschmol-

*) Nicht bald ist ein so kleines Land in Europa, wo so viel Bergbau getrieben worden, als in Kärnthen. Von allen Halb = und Ganzmetallen findet man Erze in diesem Lande, Platina und Zinn ausgenommen. Noch dermalen befinden sich bey 20 Hohöfen darinnen, wodurch das Eisenerz aufgearbeitet wird. Alle Eisenwerke sind in zween Theile getheilt, als in *Eisenwurzen* und *Waldeisenwerken*, wovon erstere den Vorzug der Beständigkeit gegen letztere haben; das ist, wenn ja das Erz zum Mangel käme, so bleibt das Schmelzen denen Oefen zu Huttenberg, von der Mosnitz, in der Heft, in der Lelina, zu Eberstein oder Gilitzenstein und Treibach, aber die Oefen um Gemund sind zum theil ausgeschlossen. Alle Hohöfen haben nichts besonders als die von Treibach, wo an einen grössern Ofen als die übrigen, das ist höher und weiter,

schmolzen ist, so werden die Kohlen davon abgeräumt, und die Oberfläche mit Wasser abgekühlt, welche Abkühlung eine Rinde oder dünne Eisenplatte macht; wenn diese weggenommen worden, so ist auf einigen Werken der Gebrauch, daß ein Arbeiter mit einer hölzernen Keule die Masse umrührt, wohingegen ein anderer indessen Kohlengestiebe einwirft. Wie sich nun die Masse abkühlt, so entstehen grosse Kugeln, welche nach und nach herausgeworfen werden, bis daß das Ganze sich in dergleichen Kugeln verwandelt hat. Bey einem solchen Verfahren sollte man sich wohl nichts anders vorstellen, als daß es eine Vorbereitung zum Stahlmachen sey, allein nichts weniger, die mehresten machen aus solchen Kugeln ganz weiches Eisen, wenn sie solches vor einem geringen Gebläse geröstet haben, beynahe so wie zu Eisenarzt in Steyermark; man sehe in dem oben angeführten Werke von Arduino, die Abhandlung vom Eisenerze, mit Kupfern, wo ein solcher Rostheerd im Gebrauch, und auf der zwoten Tafel vorgestellt ist. Nach der Röstung werden solche

ter, zwey Paar Blasebälge angebracht sind, und in 24 Stunden werden von 16 bis 20 Flossen gemacht, wo einer zu fünf Zentner wiegt, so das in einem Jahre 20000 Zentner solcher Flossen erzeugt werden. Die Blasebälge an einem solchen Ofen stehen gegen einander über, so daß ein Paar wie sonsten angebracht ist, das andere Paar aber höher gegen den Sack zu. Der Aufwand von Kohlen ist groß bey einer solchen Schmelzung, so daß es schon einige gegeben hat, die nachgeahmt haben, aber wie sie sagen aus dieser Ursach wieder aufgehoben haben: indessen kann es auch seyn, daß sie die Sache nicht recht verstanden, indem der Inhaber und Erfinder Herr B. E. noch immer solche Methode beybehält, und seinen Schaden nicht dabey findet.

solche Kugeln in Stangen geschmiedet, und noch durch ein Paar Feuer gebracht, wo denn endlich Kaufmannsgut von Stahl und Eisen gemacht wird. Nun auch ein Wort von der zwoten Schmelzungsart.

Um auch **Platten** zu schmelzen, wird bey einem Hohenofen beynahe eine eben so gebildete Forme vorgerichtet, wie zum Kupferschmelzen, wo man denn beym Stechen, so bald die Forme angelaufen, die Oberfläche der glühenden Masse mit Wasser besprengt, welche Abkühlung eine Rinde bildet, welche alsogleich abgehoben, und die Masse wieder von neuen benetzt wird, worauf man mit Plattenabheben und Abkühlen so lange fortfährt, bis man mit dem Ganzen fertig wird. Diese dünnen Eisenplatten, oder wie man sie in Kärnthen zu nennen pflegt, Bleche, werden geröstet, eingerennt, und zu allerley Eisengattungen ausgeschmiedet.

Von diesem letztangeführten Orte aus, begab ich mich in das **hohe Gebürge** zu denen Gruben, welche das Erz zu den angeführten Schmelzöfen hergeben. Auf meinen Wege fand ich nebst dem gewöhnlichen **Quarzschiefer**, den angeführten groben Granit, oder **Granitstein**, wie auch **Kalkspath** und **Gestellstein**, welcher aus Quarz und Glimmer bestand, aber meistens mit grünen **Asbest** gemischt. Nachdem ich den **Lieserfluß** verlassen hatte, folgte ich dem **Lenz** oder **Cremsbach** bis zu seinem Ende. Häufig fand ich an solchen den **rauhen Steinbruch** des **Linne'**. Bevor ich den letzten Gipfel der Grätzberge bestieg, worin die Eisengruben sind, fand ich am Fusse des **Altenberg** gegen Morgen, einen ganz kahlen Felsen da stehen, welchen ich von weiten blosses Eisenerz zu seyn vermuthete, allein als ich näher kam, so sahe ich daß es **Felsschiefer** war, der ungemein

eisen-

eisenhaltig war. Der Haupt, Erz oder Altenberg, hat einen Grubengang an seiner Kuxe. Das Gebürge ist Felsschiefer, am Tage, wohingegen die Erze in einem blaugrauen Kalkstein brechen. Die Gruben in diesem Berge sind regelmässig gebaut; die einbrechende Erze sind ungestalter gelber Glaskopf, Haematites amorphus flavescens, manchmal finden sich auch von eben dem Erze, welche mit einem gelben Asbest umgeben sind; am seltensten kommt aber das ferrum retractorium, oder jenes, welches roh vom Magnet angezogen wird, vor. Die Erze von der Grünleitner Grube, welche ein Paar Stunden von Altenberg entfernt liegen, sind meistens Ocher, aber auch Glaskopf und Magneterze, welches schwarz, kleinspeisig und schwer ist. Der Glaskopf, der in allen diesen Gruben bricht, verdient nicht eigentlich diesen Namen, indem er nicht gestrahlt ist, wie er sonst zu sein pflegt, sondern er besteht aus einem unsichtbaren Korne, welches keine grosse Härte hat. Alle Erze brechen hier mehr Stock- als Gangweis; da nun hier der Bergbau schon lange währt, so sind die Kuppen solcher Berge schon ungemein ausgehöhlt und durchlöchert. Hinter diesem Gebürge, wo die Gränzen zusammen kommen, findet man an den senkrechten Wänden das Alpensalz. In eben dem Striche vom Gebürge bauen auch die Salzburger auf Eisen, allein allen gehet eine der Hauptbedürfnisse zum Bergbau ab, nemlich das Salz, wovon die Gipfel der Berge kahl sind. Alle diese Gruben sind jederzeit mit ein Paar niedrigen Stuben versehen, welche zu Wohnungen der Knappen dienen, indem ihre Wohnungen in denen Thälern entfernet sind, und sie nur einmal in der Woche nach Hause kommen.

Die

Die Erze werden hier im Winter, wenn der Schnee liegt, durch Schlitten, auch durch Sackzüge zu den Hütten geführt, da werden sie klein gekuttet, am Tage geröstet, in Wassergruben gelaßen, wo sie zu ein und mehrere Jahre bleiben, um ihnen das fremde mineralische Wesen zu benehmen; allein durch dieses Verfahren kann doch noch nicht der Thon weggenommen werden, sondern solches kann nur erst durchs Waschen geschehen. Bey allen diesen Wässerungsbehältnissen, welche aus Mauerwerke bestehen, findet man häufig ein weißes Salz anliegen. Dieses Salz ist bloß alkalisch, und wird durch die Röstung erzeugt. Da es nun häufig vorkommt, so weiß ich nicht, warum man es nicht sammlet, oder das erste Wasser nicht auffängt und einsiedet oder austrocknet: allein mir scheint, da leider noch wenig Chemie und Untersuchungen in dem ganzen Lande vorgekehrt worden, so glauben viele, dieses Salz sey ein bloß arsenikalisches, welches zu allen untauglich ist.

In diesem Gebürge fand ich eine Abart einer rauhen Rose, Rosa villosa des Linne'. Der Stamm an dieser Rose ist hoch braungrün, mit langen gelben Stacheln versehen. Die Blätter, welche jederzeit aus sieben langen ovalen Blättchen bestehen, welche wenig filzigt und scharf gezahnt sind, haben lange Blattstiele, welche 8 bis 10 Linien lang sind, sie umfassen die Hälfte des Zweigs woran sie sitzen. Da ich im August und September diese Gegend bereiste, so fand ich auch die Blüthe schon vorüber. Die Früchte waren vollkommen zeitig, jederzeit zween beysammen, niemals dreye, aber wol öfters eine. Da, wo sie ihren Sitz haben, sind sie mit einem einfachen oder dreyblätterichten Blatte besetzt. Die Stengel waren ganz rauh, so wie auch die grosse hell-

rothe

rothe runde Frucht mit langen gelben Stacheln besetzt. Die langen Abschnitte oder Kelchblätter, sind ganz rauh, und eben so lang als die ganze Frucht. Ein jedes von denen fünf Blättern hat einen einzigen langen Einschnitt auf der Seite, welches gleichsam ein Nebenblatt ausmacht. Ich hielt diese Rose anfänglich für die Rosam rubiginosam Linné & Jacquini, welche in dem oben angeführten Werke Tab. 50 abgebildet ist; allein der Unterschied der Frucht und Blätter ist allzugroß, um sie zu verkennen. Indessen ob ich sie gleich für nichts als für eine Abart der rauhen halte, so scheint es mir immer der Mühe werth zu seyn, daß man eine Abbildung davon geben sollte, wie ich einmal von allen zu Anfang angeführten Pflanzen zu seiner Zeit geben werde.

Eine der merkwürdigsten Gegenden ist der **Radelgraben**, das Gebürge darinnen hat sein Streichen gegen Mittag. In diesem Graben befinden sich **Stahlhämmer** der Gemündner Gewerke, welche nichts besonders haben, das angemerkt zu werden verdiente. Nebst diesen Stahlhämmern ist auch eine **Schmelzhütte** da, um silberhältiges **Kupfer und Bleyerze** aufzuschmelzen, welche einen großen Bauliebhaber, aber einen desto schlechtern Naturkenner zugehören. Er und viele andere haben schon hinlänglich erfahren, wie viel bey seinen Einsichten zu verlieren war.

In eben dem Graben gegen Mitternacht zu, in dem hohen Gebürge, hat man in dem **Quarzschiefer**, wovon hier die Berge bestehen, einen sehr schmalen Gang von einem geringen **Gelbkupfererze**, das im Quarze steckt, und mit sehr gering silberhältigen Bley gemischt ist. Der Bau auf diesen Gang befindet sich auf einer solchen Anhöhe, wo die Felsenwände meistens senkrecht halten, so, daß man nur mit vieler Mühe hinkommen kann. Der oben angeführte Bauliebhaber hat sich eine **Erzrolle** erdacht, welche nur mit Beschwerniß und vielen Unkosten hat können zuwege gebracht werden; da er nirgends einen Weg sich zur Hütte bahnen konnte, um seine Erze dahin zu fördern, so ließ er auf sehr hohen gemauerten Pfeilern eine schmale Rolle von Brettern setzen; so daß das ganze, wenn es eine andere Stellung hätte, einer römischen Wasserleitung ziemlich ähnlich käme.

Der ganze Graben, sowol links als rechts, hat sehr **steiles und hohes Gebürge**, und an manchen Orten sehr stücklich, welches meistens aus dem angeführten **Schiefer**, groben Granit oder **Granitstein** besteht; der **Granit** vom feinern Korne ist grau. Hier im Gebürge gegen Abend haben die Gmündner Gewerke auf einer geringen Anhöhe ihren **Bruch** zum **Ofenstein**; da nun schon von dem Stein große Stücken in das Thal gebracht waren, so sahe ich, daß es ein **dunkelgrauer Serpentin** war, welcher ungemein fest und sehr mit Asbest gemischt, folglich einer der besten Steine zum Schmelzfeuer ist. Ich bestieg gleich den Berg, welcher etwas steil ist, zum Bruch, dieser Berg hatte sein Streichen von Abend in Morgen, mit einem Verflähen von 60 bis 70 Grad. Auf dieser kurzen Strecke hatte ich das Vergnügen, viele von jenen Pflanzen in der Blüthe zu finden, die der Herr Abt **Wulfen** in der österreichischen Flora, im Anhange geliefert hatte. Die erste, die ich fand, befindet sich mit auf der 43sten Tafel, und ist, wie alle in dem Werke, mit Farben, abgebildet. Es ist ein **Habichtkraut**, welches der Verfasser Hieracium intybaceum nennt; ich habe es eben so pikant, als das **kleberichte Habichtkraut des Linne'** gefunden;

den; und hätte es eine Blumendolde, daß die Blume nicht allein sitzend wäre, so würde es gewiß eben dasselbe seyn; indem es im übrigen damit übereinkömmt. Ferner fand ich **vom Hauslaub das Kugeltragende Berg- und Spinnwebenartige Hauslaub des Linne'**, die auch alle in dem Werke Tafel 40. 41. und 42 abgebildet sind. Die **Kreutzpflanze** Senecio, von den Alpen, hatte hier schon meistens ausgeblühet, welche auch in dem angeführten Werke auf der 45sten Tafel sich befindet. Verschiedene **Fettehenne**, Sedum, als die spanische (welche bey den vorigen vorgestellt) die dickblätterichte und weiße des **Linne'** u. s. w.

Der Steinbruch, den ich beynahe zu Ende des Berges erreichte, machte meine ganze Aufmerksamkeit rege. Der **Serpentin** brach hier wie in einen ordentlichen Gange, er hielt eben das Streichen mit dem Gebürge, zwischen dem Felsschiefer und Granit. Die Mächtigkeit dieses Serpentinstein, war zu fünf und mehr Lachter; seine Farbe war dunkelgrün mit hellen Flecken, und so manchmal umgekehrt, fest und wie gesagt, mit **Bergflachs** durchsetzt. Es wurden davon sehr große Stücken gesprengt, welche man bis in das Thal stürzen konnte. Besteigt man den Bruch, ohne das die Arbeiter davon benachrichtiget sind, so kann man wol seine Gebeine zu einer Kraftsuppe zerstossen bekommen, wie mir und denen Mithabenden hätte geschehen können. Der Stein ist hier sehr klüftig, und wo sich die Klüfte befinden, ist auch Asbest anzutreffen, welcher eine schmutzige graue Farbe hat. An ein paar Orten fand ich den Serpentin dem **Nierenstein** ganz ähnlich.

Die **Asbestarten** die ich da fand, waren sehr verschieden. Erstens **Bergleder**, Aluta montana;

das weißbraun und ziemlich fest war. Zweytens ein viel feinerer, welcher das **Bergpapier** der Lithologen ist. Einige Stücke dieses Steins lagen auf dem Serpentin ausgebreitet, wie die weißgrauen Rinden von einer jungen Birke, mit eben solchen kleinen länglichten Mackeln oder Flecken versehen. Die dritte Abart ist ein **grauschmutziger Asbest**, der aus lauter biegsamen Fasern besteht, und ist, was man sonst **Bergflachs** nennt. Diese Art ist die gemeinste, und wie oben gesagt, aller Orten im Stein, aber nur die Fasern sind nicht so beysammen, als wenn er in Klüften steckt. Die vierte Abart ist ein **zeitiger Asbest**, welcher sehr hart und fest ist; die Fasern laufen in gerader Linie genau mit einander verbunden, doch so, daß man sie noch von einander theilen kann. **Wallerius** beschreibt ihm folgend: Asbestus durior, fibris parallelis, arctibus, cohaerentibus, separabilibus, tenacibus. Die Farbe davon ist weißgrau, und bricht in großen Stücken, welche meistens gebogen sind. In eben den Klüften habe ich auch noch zwo folgende Arten gefunden, welche von einen Uebergang zu denen Basalten zeigten.

Die erste Art ist ein grüner, mehr dunkel als heller **Asbest**, der aus **kristallisirten Fäden** besteht, welche sich auf allerley Art durchflechten, ohne eine recht bestimmte Figur zu haben, doch manchmal kann man ein verlängertes Viereck abnehmen, aber bey der folgenden ist dieses deutlicher. Diese so wenig, wie die folgende habe ich bekannt zu seyn gefunden; es scheint also werth zu seyn, eine genaue Nachricht davon zu geben, wenn nicht vielleicht dieser Asbest von jemanden unter die Basalte gesetzt worden; ich habe alldorten ein großes Stück aus einer Steinkluft heraus genommen, wo auf einer Seite deutlich

zu

zu sehen ist, wie der Stein in seinem noch weichen Zustande einen Druck gelitten hat, indem die Kristallen in der Mitte gebrochen sind, und dennoch einen einzigen festen Körper ausmachen. Diese angeführte Art bricht wie in runden Keilen, in den Serpentinklüften mit gelben Glimmer umgeben. Die letzte oder sechste Art ist ein Asbest oder **Amiant**, der oft in mehr als Schuhe lange **kristallisirten Säulen** bricht, niemals einzeln, sondern viele tausend beysammen. Ich habe mir Stücke brechen lassen, die mehr als einen Zentner am Gewicht hatten. Das Aufsitzen in den Klüften dieses Asbestes ist nicht unmittelbar auf den Serpentinstein, sondern vermittelst eines weißglimmerichten **Schneidesteins**. Wenn man diesen Stein von weiten ansieht, so hat er viel ähnliches mit dem nadel- oder säulenförmigen Spießglas, die Farbe ausgenommen, welches in Ungarn in einem durchsichtigen Spathe bricht. Die Säulen oder Kristallen unseres Steins sind oft regelmäßig gebildet, am öftersten aber ist die Figur davon verdrückt, aber doch nicht ganz unkenntlich. Die regelmäßige Figur davon ist ein verdrücktes Viereck. Man sehe auf der VI. Tafel bey Fig. 1 ein Stück von diesen Kristallen, wie sie zusammen hängen, vorgestellt. Das hier vorgestellte Stück ist ein abgebrochenes eines größern; bey a sind die Kristallen abgebrochen, bey b aber sind sie ganz, wie sie mit dem Schneidestein noch bedeckt sind. Zwischen den kristallisirten Säulen der Länge nach, befindet sich ein gelblichter feiner Glimmer; ich habe bey Fig. 2. ein Stück einer solchen kristallisirten Säule vorgestellt, und zwar die größte, die mir bisher zu Gesicht gekommen; gemeiniglich haben sie nur den vierten oder sechsten Theil an Breite. Wenn diese Kristallen in einer beträchtlichen Länge fortsetzen, so nehmen sie oft nach einem Ende zu sehr an der Breite ab; auch selten sind sie ganz grade, sondern meistens etwas gebogen.

Nun muß ich Rechenschaft geben, warum ich diesen Stein zu den **Asbest**, und nicht zu dem **Säulensteine** oder **Basaltarten** rechne. Der Figur und dem Urtheil des Herrn **Gerhard** *) und anderer Mineralogen nach, müßte er freylich zu den Basalten gehören; allein der Entstehungsort muß einen schon zum Theil den Zweifel heben können, da er zwischen Serpentin und verschiedenen Asbestarten bricht. Ich muß gestehen, ich war selbst anfänglich mehr geneigt, ihn unter das Basaltgeschlecht zu rechnen, als zu den Asbestarten: allein die Versuche im Feuer haben mir allen Zweifel benommen; dann in einem Grade von Feuer, wo ich den schwarzen schuppichten und säulenförmigen Basalt ohne Zusatz zu Glas schmolz, blieb mir dieser Stein beständig, wurde sehr fest und ganz undurchsichtig, wo er vorher, ehe er ins Feuer kam, doch an den Kanten der Kristalle durchsichtig war; auch verlohr er vollkommen seine Farbe. Als ich ihn in eben dem Feuer auch mit alkalischen Salzen versetzt hatte, so fand ich ihn zu einem schwarzen festen Glase geschmolzen. Die fernern Versuche, die ich durch den nassen und trocknen Weg machte, zeigten mir, daß in unserem Steine zur Grundlage eben die Erde sey, welche Herr **Marggraf** **) in dem sächsischen Serpentinsteine entdeckt hat, und daß also sehr klar ist, daß der oben angeführte kristallisirte Asbest nichts anders sey, als eine aufgelöste Serpentinerde, die denn

*) **C. A. Gerhard, Beyträge zur Chymie und Geschichte des Mineralreichs 8. 1775.**

) **A. S. Marggrafs Chymische Schriften, 8vo 1767.

denn so, wie die Kalkerde, durch Hülfe des Wassers in Spath aufschießt. Auch bey Untersuchung des Serpentins selbsten, fand ich keinen merklichen Unterschied, ob er gleich so fest ist, daß man nicht leicht Gefässe daraus würde machen können, da hingegen der sächsische viel leichter sich arbeiten läßt: indessen stehe ich doch nicht in Zweifel, daß man nicht einmal auf einen kommen möchte, der weich genug wäre, um bearbeitet zu werden, wenn nur jemand da ist, der ihn zu unterscheiden wüßte.

In eben den Klüften fand ich sehr schönen durchsichtigen milchfarbigen **Gipsspath**; nimmermehr hätte ich ihn dafür gehalten, sondern jederzeit für einen reinen Kalkspath, so sehr war sein äußerliches Ansehen dem letztern ähnlich; allein alles von diesem Spath war nicht Gipsspath, sondern es fand sich auch ein wenig Flußspath dabey; da ich letzteres erst erkannte, als ich schon aus dem Bruch entfernt war, so habe ich da nicht nachforschen können, ob es dessen so viel gäbe, daß man in der Probierkunst Gebrauch davon machen könnte. Auch habe ich hier einen sehr schönen **Speckstein** gefunden: er besteht aus gewölbten Stücken, seine Farbe ist das schönste Meergrün was man nur sehen kann; er bricht gemeiniglich mit dem vorletzten Steine. Ich glaube ihn mit dem Steatites, particulis impalpabilibus mollis semipellucidis, seu Lardites, colore viridescente des **Wallerius** vergleichen zu können, wenn es nicht ganz eben der Stein ist? Ich fand auch hier in dem Serpentingang den schönen **grünen gewundenen Glimmer**, welches die Mica contorta, oder das Talcum officinale des **Cronstedt** ist. Manchmal ist dieser Glimmer auch mit einem Schneidestein gemischt,

mischt, welches dann den **Lavetstein** der Steinbeschreiber macht.

Nicht weit von diesem Berge gegen Morgen, findet man auf einer beträchtlichen Anhöhe einen schwarzen mit Glimmer gemischten **Schiefer**, worinnen **Abdrücke von Farrenkräutern** sich befinden. Die ich erhalten konnte, waren lauter solche, welche ich nicht in der Gegend wachsen gefunden. Einige Abdrücke zeigten ganz kleine Blätter, die kaum mehr als eine Linie an Länge hatten, wo hingegen andere beynahe einen Zoll hatten, zwo bis drey Linien an Breite, mit einer tiefen Abtheilung in der Mitte. Diese letztern zeigen, daß der Rand der Blätter glatt war, aber alle vom Ende des Stengels weggebogen. Ich habe noch nie ein vollkommenes Stücke erhalten können, um sie genau abzunehmen, ob es nicht noch für uns vielleicht eine ganz unbekannte Art ist, wenigstens das kleinblätterichte Farrenkraut macht mich es muthmaßen. Die Abdrücke der Stengel habe ich mehr als einen halben Zoll breit gefunden.

Bey den fernern Untersuchungen, die ich noch im Thal anstellte, fand ich einen **aus Lagen bestehenden weißblauen Quarz**, welchen ich noch niemals zu Gesicht bekommen hatte: er ist halb durchsichtig, im Bruch etwas rauch, und so wie er seine Lagen bildet, liegt dazwischen eine feine gelbe Erde. Eben diesen Quarz fand ich auch nachgehends bey Gmund in dem Lieper Fluß.

Von dieser Gegend nahm ich meinen Weg in das obere Trapthal zu nach **Möhlbrücken**. Die Gebürgsart blieb auf diesem Wege eben dieselbe; der Ort besteht aus einigen Häusern: noch vor zwey Jahren stand eine Meßingfabrik und Dratzug hier, welche man hat eingehen lassen, um einer andern aufzuhelfen, welche

welche in Tirol vor der Stadt Lienz sich befindet, die doch lange nicht die Vortheile von Wasser, Galmey und Holz haben kann, als wenn sie zu Möhlbrücken stünde. Hier untersuchte ich ein wenig die Gegend, wie auch die Flüsse, um zu erfahren, was sie vor Steinarten führten, und mir ein Licht zu geben, was ich besonders im Gebürge zu suchen hätte. Ein mineralogischer Freund hatte mir vor einiger Zeit von einem besonderen Steine Erwähnung gethan, und nach seiner deutlichen Nachricht, fand ich auch solchen hier im Flusse in sehr großen Stücken.

Der Stein ist ein ziemlich feinkörniger weißgrauer **Quarz**, welcher keine feste Textur hat, und ziemlich gebrüchig ist; ich fand in seinem Bestande selten oder keinen Feldspath, sondern meistens Quarz und Glimmer, manchmal auch **kleinschuppichten Basalt.** Die Stücken die ich da fand, waren flach gewölbt, länglicht, eine halbe Säule vorstellend; auf seiner Oberfläche fand ich ihn jederzeit seicht gestreift, jedoch so, daß die Streifen schon in der Ferne merklich sind; wenn man den Stein mit etwas vergleichen will, welches ihm am ähnlichsten kommt, so ist es mit einer canelirten Säule aus einer der 4 höhern Ordnungen, man sehe auf der oben angeführten VI. Tafel Fig. 3. wo ein Stück eines solchen Steins vorgestellt ist. **Wallerius** hat einen solchen gestreiften Basalt in dem 1sten Theil bey der 24sten Figur vorgestellt, und mag zu seinen Quarzum fragia gehören. Anfänglich, als mir das erstemal dieser Stein zu Gesichte kam, hatte ich einen großen Zweifel, ob diese Streifen oder Furchen nicht von der Verwitterung herrührten; allein, nachdem ich größere Stücke fand, welche ich zerschlagen konnte, und mir in die Länge fielen, so sahe ich ebenfalls die Streifen merklich, aber doch um etwas weniger als an jenen Stücken, welche schon eine Zeitlang der Luft ausgesetzt waren; ich wünschte mir nichts mehr, als den Entstehungsort zu finden, welches dann auch geschahe, wie ich weiter unten Gelegenheit haben werde, solchen anzuführen.

Hier verließ ich den Draufluß und Thal, und wandte mich gegen Abend in das **Möhlthal**, worin der Fluß von eben dem Namen fließt: ich nahm mir vor, solchen bis zu seiner Entstehung zu verfolgen, da er hier bey dem angeführten Orte sein Ende hat, indem er sich in dem Trapfluß ergießt. Das Thal, wo ich mich izt befand, war eins der angenehmsten, das ich noch in ganz Kärnthen gesehen hatte. Grade, frey und weit offen, welches zu Ende bey **Lüdenfeld** gespitzt zugieng, so, daß es eine der schönsten perspektivischen Gegenden machte; hiernächst lag am Ende ein gespitzter Hügel, der das ganze schloß; hinter diesem kleinen Berge thürmten sich höhere hervor, welche meistens mit Schnee bedeckt sind. Dieses Thal verfolgte ich eine Zeit auf der rechten Seite des Flusses bis nach **Naplach**, wo sich Stahlhämmer befanden, welche den Grafen Stampfer gehören. Ich kann von der dortigen Arbeit nichts sagen, indem sie damals nicht im Gange waren, ohne Zweifel wegen eines Feyertages, den die Arbeiter hatten, wie sie denn dergleichen besonders viele im Lande haben, welche gewiß nicht zum Nutzen des Inhabers gereichen. Ohnweit dieses lezt angeführten Ortes, fand ich große milchweiße **Quarzfelsen**, worinnen großer schwarzer **kristallisirter Basalt** steckte. Die Kristallen schienen mir sechseckigt zu seyn, im übrigen habe ich auf dem ganzen zurückgelegten Wege, nichts als **Felsschiefer** und **Granitstein** gefunden.

Nach einigen Stunden zurückgelegten Weges, kam ich zu einem, vor Zeiten wegen des Bergbaues wichtigen Orte, welcher **Ober-Velach** heißt. Man sieht noch heut zu Tage, wie der Ort vordem bewohnt gewesen seyn muß; hohe und stark gebaute Häuser, wo reiche Gewerke und Beamte ihre Wohnungen hatten, welche aber dermalen mehr zur Behausung der Mäuse und anderem Ungeziefer, als zur Wohnung der Menschen dienen. Trauriges Ansehen eines einmal gewesenen Reichthums, der durch ein Religions-Edict vom Jahr 1600. verschwand, wie Schnee in der Sonne. In diesem Orte war zur selbigen Zeit ein Oberbergmeisteramt über alle Bergwerke von Krain, Steyermark, Oesterreich, Tyrol und Kärnthen; der ansehnlichste Bergbau von allen diesen Ländern war um die Gegend dieses Orts; die Landesfürsten hatten hier ihre Schatzkammer. Herzog **Karl** und seine Vorfahren, wenn sie Geld benöthiget waren, schrieben nur grade an den dortigen Oberbergrichter, der sie jederzeit befriedigte. In dem 15ten Jahrhunderte, wo die katholische Religion hier Reformirt wurde, heiterten sich die gemeinschaftlichen Bemühungen der Menschen mehr zum Wohlseyn des Staats, als zur Schwärmerey der Kirche und Mönche auf; Fleiß und Kenntnisse nahmen den Platz des Müßigganges und einsamen Lebens ein; da es nur wenig Feldbau gab, so suchte man die Eingeweide der Felsen durch, und erbeutete Schätze; allein das Wiener Edict zernichtete auf einmal alles. Man ließ den Leuten nicht Zeit eines andern einzusehen, ob es ächt oder unächt sey; sondern die reicheſten Familien mußten davon gehen; ein jeder der nur eine gute Grube hatte, verstürzte oder ersäufte sie; alle Grubenkarten wurden verlohren, oder vorsetzlich vernichtet, so, daß von der Zeit an der Bergbau für die Nachkommenschaft verlohren war. Dieses sind die mündlichen und schriftlichen Nachrichten, die ich von dem Verfall des dortigen Bergbaues erfahren konnte. Da sich auch noch ein altes Bergarchiv in dem Orte befindet, wie leicht wäre es nicht, daraus Stoff zu einer Kärnthnerischen Bergwerksgeschichte zu erhalten; und würde sie nicht dem Landesfürsten nutzen können? gewiß in mehr als einem Stücke. — Nichts ist im Orte mehr von Bergwerksrudera da, als Gebäude und Mauern von Schmelzhütten, wo dermalen die Bergwerkskammer mit Vortheil eine Schlackenkutherey angestellt hat, die wiederum aufgeschmolzen und auf edeles Metall genutzt werden. Wie alt diese Schlacken sind, weiß man nicht, denn die das Wasser nicht genommen hat, sind schon mit Erde und Häusern überdeckt.

Von hieraus wandte ich mich, nach einer Stunde zurück gelegten Weges, in das Gebürge. Hier kam ich nach **Flatach**, alwo sich die **Schmelzhütten auf Kupfer** befinden, welche denen Grafen **Stampfer** gehören, um ihre Erze aus den dortigen Gegenden aufzuarbeiten. In dieser ganzen Gegend fand ich noch immer den **groben Granit**, **Felsschiefer** und den oben angeführten gestreiften oder **Säulenquarz**. Da ich ihn hier häufig von dem Flusse entfernt antraf, so merkte ich, daß sein Entstehungsort nicht weit seyn müßte, und als ich weiter nachsuchte, so fand ich, daß er als Mergel in dem Vorgebürge stak. Auch war hier der Stein etwas weicher, als in den ersten gefundenen Stücken. Nachdem ich hier einen kleinen Ort mit Namen **Fragant** erreicht hatte, bestieg ich auch das Gebürge, welches eben den Namen führt. Alles ist hier **Quarzschiefer**, wie auch zu

Zeiten

Zeiten Granit. Viele lose Steinstücke sind aller Orten hier in denen Bächen mit Violenstein gemischt, oder besser zu sagen, mit **Staubaftermooß**, welcher einen Violengeruch von sich giebt. **Linnens** nennt ihn Byssus Jolithus, und macht einen Unterschied zwischen dem goldgelben, den aber Herr Eleditsch nur für eine Spielart hält. Ich habe öfters Gelegenheit gehabt, beyde Arten zu untersuchen, und ich muß gestehen, daß ich keinen rechten Unterschied gefunden, ausgenommen, daß ersterer einen starken Geruch hat, letzterer aber nicht, oder doch nur wenig.

Nach drey Stunden Weges bin ich zu den **Kupfergruben** des erwähnten Innhabers der Schmelzöfen gekommen; sie sind in einem **Schiefergebürge** eingetrieben, und enthalten einen ziemlich reichen Kupfergang, welcher von Stunde 6 in 18, oder von Morgen in Abend streicht, und sein Verflächen von 12 in 24, oder von Mittag in Mitternacht. In diesem bricht beynahe nichts anders, als ein **gelbes Kupfererz** mit Quarz gemischt; manchmal ist es sehr reich an Gehalt. Die Mineralogen nennen es cuprum flavum solidum; manchmal hat auch dieses Kupfererz einen weißen Spath zur Mutter, oder auch einen glimmerichten Quarz. Die zweyte Erzart ist eine **Kupferocher**, oder Ochera cupri viridis, welche in einem kieselichten Steine steckt, der eine graue Farbe hat; auch einen braunen Ocher fand ich hier, welcher aus Kupfer und Eisen bestand. Drittens ein **grau Kupfererz**, in weißen festen Quarz, der manchmal etwas kristallisirt ist. Ein eben solches Erz ist oft ganz vielfärbig in einem unreinen Quarz. Die vierte Art ist ein **gelbkörniges Kupfererz**, welches mit grauen Kupfer gemischt ist, in einem reichen dunkeln Quarz. Die fünfte Art ist das **Zementkupfer**,

kupfer, welches dermalen erhalten wird. Man hat vor der Grube ein solches kupferhaltiges Vitriolwasser in hölzernen Rinnen aufgefangen, mit altem Eisen belegt, um das darin enthaltene Kupfer durch solches nieder zu schlagen. Die letzte Art, die ich hier anzuführen habe, war mir die merkwürdigste, aber nicht die nützlichste für den Innhaber: es ist ein sehr **armes Kupfererz**, welches mit fremden Theilen so gemischt ist, daß es weder bau- noch aufarbeitungswürdig ist. Der Stein davon ist ein bleyfarbiger fester **Kieselschiefer**, der vollkommen einem Sedimentsteine gleicht: in diesem liegt ein **gelbes Kupfererz** in kleinen Theilen zerstreut, mit einem schönen **kristallisirten anziehenden Eisenerze**, Ferrum retractorium crystallisatum. Die Kristallen davon sind von der Größe des kleinsten Sandkorns bis zur Größe einer Erbse; die Figur davon ist eine doppelte Pyramide mit 8 Spiegelflächen ohne Prisma. Dieses Erz läßt in seinem Bruche jederzeit eine von denen Pyramiden ganz frey hervor schauen, wo hingegen die andere so fest sitzt, daß es sehr schwer hält, die Kristallen vollkommen heraus zu erhalten.

In allen diesen Erzen ist der **Kies** gemein, auch bricht er häufig allein, und wird bey der Schmelzung oft mit Nutzen angewand, besonders wenn man alte hältige Schlacken von neuen wieder aufschmelzt. Der **Grubenbau** ist allhier ordentlich so viel, als auf einen solchen Gang es thunlich ist. Eine der Hauptbeschwernisse dieser Grube ist, daß sie aller Orten häufig zudringende Wasser hat; um nun solche aus der Teufe zu gewärtigen, läßt der itzige Innhaber, Graf von **Stampfer**, welcher der erste Rath bey dem Bergwerksdepartement ist, eine zusammengesetzte Maschine einführen, welche in der Grube zu Ende eines 300

Lachter

Lachter langen Stollen stehen wird. Die Maschine, so wie ich sie im Model gesehen habe, und nun dermalen schon zu Stande gebracht seyn wird, ist ein Trieb- und Pumpwerk, wo also mit einem Wasserrade die Wässer und Erzen aus der Tiefe befördert werden. Die Einführung dieser Maschine geschieht von dem Innhaber selbsten, der in allen Theilen der Bergwerkswissenschaft ungemein große Kenntnisse und Erfahrungen besitzt. Hätten doch alle Vorsteher und Bergwerksinnhaber solche ausgebreitete Kenntnisse wie dieser, wie groß würden die Vortheile nicht für die Monarchie seyn; die doch in dem Bergbau einen Theil ihrer Einkünfte zu suchen hat.

Die Knapen arbeiten hier auf Schichte und Gedinge: da sie einen ganzen Tag brauchen, um von Hause dahin zu kommen, so wird ihnen auch dieser Tag vergütet, wie eine Schichte, welche hier aus 10 Stunden Arbeit besteht, und in 24 Stunden auf zweymal verrichtet wird. Die Erze von dieser Grube werden den Winter durch, wenn alles mit Schnee bedeckt ist, durch den Sackzug nach den Hütten befördert, wo sie dann geküttet, geröstet und weiter geschmolzen werden: bey der ganzen Manipulation ist nichts besonders. Hat man einmal die Erze zu erstes Kaufmannsgut gemacht, so wird es wegen seiner guten Eigenschaften und Geschmeidigkeit halber, für 52 Gulden außer Lande gelaßen; giebt man aber solches dem Landesfürsten zur Einlösung, wie es der Innhaber zu thun pflegt, so empfängt man nur einige 40 Gulden für den Zentner. Der Anfang des hiesigen Grubenbaues war im Jahr 1690.

Von hieraus setzte ich meinen Weg über die Alpen fort, um zu andern Gruben zu kommen, welche in dem Berg Rudna, auf deutsch **Erzberg**, eingetrieben

trieben sind. Eine Strecke von 5 Stunden, welche ich zurückgelegt hatte, war mir in dieser Zeit sehr angenehm. Alle Berge, bis beynahe zu ihren Spitzen, waren mit den fruchtbarsten Wiesen überdeckt. Ob es nun gleich schon mit der guten Jahrszeit zu Ende gieng, so fand ich doch noch Pflanzen, die mich ungemein erfreueten. Die erste war der Cucubalus pomilio des **Linne'**, bey **Wulfen** aber mit mehrerm Recht eine **Silene**, und er giebt ihr eben den Beynamen, den ihr **Linne'** gegeben hat. Er hat sie auf der 2ten Tafel des angeführten Anhangs getreu abgebildet. Diese schöne Pflanze blühete noch allenthalben. Die zwote, die mir auch sehr willkommen war, war die **aretische Alpenpflanze** des **Linne'**, welche auch der oben angeführte Kräuterkenner mit einer Abart auf der 18ten Tafel abgebildet. Die mir vorkam, war mit weißer einzelnen Blüthe, und kommt der gar nicht gleich, welche ich zu Anfange von dem Berge Terglou angeführt habe. Drittens einige **Schlüsselblumen**, als die mit langer Blüthe, die ganzblätterichte, welche ich ein Jahr zuvor auf den Berg Sedlu in Krain fand. Die erste hat auch Herr Abt **Wulfen** in eben dem Werke auf der 46sten Tafel geliefert. Unter vielen **Steinbrechten**, die ich da fand, war mir die Saxifraga aizoon des Herrn **Jacquin** lieb zu finden, er hat sie auf der 438sten Tafel abgebildet: so war mir auch neu ein seltener **Beyfuß**, den Herr **Wulfen** Artemisia spicata nennet, und auf der 34sten Tafel des angeführten Werks abgebildet. O wie viel würde ich nicht noch gefunden haben, wenn ich um einen Monath hätte früher in diese Blumenreiche Gegend kommen können? allein das mehrste mal kann der Mensch nicht was er will, und so war auch der Fall bey mir.

Die

Die Steinart war hier aller Orten der oft angeführte **Fels- oder Quarzschiefer**, welcher bis zu denen Spitzen lauter Flöze bildet. Dieser Schiefer löset sich an den meisten Orten in blauen Thon auf, oder die Zwischenräume seiner Schieferlagen sind damit angefüllt; **kleine Quarzfelsen** sind auch nicht selten, so wie man auch oft große **Gipskeile** antrift. Als ich nun ganz die Anhöhe erreicht hatte, so kam ich zu jenen Gruben, welche man den Waschgang nennt: alles ist hier innerhalb, wie außer der Grube, der nemliche Schiefer, der Schichtenweise auf einander liegt; bald gradstreichend, bald wellenförmig gebogen, so daß man deutlich sehen kann, wie dieses Gebürge einmal in einem weichen Zustande gewesen seyn muß. Die hiesigen Gruben sind dermalen kayserlich, und werden seit zween Jahren noch ohne Nutzen gebauet, indessen die Zeit wird alles, so wie es das Ansehen hat, genugsam ersetzen. Die Gruben haben vorhero Gewerken zugehört, welche aber aus Mangel der Kenntniß in Aufliegen gekommen. Der hiesige Gang, welcher aber doch auch oft einem Flöz ähnlich sieht, hat mit dem Gebürge sein Streichen von Stunden 12 in 24, oder von Süden nach Norden, sein Verflächen ist manchmal mit 20 Grad Fallen in Abend, manchmal aber auch ganz schwebend; allein da alles hier ein blosser Krüppelbau noch ist, so ist alles so verworren, daß man oft nicht weiß, woran man ist, besonders ein Fremder, indem man noch nicht lange mit Ernst zum Werke gegriffen.

Der ganze Bau wird hier mit 30 Mann betrieben, welche eben ihre Tage und Stunden so wie in den Fragandergruben haben. Die Stollen, oder besser zu sagen Löcher, die ich befahren habe, sind so niedrig, daß man meistens nur auf allen Vieren kriechen muß, und obgleich ich nur fünf Schuhe messe, so war mir doch die dortige Schmerkluft, welche stets mit Eis verwächst, so enge, daß ich es nicht einmal wagen wollte sie zu befahren, um nicht stekken zu bleiben. Das ganze Jahr hindurch wächst **das Eis in diesen Gruben**, welches man oft nur durchs Feuer abhalten kann: darinnen sind vor allen Mundlöchern immer die Hütten der Bergleute angebracht, worinnen sie kochen, damit die Hitze von solcher dahin benutzt wird. Ich habe in der Grube ein Paar schöne Anbrüche gefunden, welche auf einige Zeit eine gute Ausbeute versprechen: indessen mag man sich doch nicht sogar lange hier vieles zu versprechen haben, indem die Grube oder der Gang sich an die Spitze des Berges befindet, und die Erze nicht in die Tiefe halten, wie es sich durch einen Untersuchungsbau der von Morgen in Abend betrieben worden, gezeigt hat.

Die Erze, die man hier findet, sind meistens einförmig, gemeiniglich ist es ein **Gemisch von gelben Kupfererze mit Quarz**, wobey sich etwas **Gold** befindet, welches silberhaltig ist; zu Zeiten findet man auch ein Ferrum retractorium dabey. Selten bricht das **gediegene Gold** ein, und wenn es geschiehet, so ist es in blätterichter Gestalt in einem weissen Quarz, mit grünem Kupferocher.

Alle Erze werden auf diesem Gebürge gekuttet, und künftighin auch gepucht, indem man bey einem Bache zu diesem Ende ein Puchwerk erbauen will. Nach dieser ersten Arbeit werden sie dann durch den Sackzug nach **Dölach** in das Großkirchheimer Thal zu denen Schmelzhütten geführt. Auch ich nahm meinen Weg von der erwähnten Grube nach diesem Thale zu, wo ich denn wieder zu dem Mölfluß kam. Auf diesem hatte ich immer **Schiefer**, und zu Zeiten etwas **Serpentin**, wie auch **groben Granit**. Ich fand hier eine schöne Spielart der **Eisenwurzel**, Centaurea scabiosa Linnei. Die Blätter waren klein in lanzenförmige Stücke getheilt ohne Aeste, und nur mit einer einzigen Blüthe versehenen Stengel. Nach drey Stunden Weges erreichte ich den Ort **Dölach**. Dieser kleine Markt liegt dicht an dem Möhlfluß, worinnen sich der Bach Zirkniz ergießt, der aus dem Gebirge von Abend und Mitternacht kömmt. Hier befindet sich eine **Schmelzhütte** und **Puchwerk**, wie dann auch ein Bergverwalter, der der Schmelzung und Puchwerke, dem Probiren und selbsten allen Rechnungen vorstehen muß; dieser hat dabey die Aufsicht über alle umliegende Bergwerke. Bis itzo hat man noch keine Erze eingeschmolzen, sondern die reichhaltigen Schlacken, welche die alten weggeworfen hatten, werden dermalen auf Silber und Gold benutzt, welches die alten mit sehr wenig Einsicht thaten, so daß man versichert seyn kann, daß sie meistens ihre edele Metalle in dem Kupfer sitzen liessen.

Hier in dieser Gegend sind die Gebürge meistens aus einem **weißlichten Granite**, **Quarzschiefer** und **Serpentin**: auch hier in dem Vorgebürge fand man den oben angeführten **gestreiften Quarzstein**. Kein einziges mal habe ich hier was anders als Glimmer in seiner Mischung bemerkt. Gegen Mitternacht in der **Zirkniz** besteht das Gebürge aus ungeheuren **Felsschieferlagen**, welche das Wasser von eben dem Namen von Jahr zu Jahr mehr untergräbt. In dieser engen Schlucht, welche kaum einige Lachter breit ist, befinden sich die schönsten Wasserfälle, wo aber von allen Seiten die Felsenwände herunterhängen, und den täglichen Einsturz drohen. Ich fand hier sehr häufig den moosartigen und immergrünen Steinbrech des Linne'. Die letztere Art hatte bald rothe, bald weiße Blüthe, welche sehr angenehm waren. Ich wandte mich nachgehends gegen Mittag, um die ganze Gegend von Dölach zu untersuchen. Der Serpentin brach hier sehr häufig, sowol der gestreifte als der andere an dem Fusse der Berge. Vieler, den man aus den Wiesen gesprengt hatte, war mit verschieden gestalteten Asbest auf ganzen Flächen überzogen. Auf den Anhöhen gegen Aufgang befindet sich auch ein weisser Gipsstein: der weisse Glimmer ist auch hier aller Orten zu Haus. Ich fand in dieser Gegend im Quarzlosen gebildeten Glimmer sitzen, wovon die Scheiben ihre richtige sechs Ecken hatten; die Farbe dieses kristallisirten Glimmers war gelbweis. Als ich meinen Weg weiter fortsetzte, kam ich in einen tiefen Graben ins Hauptgebirge, welchen Graben man Graden nennt. Hier fand ich einen Untersuchungsbau, welchen das Bergwerksdepartement von Kärnthen angelegt hat, die Aussichten davon sind noch sehr gering. Das Gebürge besteht hier meistens aus Granit und Felsschiefer. Ich fand an einem Orte einen sehr großen Kalksteinkeil, welcher von Farbe aschgrau war, ohne alle Versteinerung, man hatte ihm angegänzt, um Kalk daraus zu brennen: ich fand ihn auf einer Seite ganz mit einem schiefrichten Geisbergersteine bedeckt. Nicht weit von diesem Steine kam ich zu einem zwey bis drey Lachter mächtigen Kalkgang, welcher sein Streichen von Morgen in Abend hatte, mit einem Quarzschiefer umgeben, welcher sehr mit Glimmer angefüllt war. Der Kalkstein war hier spathartig mit Quarz gemischt, demohngeachtet wird er doch zum Kalkbrennen genommen, auch in diesen sind keine Versteinesteinerungen. Dieser Kalkstein möchte noch so rein seyn, und noch so gerade mit dem übrigen Gesteine fortstreichen, oder auch wechselsweise mit andern Steinarten auf einander liegen, so bin ich doch nie geneigt zu glauben, daß er die Unterlage des ganzen Granits hier ausmache, sondern ich sehe ihn als einen Gangstein an, der sein gewisses Ausschneiden bey Zeiten erhält.

Aus diesem Graben wandte ich mich den **Möhlfluß** hinauf, hier fand ich zum zweitenmal einen gebildeten Stein, den ich das erstemal von denen Bleyberger Gruben aus gegen das **Geilthal** zu fand, nur daß das erstemal der Stein nicht ganz eben die Bestandtheile hatte. Hier war der Stein ein feinkörniger **Granit**, aus Quarz, Feldspath und schwärzlichten Glimmer, und oft schuppichten Basalts (Schörl?). Die Figur dieses Granits ist nicht jederzeit beständig, nachdem die Zufälle des Falls vom Steine mehr oder weniger solche verändert hat, meistens findet man ihn mit ordentlichen scharfen Ecken versehen, wo er eine doppelte Pyramide aus acht Flächen vorstellt, welche meistens ungleich sind, und wie etwas schalicht, so wie ich ihn in acht Flächen gefunden habe, so auch in zwölf und mehr, aber das mehrstemal in sechs, wovon vier kleinere und zwey längere eine sehr reguläre Bildung machten. Stücken, die oft mehr als eine Kubik Lachter haben, machen diese Figur, eben so haben die höchsten Bergspitzen von diesen Stein eine Pyramidalfigur mit Flächen und scharfen Ribben oder Ecken. Einmal wagte ich es, eine solche Bergspitze zu besteigen, welche mir diese Figur zu haben schien, um zu erfahren, ob es eben der Stein sey, und ob der Figur was ähnlich käme; kaum war ich nahe genug, wo ich schon hinlänglich sahe, daß ich mich in meiner Muthmassung nicht geirret hatte. Zu Anfang, als ich dergleichen Steine so gebildet sahe, glaubte ich, es sey nur zufälligerweise, allein die vielfältigen Beobachtungen haben mich sattsam überführt, daß seine Eigenschaft sey, in solche gebildete Stücken zu fallen. Ich habe viele gefunden, die so ordentlich sind, als immer möglich. Zu meiner Sammlung habe ich ein Paar solche Steine mitgenommen, wo ein jeder eher glauben würde, der Stein sey mit Fleiß so zugerichtet, wenn er nicht allenthalben mit Steinmoos überwachsen wäre. Man sehe auf der VI. Tafel Fig. 4. einen solchen Stein, wie er die Pyramide von oben vorstellt, und Fig. 5. im Grundriß einen solchen, wie er in sechs ungleiche Flächen fällt. Herr **Ferber** hat ebenfalls im Pilzerkreis einen ordentlich gebildeten Granit gefunden, so wie auch Schiefer, man sehe auf der 123sten Seite seiner Mineralgeschichte von Böhmen *).

Nun wandte ich mich aus dem Thal gegen Abend in das Gebürge zu, ich fand hier in der Gegend einen weissen **Tufstein** aus ausgehöhlten Kegeln zusammengesetzt. **Wallerius** beschreibt ihn folgend: Tophus margaceus, conis turbinatis, multiplici cortice concentrico praeditis, calcario lapidi extrinsece plerumque undulato immersis, und man sehe die 36ste Figur seines zweiten Theils, wo dieser Stein sehr getreu vorgestellt ist. Hier in der Gegend war aller Orten der **Serpentin** zu sehen, wie auch verschiedene **Geschiebe von Felsschiefer**; als ich ein wenig die Anhöhe erreicht hatte, blieb ich über Nacht an dem **Fleisbach**, um den andern Tag über den

Rau-

*) J. J. Ferber Beyträge zu der Mineralgeschichte von Böhmen, Berlin 1774. 8. c. f.

Rauriser Taurn in das Salzburgische zu kommen, um die dortigen Goldgruben zu sehen, und auf meinen Rückwege über die Eisberge der Zickniz wieder auf Dölach zu kommen. Allein wieder alles Vermuthen viel ein so großer Schnee die Nacht hindurch, daß es unmöglich war, mein Vorhaben auszuführen, um mich nicht in die Gefahr zu setzen, zu erfrieren. Denn hier zu Lande erfriert man nur des Sommers, und selten oder niemals des Winters, die Ursach davon ist, weil man auf einmal aus einem warmen Klima in ein so kaltes kommt, daß der Körper dadurch ganz unfähig wird, seine erschlaften Theile geschwinde genug zusammen zu ziehen, wodurch denn die ganze Federkraft verloren geht, und der Mensch aufhört zu leben.

Ich war also hier gezwungen, mein Schicksal vom Wetter abzuwarten, welches den folgenden Tag noch nicht besser wurde. Demohngeachtet hatten drey der stärksten Fußgänger über das Gebürge gesetzt, aber kaum sind sie auch mit dem Leben davon gekommen; sie kamen zu uns so abgemattet, daß sie nicht mehr stehen konnten. Den dritten und vierten Tag wurde es wieder heller, und der Weg ein wenig offen: allein da ich keine Zeit hatte, nahm ich meinen Weg zu dem **Hochhorn**, (welches dorten in der schlechten deutschen Sprache Hochorn geschrieben und gesprochen wird), ich folgte dem Fleisbach bis zu seiner Entstehung, nemlich zu einem See, welcher ihn bildet und sein Wasser von den **Eisbergen** erhält, welche den angeführten Berg Hochhorn, und einen andern mit Namen **Sonnenblick** umgeben. Die Steinart war hier zu Anfang **Felsschiefer**, woran zuletzt der **weisse Granit** aufsaß, und die Bergspitzen ausmachte. Mit den Pflanzen war es meistentheils geschehen, doch fand ich noch folgende Stücke in der Blüthe. Die erste war eine Spielart des Chondrillen-blätterichten Habichtkrauts des Linne', welche Herr Jacquin auf der 429sten Tafel abgebildet hat. Die Blätter waren bey dem gefundenen viel tiefer gezahnt, und die Wurzelblätter auch schmäler, im übrigen aber nichts verschieden. Das zwote war die Alpen-Chamille des Linne', welche Herr Wulfen im angeführten Werke auf der 30sten Platte abgebildet hat, ich habe sie hier nie höher als zwey Zoll gefunden, ohne Zweifel ist die Kälte der Eisberge schuld daran. Die dritte war ein kleiner Enzian, wovon die Blüthe oft so lang als die ganze Pflanze ist; denn selten hat sie einen Zoll an Länge. Herr Jacquin hat sie in seinen Miscellaneis unter den Kärnthnerischen auf der 18ten Tafel Fig. 3. abgebildet.*) Die vierte, die ich noch vollkommen in der Blüthe fand, war ein wohlriechendes Achillenkraut, welches Herr Wulfen Achillea moschata nennt, und genau beschrieben, wie auch in dem oben angeführten Werke Tab. 33. abgebildet hat. Das fünfte was ich noch fand, war der celtische Baldrian, mit rother und bläulichter Blüthe, aber kaum mehr als an ein Paar Pflanzen konnte ich noch solche sehen. Unter dieser Pflanze fand ich eine sehr angenehme Flechte. Da man in den Kräuterbüchern schon so viele hundert aufgezeichnet findet, so ist es schwer zu errathen, welchen Namen man einer solchen Pflanze geben soll, indem zwey und drey solche Bestimmungen beynahe ganz übereinkommen. Wenn aber eine Abbildung ihr etwas ähnlich kommt, so ist es diejenige, welche Bilenius auf der XV. Tafel bey Fig. 15. B. abgebildet, man

*) N. J. Jacquin, Miscellanea austriaca — Vol. I. Vindodonae 1778 4to. c. f.

man sehe die Beschreibung davon *) wo er sagt Coratoides species scyphiformis, ossis femoris facie, allein diese Beschreibung ist nicht hinlänglich für jene welche ich fand; denn erstens trieb sie einen zollhohen runden etwas gebogenen und sehr blätterichten Stengel. Die Blätter sind oben grau und unten weiß, mit einem Staube überzogen: in der Höhe wird er etwas breiter, und bildet gleichsam einen unförmlichen Becher, wo dann rings herum kleine Aeste in die Höhe stehen, welche mit scharlachrothen Schildchen bedeckt sind. Vielleicht ist es Hallers Stirp. Helvet. seine 1940ste Art.

Nun so viel von den Pflanzen von diesem Lande. Unter den vielen, die ich von Anfang bis anhero gefunden habe, ist mir mehr als einmal die Frage aufgefallen, warum ich hier so viel verschiedene Pflanzen gegen Krain fand, obgleich ich oft und sehr oft die nemliche Höhe und Tiefe hatte wie dorten, und der Himmelsstrich eben derselbe war? Ich muß gestehen, daß ich hier dem Herrn Oeder **) nicht habe beystimmen können, wenn er sagt: „Gewisse Grade der Atmosphäre bringen immer eben die Pflanzen hervor „u. s. w.“ Allein hier sahe ich klar genug, daß dieses nur in so lange seine Richtigkeit hat, in so lange es eben derselbe Fruchtboden ist, denn wie ich durch vielfältiges Bergsteigen erfahren habe, so ist der Kalkboden mehr geschickt für einige Pflanzen, als jener, welcher aus glasartigen Steinen bestehet, und so umgekehrt: indessen giebt es doch eine Menge Pflanzen, welche auf dem einen Boden wie auf dem andern fortkommen. Der Scheick oder celtische Baldrian ist nur

 auf

*) Billnius Historia muscorum, London 1768. 4. c. f.
**) Oeder elementa Botanica, 8. 1768.

auf Schiefer und Granite gern zu Hause, und ich muß gestehen, daß ich ihn in Krain noch nie gefunden habe, obgleich ich auf dem Orte war, den Herr **Leopoli** in den kraineriſchen Floren angiebt, so habe ich auch nie den Violenmoos auf dem Kalk gefunden.

Bey denen **Eisbergen** hörte der Schiefer auf, und dafür stellte sich **grober Granit** dar, welcher mit einem feinkörnigen überdeckt würde, der meistens in großen Platten zerfiel. Hier fangen an einigen Orten schöne Wasserfälle an. Das Wasser stürzte sich bald von senkrechten Felsen, bald über solche abgelöste Stücken, welche dadurch die wunderlichsten Wassersprudel vorstellen; allein alles das ist jederzeit in einem Parke angenehmer anzusehen, als da, wo man für Hunger und Müdigkeit, wie ein verfolgter Hirsch in heißen Sommertagen schmachten muß.

Die Eisberge haben hier im Lande, so wie in einigen andern Ländern, einen eigenen, aber zugleich besondern Namen. Der Kärnthner und Salzburger nennt sie **Kees**; der Tiroler **Ferner** oder **Firn**; der Schweizer hingegen **Gletscher**. Hier kam ich das erstemal auf die Kärnthnerischen; da es ein paar Tage vorher geschneyet hatte, so habe ich nicht abnehmen können, wo der Anfang war; denn ich mußte nun stets bis über die Knie im Schnee wandern. Hier hätten die Schneereifen an den Füßen gute Dienste geleistet. Diese Reifen sind eigentlich so wie man sie in Krain braucht, wie Raqueten zum Federballschlagen gemacht, und ganz rund geformt, wie sie die Kanadier in Amerika brauchen.

Hier über die Eisberge mußte ich meinen Weg nehmen, um zu den Gruben zu kommen, welche man **Goldzech** nennt. Dieser Eisberg oder Kees scheint eine Fortsetzung von denjenigen zu seyn, der den Berg

Sonnen=

Sonnenblick umgiebt; wie gesagt, abnehmen konnte ich nichts, sondern ich wußte nur jenes, wovon mich mein Führer unterrichtete. Der Berg Hochhorn, den ich zu besteigen hatte, lag mir links gegen Abend, wohingegen der erwehnte Sonnenblick gegen Morgen rechts sich befand, so daß zwo Berge, wie sie zusammen hängen, einen hohlen Graben machen, welcher gegen Mittag hält und demohngeachtet mit Eis bedeckt ist. In der mittlern Aushöhlung oder Höhe dieses holen Grabens befindet sich die erwähnte Goldzech, welche in dem Hochhorn hält. Den Tag als ich zur Gruben gieng, war einige Stunden vorhero eine Schneelahne oder Schneerissen auf der Morgenseite eingegangen; mir schien sie unbedeutend; allein mein Führer versicherte mich, sie wäre hinlänglich gewesen, uns in ewige Eiszapfen zu verwandeln, oder doch wenigstens auf eine Zeit; wie es einem andächtigen römischen Flüchtling hier soll ergangen seyn, der 200 Jahre im Eise lag, und eben so gut ohne Wunderwerk aufbewahrt blieb, als wie das Flügelwerk der Kanadier den ganzen Winter durch bleibt. Gewiß ist es, daß dergleichen Eismumien in diesen Gegenden, besonders aber in Tyrol, keine seltene Sache sind. Diese Gefahr nun, die wir einmal hatten, haben die armen Bergleute beynahe täglich das ganze Jahr hindurch; nur bey starkem Froste, und wenn der Schnee ganz vergangen, sind sie zum Theil aus der Gefahr. Eine Menge Unglücksfälle wissen diese Elende zu erzählen, was ihren Vorfahren begegnet, wo zu 10 und mehr Männer auf einmal geblieben sind. Sie gehen nur einmal die Woche von der Grube nach Hause, manchmal bleibt es ihnen auch unmöglich, wegen der gewissen Gefahr, wo sie denn oft 14 und mehr Tage aushalten müssen, wenn ihnen die Lebensmittel nicht abgehen. Bevor sie von oder zur Gruben gehen, machen sie Lermen; vor Zeiten haben sie auch Pöller gelöst, um eine Erschütterung in der Luft zu machen, damit, wenn eine Schneerisse zum losgehen ist, solche durch die Bewegung der Luft sich eher in die Thäler stürzen möge. Allein diese Behandlung glückt nicht jederzeit, und die armen Leute werden doch manchmal auf ihrem Wege davon ums Leben gebracht. Heut zu Tage bedienen sie sich wenig mehr dieses unzulänglichen Mittels, sondern wenn sie über die Keese oder durch die engen Thäler gehen, wo sie verschüttet werden können, so geschieht es in einer solchen Stille, als immer möglich, um die Luft nicht zu erschüttern, welche Schnee- und Eisrisse gehen machen kann. Man zeigte mir auf meinem Wege unter der Goldzechgrube einen Ort, der im Jahr 1733. als noch die Jenerische Familie aus Tyrol die Gruben, wie auch den oben angeführten Waschgang im Besitz hatte, durch eine Schnee- und Eislage so verschüttet und verdruckt waren, daß man heut zu Tage, nach aller angewandten Mühe, nicht das geringste mehr entdecken können, wo jemals diese Grube ihren Einfahrtstollen gehabt haben mag; ob man gleich von Seiten der Bergwerkskammer nicht ermangelt, genaue Untersuchungen anzustellen, und zwar mit nicht geringer Gefahr zwischen dem Eis, welches dermalen die Gegend bedeckt, so hat man doch nichts anders gefunden, als ein Theil der Anfahrtsstube mit der Schmiede und etwas Eisen; weil sie aber vertragen war, so konnte auch solches keine gewisse Anzeige geben. Da aber in diesem verlohrnen Stollen die beste Ausbeute sich soll gezeigt haben, so zweifle ich doch nicht, daß man nicht einmal, wenn der Bau in bessern Stande seyn wird, den verlohrnen Stollen mit einem

Gesenke

Gesenke von der obern Grube ausfündig machen solle, da es doch scheint, daß eben der Gang da hinfällt; und so könnte auch zur Sicherheit der Arbeiter ein solches Gesenke in die Tiefe getrieben werden, mit einem Ausfahrtstollen durch den Eisberg bis zu dem oben angeführten See, wo man denn in aller Sicherheit zu der Grube gelangen könnte, wenn auch alle Eisrissen des ganzen Berges eingiengen.

Nach einer kurzen Strecke von hier aus, kam ich zu der angeführten Goldzech, ich sahe die Gruben oder die Einfahrtshütten davon nicht eher, als bis ich davor kam, so niedrig war alles im Schnee und Eis versteckt. Nun ein Wort von diesem Gebäude, so wie es bey allen übrigen Gruben ist.

Hat man einmal mit einem Stollen einen haltigen oder edeln Gang erreicht, so wird ein niedriges Gebäude aus Holz und Steinen gerade davor gesetzt. Dieses wird in zwey auch drey Theile getheilt, so, daß ein Theil die Küche ausmacht, welche jederzeit vor dem Mundloch des Stollens stehet, damit die Wärme das Ansetzen des Eises hindere. Der zweyte Theil macht eine Stube aus, wo die Leute essen, und ihre Lebensmittel aufheben. Ein jeder Arbeiter, manchmal auch mehrere, halten die Kost mit einander, wegen der Kostbarkeit des Holzes, welches so hoch hinauf zu bringen ist; ob sie nun gleich nicht alle mit einander eine gemeinschaftliche Kost halten, so kocht doch ein jeder sein Fleisch auf einmal in eben dem Kessel. Ein jeder, der seine Fleischportion hinein wirft, hat es mit einem gezeichneten Holze gespießt, so, daß er es nicht verwechseln kann. Die Suppe davon ist allgemein, worinn sich eine Parthey um die andere ihre Speckknedel kochen kann. Ueber der Stube ist der Boden, und darüber ein sehr flaches Dach; dieses bestehet aus einem flachen Gerüste von sehr starken Balken, welche in die lebendigen Felsen eingehängt sind, und auf der vordern Mauer der Stube liegen, dergestalt, daß die ganze Hütte nichts als eine gleichlaufende Fläche mit dem Berge ausmacht, damit die Schnee- und Eisrissen darüber gehen können. Hier unter diesem Dache haben die armen Leute ihren Ort zum schlafen. Wie ruhig mögen wohl ihre Nächte seyn, wenn Schnee und Eis zu gehen anfängt, und sie nicht einen Augenblick sicher sind, ob die ganze Hütte nicht mitgenommen wird? wollten sie sich in die Gruben flüchten, so wär es eben so gefährlich, damit es ihnen nicht so ergienge, wie oben erwähnt, und sie ihr Leben mit Kälte und Hunger beschliessen müssen. O! Elendes Leben, ist es doch noch möglich, daß sich Menschen in einem freyen Lande dazu finden können? allein Noth und Vorurtheile haben gemacht, daß bis diese Stunde sich noch immer Leute genug gefunden haben; ja oft der schönste junge Bursche bringt hier lieber sein Leben im Elende zu, als daß er wohl genährt und gekleidet, mit weniger Arbeit, seinem Landesfürsten unter die Fahne diente.

Gemeiniglich ist noch neben der Küche ein besonderer Platz für eine Schmiede angebracht, um der Arbeiter ihre Werkzeuge zu verbessern. Nun ein Wort vom Gange.

Der Gang ist hier widersinnig gegen das Streichen des Gebürges, er ist ein Mittaggang, wo hingegen das Gebürge von Westen nach Süden streicht, worinnen er gelagert ist, sein Verflächen aber ist von Osten nach Westen, mit einem geringen oder gar keinem Fallen; wie jederzeit die stehenden Gänge haben. Ob nun gleich dieser widersinnige Gang die ganze Ausbeute verschaft, so hat man doch auch einen Haupt-

oder

oder recht fallenden Gang, der diesen durchkreuzt. Ich habe ihn an ein paar Orten aufgefahren, allein er war jederzeit beynahe ganz taub, und so unbedeutend, daß man mit solchen sich nie viel Hofnung machen kann. Die Erze, die hier im ersten Gange brechen, sind erstens ein **gelbes Kupfererz** mit Quarz, und manchmal Glimmer, welches **nie ohne Gold und Silbergehalt** ist. Zweytens **gediegenes Gold**, Aurum nativum, in einem milchweißen Quarz; allein mit dem Auge entdeckt man solches nicht darinn, in so feinen Theilen und so genau ist es mit der Steinart gemischt; nur erst durchs Feinstoßen und Waschen bekommt man was zu sehen. Der Zentner dieses Quarzes hat selten über ein Loth an Gold. Drittens, **Eisenkies mit Gold**, pyrites aurum sulphure mineralisatum mediante ferro, **Cronstedt**. Dieser Kies bricht zwischen den andern Erzen; vor Zeiten häufiger als izt: er ist feinkörnig und dunkelgelb, und sitzt wie in Platten auf einem sehr eisenflüssigen Quarze. Viertens, **Arsenikkies**, Arsenicum mineralisatum Cronstedt, welcher oft mit Kupfererz gemischt ist, aber **jederzeit etwas Silbergehalt** hat. Fünftens, **Bleyglanz**, Galena cubicis majoribus, welches jederzeit **guldisches Silber** enthält; dieses Erz ist aber das seltenste alldort. Man soll vor Zeiten viel mehr gediegenes Gold erbeutet haben, als heut zu Tage. Unter den Erzen findet sich auch zufällig das **Ferrum spatosum**, oder **Eisenspath**. Dieser Spath ist bald klein- bald großspeisig, weiß oder gelb, und von einer nicht sehr festen Textur. **Das hangende und liegende des Ganges ist Felsschiefer und Granit**, worinn unter den Erzen **klarer Quarz**, Quarzum Hyalinum, gefärbter, raucher, körniger, kristallisirter und spathartiger Quar-

Quarzum fissile des Linne' befindlich. Diese letzte Art hielt ich anfänglich für Feldspath, so ähnlich ist sein Ansehen; allein die Härte und sein scharfer Bruch zeigten mir ein anders. Niemand hat ausführlicher was davon gesagt, als Herr Gmelin im Linneischen Natursystem auf der 518ten Seite des ersten Theils, allein, seine Muthmassung die er davon äußert, daß er mit dem blätterichten Quarz von Schemniz eins sey, ist nicht richtig: ich will also hier die genauen Kennzeichen von beyden hersetzen, indem ich beyde Arten auf ihrem Entstehungsorte geholt habe. Der Quarzspath bricht in ungleichen Stücken, und besteht aus aufeinander gesetzten Lagen, welche oft aus vielen kleinen Blättern bestehen, ohne jemals eine gehörige Figur zu haben; bricht ein solcher Stein schief durch diese Lagen durch, so sieht er ganz dem Feldspath ähnlich, die kleinen Blätter oder Schuppen liegen dann wie Dachziegel auf einander, ohne Zwischenraum und Ordnung, aber sehr glänzend, und beynahe so wie der Schielerquarz beschrieben ist; wird aber der Stein, oder sein dichtblättrichtes Gewebe in die Queer gebrochen, so sieht er ganz dem fetten Quarze ähnlich, im Bruch ist er ungleich und scharf, und es hält schwer, eine von den kleinen Blättern einzeln abzunehmen; oft ist in dem Zwischenraume der Lagen, wenn einige zugegen sind, ein braunes Farbenwesen eingemischt. Es giebt Stücke, wo sich dieser in eine Kristallfigur überartet. Seine Durchsichtigkeit ist bald mehr oder weniger, aber doch meistens halb durchsichtig subdiaphanum. Seine Farbe ist die Milchweiße, oder etwas ins schmutzähnliche fallend. Die Schwere ist dem körnigen festen Quarze gleich, und dieser Stein bricht mit den Erzen im Gange wie der Kalk = und Gipsspath zu thun pflegt.

Was

Was den ungarischen blätterichten Quarz anbetrift, so hat solcher vermöge seiner lockern Textur, nicht die Hälfte von der Schwere des vorigen, und bestehet aus schmuzigen, weissen, oft ins gelbe fallenden sehr zarten Blättern, welche so viel Zwischenraum haben, daß oft feinspeisiger Kies aller Orten dazwischen sitzt. Die Blätter in diesem Steine laufen meistens in eine dreyeckigte Pyramide zusammen, oder eine solche Pyramide, wenn sie allein, ist auch oft wieder in drey Theile getheilt, welche Theile wieder so viel Pyramiden bilden. Die Höhe davon ist oft einen Zoll, und der Durchschnitt einen halben. Der Blätter sind 10 bis 20 die sie bilden. Der Kern aus einem solchen blätterichten Quarze, besteht manchmal aus den reinsten unbestielten Quarzkristallen, auch der Kern einer einzelnen Pyramide bestehet oft aus solchen, oder doch aus kleinem Quarze, die Durchsichtigkeit ist wie beym vorigen. Indessen hat doch dieser Quarz einige Abarten, als in Ansehung der Gestalt, Feine, Farbe, u. s. w., aber alles dieses ist zu wenig, als daß man nicht alle gleich für eben den Stein erkennen solle.

Man siehet wohl aus dieser ganzen Beschreibung, wie sehr diese zwo Steinarten verschieden sind, da der erste noch einmal so schwer ist; und ferner gibt er nur eine schuppichte Textur zu erkennen, ohne daß er Zwischenräume hätte, wohingegen beym leztern große Zwischenräume zu finden, und niemals einen Glanz, weder ein spatiges Ansehen, noch viel weniger, daß sie im Bruch wie der fette Quarz wären.

Nun zu den übrigen Bergarten zu kommen, die im Gange stecken. Zu Zeiten bricht etwas **grauer Hornstein**, seltener kommt **Gips** und **Kalkspath** vor, ein paarmal hat man retractorisches Eisen gefunden. Der Bau ist hier ziemlich ordentlich, und von Natur, wenn man nicht zu große Zechen aushaut, sehr sicher, welches aber bis jetzt die Mächtigkeit des Ganges noch nicht veranlasset hat. Hier in dieser Grube hat man einen besondern Vortheil erdacht, damit sich die Stollen nicht mit Eis anlegen sollen, wenn einige Tage nicht darinn gearbeitet wird. Man hat nemlich hin und wieder Thüren angebracht, welche man genau verschliessen kann, um die Grubenwässer darinnen anzuschwellen, daß die Stollen damit angefüllt bleiben. Die gewonnenen Erze werden alle durch den Sackzug bis zu dem Fleisbach befördert, wo ein Puchhaus stehet, worinn sie verküttet und gepucht, und von da nach Dölach zum Verschmelzen geführet werden.

Von dieser Grube aus hatte ich noch eine halbe Stunde zu steigen, um auf die Schneide, die unter der höchsten Spitze des **Hochhorn** ist, zu kommen, welches **die Gränze von Salzburg mit Kärnthen** macht, und eine schöne Aussicht über das Salzburgische giebt. Auf der Hälfte meines Weges fand ich einen verlassenen Bau, der auf die nemliche Goldzeihe hielt, man heißt ihn **Christophoribau.** Man hat ihn schon vor einer Zeit aus politischen Absichten ganz ausgehauen, so weit und breit, als der Gang in die Höhe hielt, so daß man zuletzt mit einem Schlag in die Keese oder Salzburger Eisberge gekommen.

Auf der oben angeführten Anhöhe fangen ungeheure **große Eisberge** an, welche bis in das **Rauriser Thal** halten, wo die Schmelzhütten der dortigen Goldgruben stehen, welche man vollkommen ausnehmen kann. Da nun dieser Theil gegen Mitternacht liegt, so sind die Kees viel stärker als jene, die nach Kärnthen halten; folglich möchten die Salzburger die besten Goldgänge dahinter wissen, so bleibt es

ihnen

ihnen auf ewig unmöglich solche auszubeuten. Sehr gern hätte ich die dortigen Goldgruben besucht, welche mir links gegen Morgen lagen, und ich ebenfalls sehen konnte, allein ich hatte keinen andern Weg vor mir, als über die Keese, welche aller Orten mit Klüften oder Spalten angefüllt waren (denn ich stand schon vor einigen) und ob ich gleich einige von diesen Todtengrüften sahe, denen ich hätte durch viele Umwege ausweichen können, so waren mir doch viele hundert andere verborgen, wo mich sowohl als meinen Führer, weder Stangen noch Stricke hätten retten können. Wer den Gebrauch davon wissen will, der sehe bey Herrn **Bourret** *) und **Walcher** **) nach, welche davon geschrieben haben, besonders letzterer, welcher uns gute Abbildungen geliefert hat.

Die Klüfte in den Eisbergen haben niemals einen graden Fortgang darinnen, sondern sie sind meistens wellenförmig, oder machen scharfe Ecken mit Absätzen. Ihre Entstehung geschiehet im Winter, wenn die größte Kälte herrscht, und sie nicht mit lockern Schnee bedeckt sind, mit ungeheuren Getöse, nachdem sie sich mehr oder weniger weit erstrecken. Dieser erste Spalt sieht zu Anfang einen haarritzer gleich, kommt bald darauf ein warmes Wetter, daß er mit aufgethauten Wasser wieder angefüllt wird, so friert er auch wohl in der ersten Nacht wieder zu, oder wie mich einige versichert haben, daß sie auch aus dem Grunde wieder nach und nach zuwachsen, wo aber das nicht geschiehet, so werden sie von Jahr zu Jahr

*) Bourret, Description des Glacieres du Duché de Savoie a Geneve 1773. 8vo. wie auch Deutsch zu Gotha 1775.

**) Walcher. Nachrichten von den Eisbergen in Tyrol, Wien 1773. 8. c. f.

weiter, daß man sie sodann oft nicht mehr übersetzen kann, sondern gezwungen ist sie umzugehen. Hat man das Unglück in eine solche Kluft zu fallen, wenn sie nicht zu tief ist, so kann man des Winters eher als im Sommer errettet werden, indem im Sommer solche oft im Grunde mit Wasser angefüllt sind, also daß wenn man sich im Hineinfallen nicht schon todtschlägt, doch unumgänglich ersaufen muß. Genug davon, nun will ich mich zu meinem vorigen Gegenstande wenden.

Die oben angeführte Anhöhe des Hochhorn hat ebenfalls einige Wochen vor mir der Herr Ploier, ein sehr geschickter und erfahrner Bergmann, welcher die Oberaufsicht über die kayserlichen Bleigruben in Kärnthen hat, bestiegen, und mit dem Barometer gemessen, und so viel als ich habe erfahren können, soll er den Berg Canigou in den Pyrenäen nicht viel in der Höhe nachgeben. Es war mir sehr leid, daß ich diesmal nicht mit meinen Delucschen Barometer versehen war, um seine Messung mit der Meinigen vergleichen zu können. Gewiß ist es, daß dieses Gebürge eine große Höhe haben muß: indem erstens, ganz Kärnthen viel höher liegt als Krain, und ich vom Anfang meiner Reise immer bergigt steigen mußte. Ich hatte den Tag durch, als ich diese Anhöhe bestieg, den schönsten Sonnenschein, der meine Augen auf dem glänzenden Schnee nichr sehr belustigte. Ob ich nun gleich schon so hoch war, so wollte ich doch auch noch die höchste Spitze, die mir gegen Mittag lag, besteigen, um besser das ganze Land und einen großen Theil vom Salzburgischen und Tyrol zu übersehen, wie auch die Uebermacht des Klokners zu erforschen, allein, ob ich gleich nur noch eine halbe Stunde Höhe vor mir hatte, so blieb es mir auf einmal unmöglich,

indem

indem die schwarzesten Wolken von allen Seiten kamen, und mir die Spitze so unsichtbar machten, als wenn niemals eine da gestanden wäre. Von meinem Standorte, als der Berg noch nicht bedeckt war, bis zu seiner äußersten Spitze, konnte ich nichts als den grauen Granit wahrnehmen. Ich nahm also meinen Rückweg wieder in das Thal, welches viel geschwinder gieng als mit dem Hinaufsteigen, den mehresten Weg machte ich mit kleinen Sprüngen, indem ich immer tief in den Schnee hineinsank, wo dieser aber fest war, konnte ich sehr geschwinde auf meinen Steckenpferde reiten, welches gut beschlagen war. Dieses Reiten oder Fahren ist nicht eine gar schlechte Erfindung, wenn man gut geübt darinn ist; aber noch hundertmal besser ist es, auf einem Hohlbrette, welches rückwärts einen festen Stock zum Leiter hat.

Als ich nun wieder zum See kam, nahm ich einen andern Weg, welchen sich die Bergknappen der dortigen erwähnten Gruben gemacht haben, um eine Zeit vor den Schnee- und Eislähnen oder Riesen sicher zu seyn. Dieser Steigweg ist über einen Bergrücken geführt, der ziemlich schmal ist, und auf beyden Seiten tiefe Abgründe hat. Die Leute nennen ihn dorten den **Geisruken**, und haben ihn auf beyden Seiten, so gut sichs thun läßt, mit Geleitstangen versehen, damit man nicht aus seinem Geleite kommen möge. Allein ich überschritte auf einmal dieses Gesetz, haschte nach einer Pflanze, die ich außer dem Wege sahe, und dieses führte mich augenblicklich unter den Stangen weg, und kaum ergriff ich die mir ins Auge gefallene Pflanze, so war auch mein Steckenpferd über 50 Lachter Höhe gestürzt, allein meine rauhe Kleidung erhielt mich auf dem Rande eines Granitfelsen, wo dann mein Führer mir die Hände reichte, und mich davon zurückzog. Ich hatte nie hier einen solchen Absturz vermuthet, da ich Felsen in die Höhe steigen sahe, allein das lange Gras hatte eine Kluft verdeckt gehabt, die ich nicht vorhersehen konnte. Als ich meinen Weg auf diesem Fußsteige weiter fortsetzte, so hörte ich auf einmal ein ungeheueres Getöse, und als ich mich umsahe, so gieng ein Stück eines Eisberges von dem oben angeführten Sonnenblick los, der sich auf jenen Weg stürzte, den wir herauf genommen hatten. Ein Glück für uns, daß es nicht damals geschahe, wie wir den Berg bestiegen. Dieser kleine Vorfall gab mir eine Auflösung über eine Betrachtung, die ich beym Besteigen des Berges machte, nemlich: warum in diesem Thale, wo Erde genug war, nicht eben so gut die Lerchenbäume wüchsen, als sie auf den Seiten noch viel höher stünden: allein hier mochte stehen, was immer wollte, so mußte es durch die gewaltigen Eislähnen augenblicklich zernichtet werden.

Das Loslösen oder Herabstürzen des Eises ist, so viel noch immer die Erfahrung gegeben hat, ein wahres Zeichen, daß sich laue und regnerische Wetter einstellen, welches auch diesmal wieder mein Vermuthen eintraf: ein Zeichen, daß die Südwinde eben so viel Macht auf das Eis haben, als immer die heissesten Sonnenstrahlen.

Ich kam in der Nacht zu einem einschichtigen Bauerhause, welches zu Ende dieses Thals war, von welchem man in das **Kirchheimer Thal** wieder sehen kann. Man sehe auf der VII. Tafel, wo es gegen Mitternacht vorgestellt ist. Obgleich vom Steigen im Schnee etwas abgemattet, lebte ich doch da so vergnügt wieder in einer kleinen Gesellschaft von alten Leuten, als immer ein Staatsmann in der Lustbarkeit einer großen Stadt. Den andern Tag kam ein Hirte, der einige **Kristallen** auf dem Berg Seebüchne gefunden hatte, welcher an den Hochhorn anstößt. Ich kaufte den größten den er hatte, welcher aber nur etwas über sechs Pfunde an Gewicht enthielt. Er war gut gebildet, aus ordentlichen sechs Flächen bestehend, aber nicht sehr rein. Der Entstehungsort war unter den Keesen, wo die mehresten los gefunden werden, welche oft einen Viertel Zentner und mehr haben. Aus aller Erfahrung, die man von denen Kristallen hat, scheint es immer mehr, daß sie durch Coagulation oder Congelation als juxtiposition entstehen; doch da die Natur mehr als auf eine Art zu Werke geht, so kann man doch auch letztere nicht läugnen. Nebst diesem Kristalle erhielte ich auch noch ein Paar andere, welche mir viel angenehmer als ersterer waren; diese letztern wurden auf den Salzburger Gränzen etwas vom erstern entfernt gefunden. Der erste war eine ganze **Gruppe** von unregelmässigen **Quarzkristallen**, welche auf einen Leberkies passen, und wovon noch ein Theil vorhanden ist; man sehe die Figur davon auf der VI. Tafel bey Fig. 6. wo bey a der Kies angezeigt ist, und bey b die fremden Körper, welche in den Kristallen enthalten sind; dieses sind lauter Haarfäden, welche aus dem Grunde des Kristalls in die Höhe gehen; die Farbe dieser Fäden ist ins goldfarbige spielend. Vom Anfang, als ich diesen Streifen in dem Kristall sahe, hielte ich sie nur für Risse oder Höhlungen; allein ich habe nach der Hand bey einem Freunde ein dergleichen Kristall und von eben dem Orte gesehen, wo die Nadeln auch zum Theil aus dem Kristall heraussteckten, und ich sie also wegbrechen konnte. Ich kann mit keiner Gewißheit sagen woraus sie bestehen, indem ich noch keine Versuche damit habe anstellen können, aber

 wenn

wenn ich nach muthmaßlichen Grundsätzen schliessen darf, so könnte ich sagen, daß sie von dem aufsitzenden Kies entstanden sind, folglich eisenartig wären. Wie aber der Kies solche Fäden hergeben kann, ist nicht wohl anders zu begreifen, als durch den Weg seiner bey sich habenden Vitriolsäure, folglich müssen die Fäden aus einem blossen Haarvitriol bestehen: indessen könnten sie auch von einem Amiant entstanden seyn, diejenige Paare, die ich heraus, nemlich aus dem Kristall stecken sahe, waren sehr zerbrechlich; ich habe ebenfalls einen Kristall aus den Schweizergruben aus Ungarn, wo aus dem Grunde solche Fäden in die Höhe gehen, aber sie sind weder so fein, noch haben sie diese Farbe. Der Kristall sitzt ebenfalls auf einem Gemische von Kies. Da wo diese Kristallen gefunden werden, findet man auch den feinsten Asbest: von welchen man mit Gewißheit sagen kann, daß es keinen feinern und biegsamern in der Natur giebt, und ist jemals einer zum Spinnen tauglich, so ist es gewiß dieser.

Der zweyte Kristall, den ich hier erhielt, war mir auch merkwürdig genug, um ihn hier genau bekannt zu machen. Der Mann, der ihn hatte, achtete ihn für den schlechtesten, und gab ihm den Namen Keeszagten. Der Kristall hatte sechs etwas ungleiche Flächen an seinem Prisma, die Pyramide war irregulair und etwas beschädiget. Die Flächen des Prisma waren von dreyerley Art. Zwo welche mit ihren ganzen Flächen auf der VI. Tafel bey a Fig. 7. vorgestellt sind, waren mit lauter Aushöhlungen in die Queer gestreift, eben so wie man die geflammten Glastafeln hat, und machten also den Kristall nur ein wenig durchsichtig. Die zwote Art der Flächen, wo eine bey b angezeigt ist, war rauh, glatt,

oder

oder matt, eben so wie die eingeschliffenen Stöpsel in den Flaschen, die Geister aufbewahren, diese Fläche, welche mit einer glatten abwechselte, erlaubte den Durchfall der Lichtstrahlen mehr als erstern. Die dritte Art der Flächen war so rein und glatt als möglich, bey c ist eine dergleichen vorgestellt. Diese Seite des Kristalls zeiget nun wie rein er ist, so, daß ich einen kleinen zerschlug, um zu wissen, ob sie nicht inwendig hohl wären; allein zu meiner Verwunderung waren sie vollkommen dicht. Was mich hierzu verleitete, war, daß allenthalben an dem Kristall Pyramidaleinbiegungen waren, welche mit ihren Spitzen in den Mittelpunkt des Kristalls hielten. Bey d sind ein Paar solche vorgestellt. Die sechs Flächen machen keine scharfe Winkel, sondern ausgeschnittene, als wenn sie abgebrochen wären. Wenn man diesen sonderbaren Kristall betrachtet, und seine Einbüge ansieht, so sollte man geneigt seyn zu glauben, seine Hartwerdung geschehe von Aussen nach den Mittelpunkt.

Den andern Tag wandte ich mich zwischen Mittag in Abend gegen den Berg **Klokner.** Auf meinen Wege fand ich einen schaalichten dunkelgrünen **Serpentin**, bey dem letzten Dorf des Thals, welches **Heiligblut** genannt wird; nach zween Stunden von diesem Orte war ich ganz am Ende dieses Thales, und wunderte mich sehr, hier noch Wohnungen anzutreffen, da doch in dem ganzen Striche von Dölach aus kein anderer Baum fortkommen kann als Lerchen, und da noch die armen Leute hier etwas Getreide erbauen können, wobey sie aber wenig Sicherheit haben, wegen des dortigen **Möhlflusses**, der hier ein blosser Wildbach ist, nicht auch das wenige Erdreich zu verlieren. Vor ungefehr 30 Jahren hat dieses Thal sehr gelitten durch einen Ausbruch des Wassers von den Kees des Klokners, wovon ich tiefer ohnweit Döllach die Ueberbleibsel der Grundmauer von den Häusern noch gesehen habe, welche dieser Fluß weggeführt hatte.

Am Ende dieses Thals ist der Ursprung des erwähnten Flußes. Hier fand ich die untern Berge aus **Serpentin und Felsschiefer**, worinnen manchmal ein grober Granit steckte, der aus weissen Quarz von glasigten Ansehen, weissen Feldspath und schwarzen gewundenen Glimmer bestand. Der Serpentin schien hier aller Orten das **Grundgebürge** auszumachen. Ich stieg hier bis unter die Eisberge des angeführten Berges, wo ein schöner und mächtiger Wasserfall hervorkam, und dann den Namen **Möhl** oder Möl bekommt. Man sehe die VII. Tafel, wo solcher unter dem Klokner vorgestellt ist. Der Berg, welcher einem gespitzten Klockenthurm gleicht, mag wohl von dieser Aehnlichkeit den Namen erhalten haben. Er ist auf der Mitternachtseite mit ewigen Eise bedeckt, welches mit * bezeichnet ist. Ich habe noch niemals einen so hohen Berg so gespitzt gesehen, als dieser ist, so wie er das Ansehen von Mitternacht oder von Kärnthen und den Salzburgischen aus hat: auf seiner äußersten Spitze siehet er so aus, als wenn ein Knopf darauf gesetzt wäre, von welchen dann drey sogenannte Bergrücken oder Rippen, wie es die dortigen Einwohner nennen, herunter laufen, die wie ein Schnizwerk vorstellen.

Auf der großen und zuverläßigen Karte von Tyrol *), welche zwey Tyroler Bauern, mit Namen Peter Annich und Georg Huber aufgenommen haben, und

*) Mappa Tirolensis, fol. maj. 20. Vindobonae 1774.

und vom Herrn Professor **Moinhart** ausgeführt sind, findet man, daß dieser Berg unter die höchsten gehört, die im Lande sind, und außer dem Berg Orteles, der gegen Graubünden liegt, ist kein höherer im Lande. Dieser Koloß macht einen mächtigen Dreyfuß aus, nemlich den Gränzstein von dreyen Ländern, denn es gehöret ein Theil zu Kärnthen, ein Theil zu Tyrol, und eben so viel dem Bißthum Salzburg; obgleich die Verfasser der Karte ihn mit dem größten Theil ins Salzburgische gesetzt haben, so haben mich doch die mehresten umliegenden Einwohner versichert, daß die Gränzen jederzeit bis zu seinem Gipfel gingen.

Noch weiß kein Mensch, daß er jemals wäre bestiegen worden, indem er vollkommen mit Eis umrungen ist. Einige haben Versuche gemacht, aber fruchtlos, jedoch, so viel mir scheint, nicht aus Unüberwindlichkeit, sondern aus übeler Anstalt. Hätte ich Zeit, so glaube ich, gut genommene Maaßregeln müßten einen wohl hinaufbringen, um ihm abmessen zu können; indem er einige Rücken hat, welche sich im Sommer vom Eis und Schnee entblössen. Den ersten Tag müßte man mit Holz versehen bis auf seine mittlere Höhe kommen, wo es Felsen giebt, um Feuer darauf machen zu können, nemlich auf dem anstossenden Berg **Gösnitz**. Den zweyten Tag müßte man aber den Versuch machen, ihn in den höchsten Sommertagen in einen Vormittag zu besteigen, daß man eben den Tag wieder zu seinem Standorte zurückkäme, wo man übernachtet hatte; aber wohl sehr lasse ich gewarnet seyn, nicht ohne Schießgewehr zu gehen, weil man auf solchen Anhöhen oft mit einem sehr mächtigen Feinde zu kämpfen hat, nemlich mit den großen Geyern, die auf einen Jagd machen, und mit ihren mächtigen Flügeln zu Boden, oder in die Abgrüfte

grüfte schlagen, wo man denn beym Fall ihnen zur Beute wird. Ob sie einen für Gemse oder für was anders ansehen, weiß ich nicht, genug ist es, daß sie die Beherrscher solcher Anhöhen allein sind, und wer immer kommt und ihr Gebiete betritt, läuft bey ihnen Gefahr, wenn er sich nicht künstlicher Waffen bedient. Unter allen Raubvögeln ist der Lämmergeyer, Vultur barbatus des Linne' *) welchen Herr Andrä **), was den Kopf anlangt, gut abgebildet hat, der gefährlichste.

Da weder die Jahreszeit, noch die gehörigen Mittel vorhanden waren, einen solchen Berg zu besteigen, so begnügte ich mich, wie gesagt, nur bis unter sein Eis zu kommen, welche Gegend die Basterzen genannt wird, da es nun noch nicht lange war, daß es geschneyet hatte, so sahe ich aller Orten um mich Schnee fallen, obgleich der Himmel klar war, und die Sonne sehr warm schien; doch als ich mich besser umsahe, so sahe ich ein Paar Bergspitzen mit einem Schneegestöber umgeben, andere, die aber weiter entfernt waren, schienen mir mit Wolken bedeckt. Ich sagte zu meinem Führer, daß dieses eine wunderliche Sache sey, daß es auf einem Gipfel der Berge schneye, und auf dem andern nicht, und demohngeachtet der Himmel klar darüber sey; allein er belehrte mich, daß dieses Schneyen nur durch den Mund von den Keesen verursacht würde. Eine wunderliche Sache! der es nicht weiß, würde sich solches gewiß nicht so bald einfallen lassen, und der im Thal ist, kann es doch nicht errathen, wenn es oft einen ganzen halben Tag vom Himmel oder von den Keesen schneyet. Herr

Bourret

*) C. Linneus symtoma natura, Tom., I. edita 13.
**) Briefe aus der Schweiz 1776. in 4to. c. fig.

Bourret in seiner Beschreibung sagt: dieses Schneyen käme aus den Klüften der Eisberge, welches ich aber nicht erfahren habe.

Abends, als die Sonne untergieng, war es helle, und als man schon im Thal keinen Stich mehr sahe, so war doch an der Spitze des Berges eine Schneewolke noch eine Zeit so beleuchtet, daß man hätte glauben sollen, es sey ein feuerspeyender Berg, der anfienge auszubrechen. Die schönsten Feuerfarben, die man sich nur erdenken kann, konnte man in dieser Schneewolke sehen; aus diesem langen Zurückwerfen der Sonnenstrahlen beym Untergang schliesse ich, daß die Höhe dieses Berges zwey tausend Lachter haben müsse.

Aller Orten schaute hier unter dem Eise Serpentin oder Felsschiefer hervor: in einer Kluft dieses Steins, an einer senkrechten Felsenwand bey dem Wasserfall, fand ich einen weißgrauen **Schneidestein**, worinnen große Kießwürfel sassen; manche hatten einen Zoll im Durchschnitte. In eben diesen Stein fand ich auch sehr reinen würflichen **Kalkspath**. Oft habe ich in dieser Gegend den **Felsschiefer mit Granit und Serpentin** abwechseln gesehen, so, daß man dem einen Stein wie dem andern gleiches Alterthum zumuthen kann, wie aber hier aller Orten der reine **Kalkspath** sitzt, scheint schwer zu erklären zu seyn, da doch die Mutter dazu hier gänzlich fehlt, und weit und breit kein Kalkstein zu sehen ist.

Bevor ich noch von diesem Gebürge abbreche, muß ich des oft erwähnten **Sackzuges** Erwähnung thun, indem ich hier auf eben der 7ten Tafel solchen deutlich vorstelle, ohne mich an die Regeln der Entfernung zu binden: er ist an dem Fusse des Berges

Vosra=

Posrakopf vorgestellt, wo das Vorgebürge des Hochhorn anfängt. Wenn im Winter alles, sowol auf den Gebürgen als in den Thälern, mit Schnee bedeckt ist, so werden die Erze zu den Hütten geführt, welche in den tiefsten Thälern liegen, mittelst des Sackzuges und Schlitten. Ersterer wird folgendermassen ins Werk gesetzt. Ein Mann, den man Sackzieher nennt, nimmt im Thale 12 bis 16 Säcke, welche einer gegen drey Schuh an Länge und einen im Durchschnitt hat, welche von starken Zwillig verfertiget sind, an einem Ende haben sie eine Handhabe, um sie mit an den folgenden anzuhängen; ein jeder solcher Sack ist mit einer rauhen Schweinshaut auf einer Seite bedeckt, worauf der Sack auf dem Schnee rutscht, oder schleift. Diese Häute müssen von solchen Schweinen seyn, denen die Borsten glatt anliegen, wie den Salzburgischen; eine solche Haut dauert drey Winter durch: ist diese Verrichtung getroffen, so gehet er damit zur Grube, wo er denn jeden Sack mit Erz anfüllt, so daß gemeiniglich in einen Sack ein Zentner schwer hineingehet, ausgenommen in dem ersten nicht, der kleiner als die übrigen ist, und welchen man den Vorhund nennt, worauf der Sackzieher selbst sitzt. Sind einmal alle die Säcke zusammengehängt, so muß man vorhero, ehe man zu fahren anfängt, sich einen Hohlweg vorrichten, welcher stets schlangenförmig gehen muß. Dieser wird mit einer Hohlkratze in dem Schnee gemacht, siehe VI. Tafel 8te Fig. Ist solches einmal geschehen, so dauert er meistens den ganzen Winter, ausgenommen wenn er wieder durch dem Winde mit Schnee verschüttet wird. Nun wird der Sackzug, oder besser die Sackkette in den Weg eingeleitet, der Führer muß aber darinn sehr geübt seyn, wenn er bey

ganzen

ganzen Gliedern bleiben will, und dann muß er auch eine gute Kenntniß vom Schnee haben, ob nothwendig sey, mehr als eine Reiskette und Haken anzulegen, um die allzugroße Geschwindigkeit zu hemmen. Was eine Kette sey, ist einem jeden bekannt, jedoch ein **Reishaken** nicht; es ist eine Art einer zweyspitzigen Heugabel, wovon aber hier die Zähne oder Spitzen stark, platt und am Ende gebogen sind, und woran ebenfalls ein kurzer glatter Stiel sich befindet, an welchem eine doppelte Kette hängt, womit man ihn um den Sack feste macht, wovon man auf der VI. Tafel Fig. 9. die Abbildung findet. Bey allen diesen Vorkehrungen steht es doch noch in der Gewalt des Führers, geschwinde oder langsam zu fahren. Ein solcher Sackzieher muß eine ganz knappe Kleidung anhaben, damit nichts von ihm wegstehet, und ein mit starken Eisen beschlagenen Stock, mit welchem er folgenden Gebrauch macht. Wenn er fahren will, so ziehet er erstens seinen Sackzug an, bis er anfängt, von sich selbst zu laufen, dann muß er mit vieler Behändigkeit auf den ersten Sprung sich auf den Vorhund setzen, so bald er sitzt, mit eben der Behändigkeit die Füsse kreuzweis über einander halten, wozwischen dann der angeführte Stock kommt, von welchem jederzeit die Spitze in den Schnee eingesetzt ist. Da alle Berge in diesen Gegenden ungemein abhängig sind, so kann man sich auch leicht einbilden, mit was für einer Geschwindigkeit ein solcher Mensch fahren muß; wäre es nicht auf dem gefrornen Wasser, so müßte er bald ein zweyter Elias werden, durch die große Reibung, die sein Fuhrwerk aushalten muß. —

Endlich fing ich meinen Rückweg nach dem Thal an, indem es bey dem angeführten Wasserfalle, worüber die Eisberge liegen, ein non plus ultra ist. Nach einer

einer halben Stunde zurückgelegten Weges, hatte ich rechts des Möhlflusses gegen Mittag abermal einen schönen Wasserfall, der aus einer engen Schluft kam, welches kleine Thal den Namen **Gösnitz** führet, sammt einem Berge, der daran stößt, wo vor Zeiten auch auf Kupfer und Gold gebauet wurde. Der Serpentin und Hornfels hielt immer an, bis eine halbe Stunde vor Dölach. Ehe dieser noch aufhörte, kam ich zu einem der schönsten **Wasserfälle**, den ich auf meinen ganzen Wege angetroffen, man heißt ihn den **Jungfernsprung**, er hat wenigstens 80 Lachter an Höhe, und in dieser Strecke fällt er nur dreymal, ein Paar Lachter lang auf; er macht an einigen Orten solche Bogen oder Sätze, daß wenn er noch so klein ist, niemals die Felsen berühret werden, und man trocken dahinter weggehen kann. Da nun hier die Felsenwände gerade stehen, so siehet man auch sehr deutlich, wie **Serpentin hier unter dem Granit und Felsschiefer** wegstreicht, und noch stets ersterer mit Asbest gemischt ist. Eine halbe Stunde von diesem Wasserfall habe ich einen frischen Anbruch gefunden, von einem Steine, welchen ich für Granit ansahe. Er brach in schönen Platten, welche ein und zween Zoll dicke hatten: man bearbeitete just damals einige, für eine Kirche zu pflastern; er war an Farbe weißgrau, so daß, wenn er ganz frisch gebrochen war, er etwas ins bläuliche fiel. Als ich ihn genauer betrachtete, so fand ich, daß sein Gemische aus einem weissen Stein, den ich für Quarz hielt, und aus graublauen Glimmer bestand; bey dieser Entwickelung hielte ich ihn für einen Gestellstein, indem nirgends ein Feldspath eingemischt war; allein so bald ich mit dem Stahle und sauren Geistern Versuche machte, und ihn auch ins Feuer brachte, so wurde ich bald gewahr,

daß

daß der ganze Stein nichts als ein Gemische von unreinen **Kalk** und **Glimmer** war. Vielleicht ist dieser Stein das Saxum coerulescens des **Linne'**, indem er sagt: daß er leicht an der Luft verwittere. Von diesem Steinbruch setzte ich wieder über den Möhlfluß, um abermal nach Dölach zu kommen, wo es mir den ersten Tag nicht zum besten gieng, aber doch bald für mich sehr heilsam ausfiel, indem ich nicht am gesundesten meine Reise antrat, und durch das kalte Getränke des Eiswassers mir eine Crisin verursachte, die mich ziemlich vollkommen wieder herstellte; und also für mich diesmal eine wahre Wohlfarth wurde. Ich nahm vom letzten Orte aus meinen Rückweg durch einen kleinen Theil von **Tyrol** über **Jselberg**. Auf dieser Strecke fand ich bald aus **Granit**, bald aus **Quarzschiefer** die Berge bestehend, auch verschiedene Murksteinarten Saxum alpinum Linnéi, einige bestunden aus bloßen Granaten und Glimmer, andere aus eben diesem und weißen körnigem Quarze, welcher letztere immer große Granaten eingemischt hatte; dieser Stein brach manchmal in schönen Platten. **Serpentin** fand ich noch aller Orten in dem Gebürge eingemischt, das **Rußische Glas** war auch häufig anzutreffen, aber nicht in grossen Stücken.

Als ich gegen das Pusterthal von Tyrol kam, so fand ich in jenem Gebürge welches gegen die **Vindische Matrey** hielt, jenen Stein, den man **Baierischen Granit** nennt; allein den Namen verdient er nicht, wenigstens jener, welcher mir zu Gesicht kam, bestand aus folgenden Stücken: Das Hauptwesen war Granat, grüner Serpentin, grauweißer Glimmer, wenig Quarz, und noch weniger Kies. Wie man nun aus diesen sieht, so gehört er eher zu des

Walkerius Saxum molare granaticum. Die Farbe davon ist grünroth, und der Stein hat keine eigentliche Figur. Dieser Stein war mein schönster, den ich auf meiner ganzen Reise fand; und wüßten die dortigen Einwohner mit dem Schleifen umzugehen, so würde manche Familie ihr Brod dabey finden; weil man Dosen, und was man immer daraus machen könnte, gewiß eben und noch bessern Werth, als die Achaten aus dem Zweybrückischen, finden würden. Nachdem ich näher zu dem angeführten Pusterthal kam, traf ich abermahl die Kette von Kalkbergen an, welche, ob sie gleich groß, und eine Folge von jener ist, die aus Bulgarien kommt, so habe ich doch keine so hohen Berge gewahr werden können, als der oben erwehnte Klokner ist. Aus was für einem Gestein der Orteles besteht, weiß ich nicht: vielleicht werden wir es einmal erfahren, wenn der Geschmack der natürlichen Geschichte der Erde mehr aus seinem engen Bezirk bey den Bergbedienten sich ausbreiten wird, als dermahlen geschieht; und wer hat mehr Gelegenheit, und kann es leichter thun, als solche? aber keine ungereimte Geheimnisse und Verachtung muß entgegen stehen, wenn nicht ein jeder so wie der andere denkt und beobachtet, wie leider oft in manchen Ländern der Gebrauch ist.

Da nun hier der Kalk von dem Granitgebürge, wie durch den Trapfluß die Grenze erhält, so ist es schwer zu bestimmen, welches von diesem Gebürge unter das andere wegstreicht, oder ob sie beyde in ewige Tiefe halten; aber wenn alle diese Untersuchungen, wie es vielleicht seyn kann, auf ewig verborgen blieben, so gienge meine erste Vermuthung auf folgende Schlüsse hinaus: Erstens, daß das höhere Ge-

aus

bürge das älteste seyn könnte; zweytens, da solches aus viel festern Bestande gebildet ist, so könnte es auch ein höheres Alterthum besitzen, u. s. w. allein wenn man die Reine der einen Gebürgart gegen die andere betrachtet, so muß man wohl verleitet werden, den Gegensatz anzunehmen. Der Kalkstein auf höhern Anhöhen ist gleichförmig; der Felsschiefer und Granit ist hingegen sehr gemischt: der Kalkstein ist von einem viel weichern Bestande, und nimmt von Tag zu Tag ansehnlich ab; wie ist es also möglich, daß die ersten Kalkgebürge, nehmlich jene, welche von gleichem Bestande, und ohne alle Versteinerungen sind, noch 9 bis 10 tausend und mehrere Schuhe an Höhe haben könne? wie hoch müssen sie bey der ersten Entstehung nicht gewesen seyn? alle Granitberge die in ihrer Nähe lagen, müssen nur hüglichte Ebenen gewesen seyn, die dann erst durch das Einreissen der Wässer erhöht worden, indem sich ihre Gipfel nicht so geschwind haben abwittern können, wie es der Kalkstein thut, und da ohnehin die glasartigen Steine nicht die viele Feuertheile in sich haben, wie der Kalk, so sind sie auch jederzeit mehr mit Eis bedeckt, welche sie vor der Verwitterung bewahren, und wenn man den Strich von Felsschiefer und Granit durchwandert, wie ich gethan habe, so muß wohl ein jeder einsehen, daß dieses ganze Gebürge von einer weichern Entstehung nach und nach erschaffen worden, indem alles so flötzmäßig aussieht, und außerdem, daß der Stein gemischt ist, so machen auch wieder besondere Gemische ganze Lagen und Schichten aus, die mit einander abwechseln. Allein ich stehe hier von Muthmassungen ab, wodurch man in der Welt keinen so wesentlichen Nutzen schaffen kann, nur den Bergbau zum Theil ausgenommen *), denn in das Innere kann man doch nicht sehen; besser ist es also, dasjenige getreu aufzuzeichnen, was uns die Natur erlaubt, als von dem Unergründlichen zu urtheilen.

Bey einer kleinen Stadt, mit Namen **Lienz**, (Büsching von Tyrol in dem oben angeführten Bande,) wo das Iselthal und Fluß mit dem Buster- oder Pusterthal und Draufluß vereiniget, fand ich die zu Anfang erwähnte Meßingfabrike. Ich bekam sie ganz in Gegenwart des Herrn Director zu sehen, der sonst ein Geheimnißvoller Mann seyn soll. Ich habe nichts merkwürdiges gefunden, um besonders angemerkt zu werden. Sie ist gut eingerichtet, und so viel mir geschienen hat, giebt sich der Director viel Mühe damit; mir schien er sehr unzufrieden, daß er den Galmey an einem Orte kaufen muß, wo er ihn höher zu stehen kommt, als er ihn anderwärts haben kann; seine Ursachen waren gegründet, wenn sie so sind, wie er sie angab.

Von diesem Orte an folgte ich dem **Draufluß** zur linken gegen Morgen bis **Draaburg** auch sonst **Oberdraaburg** genannt, wo ich immer über den Fluß die **Kalkkette** hatte, hingegen auf meiner Seite **Felsschiefer**: allein ehe ich noch in den Ort kam, fieng

*) Ein Freund von mir und der Naturgeschichte hatte einen Bau in einem Schiefer; höher herauf sahe der einförmige Kalk hervor; da ich für sein Streichen in die ewige Teufe geneigt war, und ich höchstens 50 Lachter Abstand vom ongegebenen Schlag vermuthete, so ließ der Innhaber, der Wahrheit zu Liebe, den Schlag betreiben; und man hatte kaum das Viertel ausgeschlagen, so war man wieder im reinen Kalkstein. — Um aber gewiß zu seyn, ob es kein Keil sey, so wurde der Schlag noch eine Zeit fortgetrieben.

fieng auf einmal der graue Kalkstein an, ohne alle Versteinerung. Hier nahm er eine Höhe von beyläufig hundert Klafter ein, wobey sich denn gleich wieder der Quarzschiefer einstellte; nach einer Zeit hörte er wieder auf, so daß dieser **Kalkberg** wie angelehnt schien, oder als wenn er aus dem Grunde des Schiefergebürges käme. Allein als ich hier über den Fluß setzte, und die Anhöhe des **Geilbergs** erstiegen hatte, konnte ich deutlich sehen, daß dieser Berg einstmals zu jenen gehört habe den ich bestieg, und ihm nur der Fluß in der Folge der Zeit getrennt habe.

Der Berg, den ich ganz übergieng, um in das **Geilthal** zu kommen, bestand aus Kalk und einen solchen Schiefer der von Farbe braunschwarz war; wo hingegen der abhängige Theil desselben gegen Mittag, den **Metallstein**, Saxum metalliferum des **Linne'** enthielt. In dieser Gegend sind auch einige Eisengruben, aber von schlechtem Werthe, so daß heut zu Tage nur eine noch gebauet wird, dagegen die übrigen schon eingegangen sind, mit einer Schmelzhütte, die zum Theil noch da steht. Das wenige Erz wird nach einem Markflecken, **Mauten** genannt, geführt, zu welchem Orte ich auf der andern Seite des Thals kam, und das alldortige **Eisenwerk** besahe; alles war hier neu errichtet, und in einer ziemlichen guten Verfassung, wenn nur auch Erz genug da wäre. Ich wandte mich von hier gegen Morgen, und nachdem ich eine kleine Stunde zurückgelegt hatte, kam ich zu einen Berg, der den Namen **Sitmus** führt, worauf die **Eisengruben** des hiesigen Gewerks sich befinden. Neben diesem Berge hat ein Venetianischer Holzwurm sich eingenistet, der durch Hülfe der Rissen, woran Schlitten mit Treträdern angebracht sind, das schönste Bauholz über die Berge in seinen Staat bringet. Der Schaden ist dermalen schon beträchtlich, den er angerichtet hat, und wird noch immer täglich für die Gegend grösser werden, wenn man nicht bald Einhalt macht. Die Waldung wird hier von den steilsten Bergen kahl abgehauen; sind sie einmal so ganz entblößt, so ist auch bald die wenige Erde, die sich darauf befindet, durch das Wasser entführt, wo dann auf ewige Zeiten dergleichen Plätze kahl bleiben.

Der angeführte **Sitmusberg**, den ich zu besteigen hatte, war ganz **kalkartig**, und es währete zwey ganze Stunden, um zu der Grube zu kommen, welche sich an der Spitze befand, wie alle Erzgruben in ganz Kärnthen. Die Grube gefiel mir von allen, die ich noch in Kärnthen gesehen hatte, am besten; sie ist gut gebauet, ob zwar nicht jederzeit nach aller Ordnung, jedoch so, daß sie zeigte, daß die Vorsteher der Sache wohl kundig waren. Die Erze brechen hier in einem Gange, welcher sein Streichen von Morgen in Abend hatte, aber sein Verflächen stehend, selten mit einigen Graden fallend. Das Hangende und Liegende war Kalkstein und meistens Marmor, wovon ganze Wände so schön waren, als immer der weisseste von Carrara; einige waren aber gestreift wie Bänderachat, von Farbe grau, bläulich, weiß und manchmal etwas gelb. Wohl schade ist es, daß man keinen Gebrauch davon macht: mir gefiel die Steinart so wohl, daß ich einen halben Zentner mit schleppte. Das Erz, was dahin bricht, ist ungemein haltig, und hat von 60 bis 70 Pfunden im Zentner, aber seine Mächtigkeit im Anbruch ist selten über einige Zoll, wo es aber mächtiger wird, da ist es auch nicht so hältig. Alles Erz ist hier ein ungestalter derber **Glaskopf**, Haematites amorphus.

Ein

Ein Vergnügen ist es, zu sehen, wie die ausgehauenen und vorher schon beständig offne Klüfte, aller Orten in der Gruben senkrecht da stehen, von welchen manche Wände so glatt sind, als wenn sie polirt wären. So trocken, als immer eine Grube der Welt ist auch diese, denn Wasser mochte vom Tage so viel zufallen als immer wollte, so verschwand es doch augenblicklich.

Hier fand ich einen großen Unterschied von dem **Preis der Stuffen** gegen andere Eisengruben des Landes, indem man sie hier umsonst hatte, und die Stufenhändler, welche auch manchmal im schwarzen Rocke stecken, noch nicht bis hieher gedrungen hatten. Gewiß eine große Verderbniß für die Ausbreitung der Naturhistorie, wenn sowohl Gelehrte wie Ungelehrte einen ordentlichen Kram daraus machen, und wenn die Leute so gar den Altar verlassen, und sich auf eine nicht jederzeit löbliche Art, mit Handel und Wandel der Stufen zu bereichern suchen.

Drey Stunden von diesem Berge in dem Geilthal, befinden sich einige kleine **Gruben**, welche vom Thal an bis zur Spitze des hohen Berges **Janken auf Galmey** bearbeitet werden: ich habe sie nicht befahren, weil sie von weniger Wichtigkeit waren; nur so viel scheint mir, wie sich es im Lande zeigt, daß der Galmey und das Eisen sich lieber im Kalkstein erzeugt, als in dem Glasartigen. Ich nahm also meinen Weg wieder in das **Trapthal**; ich hatte in demselben zu Anfang noch Schiefer und Granit gegen Mitternacht, oder doch auf der linken Seite des Flusses, wo hingegen rechts, nichts als Kalk war, indessen je tiefer ich kam, desto mehr kam auch auf der Seite der **Kalk** hervor, so daß man geneigt seyn

 kann,

kann, solchen als die **Unterlage des Felsgebürges** anzusehen.

Ein paar Meilen von **Draaburg** bey dem Dorf **Delach** baut ein Gewerk eine **Bleygrube** mit Vortheil, welche die Bergwerkskammer verlassen hatte. Diese Grube befindet sich auf dem Berge **Kolm**, an welchem das **Glatschacherthal** anstößt, worinn **loses Quecksilber** in Quarz bricht, wovon aber der Bau ebenfalls eingestellt ist. Nach einigen Stunden kam ich zu dem vor Zeiten so berühmten **Steinfels**, welcher so viele berühmte **Goldbergwerke** hatte; allein heut zu Tage sieht man nichts mehr, als die verlassene Häuser, wo vor Zeiten Bergwerksdirectoria und reiche Gewerke gewohnt haben. In der ganzen Gegend wurde gebauet; der Berg **Siflitz** soll noch dermalen etwas Gold an Ausbeute geben, aber alle übrigen sind verschwunden; ob man gleich von Seiten der Kammer izt bey **Greifenberg** die Gruben in der **Drosnitz** in dem **Geilthal**, die Gruben der **Rederzech**, und selbst bey **Großbirchheim**, die Gruben der dortigen **Siflitz** wieder empor heben will; so fürchte ich doch sehr, daß dies wenige Gold dessen Werth heut zu Tage durch das so häufig aus Amerika kommende, so sehr herunter gesetzt worden, die dabey vorkommende Unkosten nicht ertragen wird, indem man izt noch einmal so viel Geld gebraucht, die Arbeiter leben zu machen, als vor 150 Jahren.

Nach einer kurzen Strecke kam ich durch ein anderes Thal wieder nach dem oben angeführten Ort **Möhlbrücken**, wo ich dann meine Reise im **Felsschiefer und Kalk** endigte; mehr als Leid war es mir, nicht länger Zeit zu haben, um einen größern Theil vom Lande zu durchgehen, weil kein Land in der Monarchie mehr verdient mineralogisch durchsucht zu

werden,

werden, als as Noricum der Römer oder das heutige Kärnth , und dennoch ist nicht bald von einem heut zu Tage weniger gesagt worden, als von diesem, wo doch beym Bergbau schon so viele Familien reich geworden sind, aber durchs Adelich werden wieder arm. Wenn man die Schriften eines **Plinius** und andere alte Schriftsteller, ja selbst den **Homer** durchsucht, so muß man überzeugt werden, daß dieses Land den ältesten Bergbau der ganzen alten Welt treibt.

X.

Unterbrochene Bemühungen bey den Intestinalwürmern

von

D. F. Müller.

Mit wahrem Vergnügen las ich im vierten Band der Beschäftigungen den schönen Beytrag des Herrn Doct. Blochs zur Geschichte der Intestinalwürmer, und ich fand mich nicht wenig belohnt, solche würdige Männer aufstehen zu sehen, die mit mir die Würde des Schöpfers, auch im Verborgenen, aufsuchen, den verjahrten Vorurtheilen entsagen und widersprechen. In tausend und abermal tausend Jahren, sann man auf Mittel gegen die Würmer, die in unsern eigenen Leibern wüten, ohne sich die gehörige Mühe zu geben, sie hinlänglich zu kennen: man schloß bis auf den heutigen Tag von der entfernten Aehnlichkeit derselben mit den Wasserwürmern, daß sie mit dem Wasser in das Inwendige des Menschen gekommen, oder noch ungegründeter, daß sie aus den überflüßigen Milchspeisen und den verdorbenen Säften in unsern Kindern erzeuget würden. Dank sey dem Lichte der Naturgeschichte, daß wir ohne

Eckel

Eckel diese uns so nahen Thiere untersuchen, davon reden und schreiben, und solchergestalt ein jedes Geschöpf Gottes ohne Scheu in seinem Werth darstellen und nach seinem Zweck beleuchten können. Um hiezu das meinige beyzutragen, will ich einige meiner niedergeschriebenen Bemerkungen anführen, wenn ich erst mit Erlaubniß des Herrn D. **Blochs** ein paar Stellen in seinem Beytrag etwas näher berichtiget habe.

Auch im Anfange des Darmkanals habe ich bisweilen in dem **Hecht** das **Doppel-Loch** angetroffen; auf der 78sten Platte des zweyten Hefts der Zoologia danica habe ich eine neue Abbildung desselben gegeben; sie weicht von der vierten Figur der 14ten Tafel der **Beschäftigungen** nur darinn ab, daß der Darmkanal sich nicht an der ersten der dreyen Blasen (schwerlich sind sie Oefnungen) endiget, sondern zu beyden Seiten unter den Eyern fortgehet, und sich am Hinterende in den After verlieret; die Bestimmung dieser drey Blasen (ähnliche finden sich bey mehrere **Doppel-Löcher** und bey dem Männchen des **Kratzers**) werden künftige Beobachtungen erläutern. Die schöne Erscheinung des Umlaufs der Säfte habe ich annoch bey keinem **Doppel-Loch** wahrgenommen. Die **Doppel-Löcher** des **Hechts** liegen gemeiniglich unter den Falten des Magens versteckt, und werden von denselben geschützet. Der **Bandwurm mit dreyspitzigen Hacken** auf der 15ten Tafel ist die Taenia Lucii — quatuor aculeorum paribus. Zool. dan. prodr. 2655. Der **Kratzer** im Hecht kann nicht, wie ich im 12ten Stück des **Naturforschers** gezeigt zu haben glaube, die Fasciola barbata **Linne'**, oder die Taenia horruca des Herrn **Pallas** seyn. Den **Nadelwurm** habe ich auch im Hecht gefunden. Und in meiner an Herrn Pastor

Göze

Göze vor zwey Jahre gesandten **Abhandlung vom Bandwurme** unter dem Namen Ascaris setartricta nigrescens angegeben; er grenzet freylich so nahe an den Gordius (Ascaris) marinus, daß er einerley Geschlechte mit diesem ist, nicht aber eben dieselbe Art, vielmehr mag er derjenige seyn, den **Linne'** unter den Namen Gordius lacustris hat andeuten wollen. Nun zu den Bemerkungen.

Den 28ten Octob. 1777. durchsuchte ich einen großen **Hecht**, ohne einen der sonst gewöhnlichen Würmer zu finden. Dieses, welches mir oft vorgekommen, einmal anzumerken, halte ich deswegen nicht überflüßig, um zu zeigen, daß bey den Thieren so wenig als bey den Menschen, alle individua Würmer haben.

Den 30sten durchsuchte ich zwey **Brachsen**, ohne etwas weiteres, als in den Darm des einen ein Stück eines Bandwurms von fünf Gelenke zu finden.

Auch zerschnitt ich vier kleine **Aale**; in zweyen fand ich nichts, im dritten einen **Bandwurm**, und einen einzigen fast unsichtbaren Cucullanum, beyde gegen das Ende des Mastdarms nicht weit vom After, in dem vierten aber zehn bis zwölf weiße Kratzer *).

Man ist der Meinung, daß die **Aale** keinen **Roggen** haben **), sondern lebendige Junge gebähren, uud **Leeuwenhoek** will, daß der in den Eingeweiden des Aals bisweilen gefundene Roggen verschluckter anderer Fische sey. Wie gut wäre es, wenn man keinen Ausspruch, ohne selbst gesehen zu haben, thäte! in allen vieren hiengen zu beyden Seiten der

Luft-

*) Zool. dan. icon. t. 37. f. 7 - 10.
**) Martinii Naturg. 1 B. S. 11.

Luftblase, der Nieren und der Saamengefässe horizontale laciniae, von der Länge eines Zolls dicht an einander voll Roggen oder Eyer verschiedener Grösse. Fremde verschluckte Eyer können doch nicht aus dem Magen durch die Gedärme dringen, und sich so ordentlich in den mit Häuten umgebenen Eyerstöcken anhängen. Durch die Bewegung des Aals waren einige herausgekommen; sie waren eyförmig, und an beyden Enden ein wenig zugespitzt.

Den 3ten November zwey Barsen des süssen Wassers untersucht: in einem der Blinddärme fand ich einen Cuculanum *) lacustrim; es war ein Weibchen, die an der Mitte des Leibes die deutlich hervorstehende Vulva zeigete, und durch den ganzen Körper mit lebendigen Jungen ausgefüllet war, so wie Herr Göze, dieser warme Freund der Werke Gottes, es bereits im 3ten Bande der Beschäftigungen S. 494 und 95. angezeiget hat. Durch die Pressung kamen zugleich einige tellerförmige Körper, die inwendig voll von Punkten waren, hervor; vielleicht Eyer, aus denen die Jungen noch nicht gekrochen waren. In dem einen Bars waren, zwey weisse Kratzer, ein kurzer und ein langer. Der kurze hatte nichts von den gewöhnlichen Eingeweiden der Männchen, auch weder Eyer noch Junge (oder die eyförmige und spreuähnliche Körperchen) es mußte also ein unbefruchtetes junges Weibchen gewesen seyn. Der lange war mit Jungen, die länger waren als die bisher gesehenen, erfüllet, und hatte nur fünf oder sechs Eyer in sich. Dies bestärket meine Meinung, daß die spreuähnliche Körperchen würkliche Junge sind, die

*) Zool. dan. prodr. 2598. Echinorynchus hat aber den Charakter gieses Geschlechts nicht.

die in diesem langen fast alle aus den Eyerstöcken entlassen waren. Der lange **Kratzer** lebte noch, nachdem er im Wasser zwölf Stunden gelegen, und zog seinen Rüssel aus und ein. Dieser ist ein Cylinder von gleicher Dicke mit zehn Reihen der Länge nach, und neun Häckgen in jeder. In dem zweyten **Bars** war nichts als gegen das Ende des Darms in dem gelblichen Schleim einige weisse Punkte. Diese waren unter der Vergrösserung lebendig, hatten eine längliche Flaschen ähnliche Gestalt, waren von weißgrauen schleimichten Wesen, und konten das Vorderende in die Breite ausdehnen und zusammenziehen. Ich konnte sie für nichts anders als **junge Bandwürmer** ansehen, da sie nur eine Oefnung hatten; sie bestanden aber nur aus Kopf und dem ersten Gelenke ohne Abtheilung, und starben im Wasser nach einigen Minuten.

In dem Eingeweide einer **Goldbutte** (Pleur. Platessa) war nichts zu finden.

Den 6ten November; in dem Darmschleim einer **Zunge** (Pleur. Linguatula) eine Menge kleiner dem bloßen Auge unsichtbarer Würmchen; sie lagen da als weiße Strichlein. Eine andere hatte keine Spuhr von Würmern, hatte aber einen Spatagum pusillam *) verschluckt.

Den 7ten zerschnitt ich die Eingeweide eines **Kapaunen**, und fand keine Spuhr von Würmern; dahingegen fand ich außen an den Eingeweiden einer **Ente** einen kleinen gerundeten und gefleckten Körper; ich brachte ihn unter das Microscop, und nun zeigete es sich, daß er eine schöne durchsichtige Egel

*) Zool. dan. prodr. 2851.

Egel war. Ich ließ sie für den zweyten Heft der Zool. danica zeichnen, und auf der 54sten Platte stechen.

Den 9ten Novbr. wurde in den Eingeweiden der **Nagelroche** (Raia clavata) nichts von Würmern gefunden, sehr merkwürdig aber sind ihre vier Magen, die mit einander durch einen kurzen Darm verbunden sind, und die verschiedene Einrichtung derselben. Der zweyte bestehet aus vielen durch Häute abgetheilte Behältnisse. Auch durchsuchte ich zwey **Barse**, zwey Aale und zwey **Zungen**, ohne in denselben etwas von Gewürme zu finden.

In einer von zwey **Goldbutten** fand ich einen **weißen Kratzer**; er hatte an seinem Rüssel sechszehn Reihen kleiner **Hacken**, und an jeglichen über funfzehn Hailen, also wenigstens zwey hundert und vierzig; sie waren freylich sehr klein; der **Rüssel** war ein schmaler, überall gleich dicker Cylinder. Die zweyte hatte eine große Aphrodita aculeata im Magen; diese war bereits so verzehrt, daß nichts als die blosse nackte Haut und einige goldgelben Stacheln übrig waren. In dem Darmschleim der Butten waren sehr kleine **unbekannte** Würmer, dem bloßen Auge unsichtbar, vorhanden. Unter der Lupe hatten sie das Ansehn eines weißen undurchsichtigen Strichleins von ein bis anderthalb Linien; einige waren platt, und schienen aus zwey bis drey Beugungen zu bestehen, andere waren gerundet, forne und hinten fast von gleicher Breite, andere ausgestreckt, ohne alle Beugung oder Gelenken. Unter das Microscop schien der Körper aus kleinen Punkten zusammengesetzt, schleimicht wie die Bandwürmer. Am Vorderende stießen einige einen durchsichtigen Theil hervor; er war von gleicher Breite mit dem Kopf, vorne stumpf und neben dem Rand

mit

mit einer Zirkel-Linie gezeichnet, zu jeder Seite aber hatte er einen dunkeln Flecken. Am merkwürdigsten waren zwey unten am Kopf, wo der dunkele Körper anfängt, der Queere nach gestellte **feuerrothe Punkte.** Selten kam der Kopf so weit hervor, daß man diese Punkte sehen konnte. Im Wasser gethan, machten diese Würmlein wenige Bewegung und starben bald.

Den 12ten November durchsuchte ich die Eingeweide von fünf **Aalen**, und fand nur in dem einen vier **Bandwürmer.** Mit dem unbewapneten Auge waren sie gar nicht zu sehen, durch die Lupe erschienen sie feiner als ein seidener Faden, unter dem Microscop aber zeigete es sich, daß dieses fadenähnliche Bandwürmer waren. Der Kopf war vorne abgehauen und eingeschnitten, und wie der Bandwurm im **Bars** **) mit vier Kugeln bezeichnet, oft länger als acht der nächsten Gelenke. An den Gelenken waren keine Eindrücke (oscula) weder an den Flächen noch an den Kanten zu bemerken, auch keine Linien, der Länge oder der Queere nach, wie beym Bandwurm der Barsen zu entdecken. Die vordern Gelenke waren ein wenig viereckigt, und doppelt so breit als lang, die hintern aber waren achtmal so breit; in allen waren ihrer wohl bey 600, davon 200 der erstern kaum den Raum von funfzehn Linien in die Länge einnahmen, die übrigen das Ansehen von Ringen hatten.

Den 2ten December fand ich in dem Darmschleim eines kleinen Dorsches sechs junge Ascarides und acht Cuculanos; beyde Gattungen waren in dem Schleim fast nicht mit bloßem Auge zu sehen; unter die letzten hatte einer das membrum genitale maris ausge-

*) Zool. dan. icon. t. 58.

**) Zool. dan. icon. t. 441. f. 1 - 4.

ausgestreckt; es schien einfach, und steckte also vermuthlich das eigentliche Spiculum noch in der Scheide; ein anderer trug die sechs lange Eyerfäden am Schwanz, davon einige ganz ausgeleert, andere ganz erfüllet waren, und einer nur 5 bis 7 von einander getrennete Eyer, und zwar zunächst am Körper zeigete. Die Vulva war bey diesem weiter vom Schwanz entfernt als bey dem cirrato Zool. dan. t. 38. auch waren im Körper keine Eyer zu sehen, übrigens war alles einerley. Wahrscheinlich ist das Weibchen der Cucullani mutici eben dieselbe als der Cucullanus cirratus, und bekömmt nach ihrer Behauptung die langen Eyerstöcke dadurch, daß sich der Schwanz, entweder aus freyen Stücken zertheilet und in solche auswächst, oder durch einen Zufall von außen dergestalt zerstückt wird, daß die Eyerstöcke heraushangen, welches ich an einigen beym Aufschneiden der Gedärme beschädigten würklich wahrgenommen habe. Dieses wird dadurch bestätiget, daß der Körper des C. cirrati oder des beschädigten Weibchens viel kürzer ist, als der Körper des unbeschädigten Weibchens des C. mutici.

Nahe beym After lagen vier **weiße Kratzer**, und am After selbst ein loser Klumpen derselben, welcher der Abführung nahe war. Man kann also nicht zweifeln, daß sie häufig mit dem Unrath abgeführet werden. Unter vielen ausgestreckten, glatten und ganz weißen, waren zwey mit **goldgelben Flecken** gegen den Schwanz gezeichnete, und drey überall **rothgelb**, gerunzelt und gebogen.

Den 22sten durchsuchte ich drey **Barse**: in dem einen fand ich nichts, im zweyten einen **weissen Kratzer** und im dritten einige kleine **Bandwürmer**. Im Magen zweyer **Jungen** fand ich Brocken von **Mießmuscheln** und von kleinen jungen Seesternen (Ast. ophiura) und in dem einen die kleine unbekannte Würmer vom 9ten November. Dieses veranlassete folgende nähere Bemerkung: Der Kopf ist weiß, durchsichtig und mit vier beweglichen in der Mitte ausgehöhlten Ohrläpplein versehen; diese umgeben den Schlund, welcher am äußersten Ende eine biegsame Oefnung oder Mund hat. Der Hals ist kurz, gleichfalls durchsichtig, und hat an beyden Seiten einen hautigen etwas mondförmigen Ansatz, dessen Rand bey dem lebhaften Würmchen oft roth wird. Die zwey feuerrothe Punkte am Halse hinter den Kopf erscheinen oft länglich. Das Thierlein kann diese ganze Veranstaltung in seinen dunkeln Körper einziehen, hervorstoßen und verschiedentlich bilden. Der Körper ist von gekrümten und schleimigten Wesen, gerundet, lang gestreckt, hinten zugespitzt, und kann sich, wie viele der Platwürmer (Planaria) hie und da dick und schmal machen. Bey einigen war mitten am Leibe an beiden Seiten ein Einschnitt, als wäre eine Theilung vorhanden. Es lebte und bewegte sich wenigstens eine halbe Stunde im Wasser auf dem Schieber unter das Microscop. Man muß es in den Schleim der Gedärme mit der Lupe suchen.

Den 7ten Januar 1778. habe ich einen großen Kabliau untersucht, ohne etwas lebendiges zu finden. Im Magen lagen Gräten eines unkenntlichen Fisches und ein zusammengerollter Klumpen vom Meergras (Zortera) und vom Fuco purrellato. Vom letztern fand sich auch etwas im Darme gegen den After hingeführt, in allen Stücken, wie man es im Meer antrift, und ohne alle Würkung der Verdauungskraft. Man würde also von der Gegenwart dieser Gewächse unrecht schliessen, daß der Kabliau auch ein

ein Grasfressendes Thier sey; es erfolgt vielmehr, daß es Pflanzenarten verschlucken, nicht aber verdauen könne.

Auch habe ich die weitschweifige Gedärme einer **Ente** vergebens durchgesucht, und noch zwey **Hechte**; in dem einen fand ich nichts, in dem andern drey **Kratzer** männlichen Geschlechts *).

Den 9ten Januar erhielt ich einen **Meerfrosch** (Lophius piscatorius) von Herrn Kunstverwalter **Spengler**. Er unterschied sich von der Figur der 35sten Tafel der icon. rer. natural. Herrn Ascanii durch große rothe Flecken am Schwanz, und war ein Männchen, wenigstens war keine Spuhr von Roggen vorhanden. Aus seinen Rachen krochen sechs ungewöhnlich große Ascarides marinae hervor, auch waren einige derselben in den Schleim seiner Gedärme zugleich mit den Würmchen vom 9ten Novemb. und einen **weißen** in einen Knaul gewundenen **Kratzer**, der sich aber, im Wasser gethan, wie gewöhnlich, in die Länge ausstreckte. In seinem Magen war ein fast verzehrter unkenntlicher Fisch. Das schmale Ende der großen **Ascariden** hatte drey, dem bloßen Auge unsichtbare Knoten. Ein gleich unsichtbares helles **Kügelchen** saß neben die Spitze außen am dickern Ende; dieses habe ich bey den andern Ascariden nie gefunden, es schien gleichwohl dieser Art wesentlich zu seyn, denn ich sahe es bey allen; und zwischen dem Kügelchen und dem Ende war ein fast unmerklicher **Einschnitt**. Der **Körper** war steif, hellbraun, hornartig, glatt ohne aller Spuhr von Ringen, und bewegte sich wie die andern seines Geschlechts in Spiral-Linien. Im Vorderende war

 die

*) Naturh. 12tes St. t. 5. f. 4. 5.

die **Speiseröhre** Anfangs sichtbar, verlohr sich aber bald unter andere Gefäße; in der Mitte des Körpers schien ein **weißes** dickes langes **Gefäß** durch, das sich an dem gegen den Schwanz gekehrten Ende in drey kurze parallel-laufende Striche theilete. Was aber diesem Wurme das schönste Ansehen giebt, ist ein vielfach durch den ganzen Leib geschlängelter **weißer Faden**: in der Entfernung eines Drittels vom Vorderende gehet er in vielen einander anliegenden Zickzack bis an das dicke Gefäß (längs diesem werden die Báugungen mehr gestreckt) und endlich vertheilet es sich durch viele Spiralbeugungen gegen den After. Bey einigen theilete sich das dicke Gefäß an einen Ort der Länge nach in einer Perlenschnur. Diese Würmer lebten noch nach vier Tagen im kalten Wasser, und noch darzu im süssen. Auch ausser demselben erhalten sie sich viele Minuten beym Leben, und strecken sich in Schlangenwindungen bis zum Vertrocknen. Dieses haben sie mit der eigentlichen Ascaris marina gemein, und machen also mit derselben den Uebergang von den **Eingeweidewürmern** zu den **Wasserwürmern.**

Den 13ten fand ich bey sechs **Heringen** im Magen und in den Gedärmen keine Würmer, wohl aber im Magen und im Blinddarm ganze Klumpen kleiner **Cyklopen**. Auswendig an den Eingeweiden lagen in sich gewundene und durch feine Häute durchscheinende Ascarides marinae. Diese Wurmart findet sich oft und häufig in solcher Lage bey den Fischen, auch selbst im Fleische derselben. Ob sie sich daselbst einbohren, oder vom Eye an ausgewickelt werden, verdienet eine genaue Untersuchung; im letztern Fall werden sie nicht wie einige Insekten in Thiere und

Pflan-

Pflanzen hineingelegt, sondern müssen erst mit dem Blut circuliren, bis sie irgendwo sitzen bleiben.

In einem großen **Dorsch** war nichts im Magen, in dem Darm aber wenige **Ascariden** und **Kratzer**, auch große Haufen zermalmeter kleiner Stücke der Millepora polymorpha. Es ist daher wahrscheinlich, daß diese von außen zerstückt hineingekommen, oder daß der Magen dieses Fisches steinigte Kalkmassen zerstücken, nicht aber den Meergütern etwas anhaben könne.

Den 19ten. In einem großen **Hecht** war ein Bandwurm von einer halben Elle. Das letzte Gelenke war am Endrande glatt, zugerundet und in der Mitte des Randes ausgeschnitten.

Noch acht **Schlichtbutten** (Clearon. Rhombus) wurden durchgesucht. In einigen waren die Würmer vom 9ten November, wenige **Ascariden**. Bey einer fand ich im Magen den Spatagum pusillum, in andern sehr kleine **Meersterne** und zerbrochene **Tellinen**; in einem im Darm eine Masse **rothgelber Kügelchen**, von der Größe der Hummereyer: sie waren inwendig hohl, und hatten unter der äußern Haut zwey durchscheinende grünliche Punkte, welche ihnen ein besonderes Ansehen gaben; vielleicht sinds **Schneckeneyer**. Im Daum eines andern fand ich eine Menge eyförmige und etwas platte **grüne Körper**, die zerdrückt einen grünlichen Brey zeigten; ich weiß nicht, was es ist. Noch das gemeine Cardium edule, welches sich häufig an Meersande findet, und endlich eine kleine unbekannte Bulla vertice truncato. *)

*) Zool. dan. icon. t. 71, f. 6 — 9.

Den 20sten in fünf Aale wurde nichts lebendiges gefunden; in einem Dorsch war der Darm überall mit weissen Kratzer gespickt.

Den 24sten fünf Kaulbarse aufgeschnitten. Die weisse Kratzer des Darm hatten dies merkwürdige, daß sie alle Weibchen waren. Daß kein spreuähnlicher Körper in allen zu entdecken, daß die eyförmigen in ihrem Wesen weniger lauter, oder mehr untermischt waren, daß ihre Substanz leicht in staubichte Theile zergieng, (rühret dies vielleicht daher, daß sie unbefruchtet waren?) und daß die Beutel mit durchsichtigen Punkten untermenget waren. Die Haken am Rüssel sassen in 10 bis 12 Reihen. Noch fand ich in den Eingeweiden dieser kleinen Fische einige dem Cucullano lacustri ähnliche Würmer: sie lagen meist alle in glatten sphärischen Knoten; in keinen waren Eyer oder junge Würmer zu finden. Der Kopf war vorne gerundet, der Schwanz aber ein wenig zugespitzt. Der Darm war bis über die Mitte roth, damals gelber Farbe. Der gelbe Hintertheil zeigte unter der Vergrößerung zu beiden Seiten einen bluthrothen Ring; durch die rothe Hälfte lief der Mastdarm hin und her ein wenig gekräuselt; durch die Pressung wurde die Röthe ganz erhellet, und der Darm erhielt geschlängelte Striche; zur Seite desselben hatte die Haut kurze Querstriche, nach den Schwanz aber bekam sie länglichte gebogene Striche oder Runzeln.

Den 12ten März durchsuchte ich die Eingeweide einiger Goldbutten, und fand nur in einer die Würme vom 9ten November; sie waren sehr lebhaft. In einer andern fand ich nur eine, in einer

dritten

dritten aber acht Schinkenarchen *); alle waren vollkommen erwachsen und unbeschädigt; in einer vierten lagen viele Trümmern dieser Muscheln, und zugleich einige unbeschädigte junge Archen. Waren diese Muscheln in dem Magen zerbrochen, oder von den Zähnen der Butten zerbissen, oder von außen zerstückt eingeschluckt worden? doch waren die acht großen unbeschädigt bis an den After hingelanget; inwendig aber waren sie, obgleich ihre Schalen so dicht an einander schlossen, daß ich sie mit Mühe von einander scheiden konnte, ganz leer von Bewohnern, und hatten nichts als einige schwarze stinkende Tropfen in sich. Auch fanden sich im Magen Arterios filiformes **), davon einige zerstückt waren, andere noch den discum und ein Paar Strahlen ganz hatten, alle aber hatten eine rothbraune Farbe angenommen.

Den 15ten März öffnete ich zwey Dorsche: beyder Mägen waren ungewöhnlich wie eine dünne Haut ausgedehnt, und hatten alle inwendige Runzeln verloren. Ich fand zu meinen Erstaunen in dem einen drey Goldbutten bis sechs Zoll lang, und über drey Zoll breit, von gleicher Größe, und so passend auf einander gelegt, daß ich sie anfangs für eine einzelne ansah. Der Schwanz lag gegen den Magenmund; man konnte noch die rothbraune Flecken der Schuppen erkennen; sie waren zwar todt, noch nirgends aber von der Verdauungskraft angegriffen. In den Eingeweiden dieser Butten fand ich wiederum einige fast verzehrte kleine Fische. Im Magen des zweyten Dor-

*) Arca Pernula. Berl. Beschäft. 46. S. 55. 3 B. t. 7. f. 17 u. 18.

**) Zool. dan. prodr. 2843. icon. t. 59.

sches war nur eine aber größere **Butte**, deren Kopf gegen den Magenmund gekehret war, außer der grossen Butte lagen noch fünf Holothuriae im Magen; sie schienen die Hol. inhaerens *), oder auch junge der H. tremula des **Bohadschs** zu seyn. Ich schnitte sie alle fünfe auf, und fand in dreyen an der innern Wand eine Menge **Eyer**: sie waren bräunlich, lagen in einem schleimigten Wesen, und jedes war wiederum mit einer hellen Materie umgeben. Die Gedärme des einen **Dorsches** waren voll von weissen **Kratzern**, des andern ganz leer. Es gilt also dem **Dorsch** gleich, ob er die **Butten** von hinten oder von vorne angreift, sie müssen doch hinein, und er weiß den einen auf den andern zu packen.

Den 21sten März durchsuchte ich vier **Küller** (Gadus Aeglesinus). In dem Darm lagen große **Kratzer**, die viel feister waren, als die in andern Fischen gefundene, auch einige **Schinkenarchen** und viele Arteriae filiformes. Uebrigens waren die Gedärme mit schwarzen erdigten Schlamm erfüllet. Dieser verursacht den stinkenden Geruch, welcher die Untersuchung des **Kuller** ekelhaft machte.

In einem **Hecht** war der große Darm ganz mit **Bandwürmen** ausgefüllet; ich legte den durchschnittenen Darm im Wasser; die Bandwürmer breiteten sich aus einander, und bewegten sich noch nach 36 Stunden.

In zwey **Aalmütter** (Blennius viviparus) lagen an den Gedärmen außen und innen viele Ascariden

*) Z. d. pr. 2813. icon. t. 31.

den im Freyen und in Knoten gewickelt. Nicht nur die weisse Fäden waren mit Eyern erfüllet, sondern auch der breite Sack, aus welchem die Eyer in die Fäden, als in tubas hineinfliessen; ich sahe sie aus derselben nach einander in einer dünnen Materie herausfahren. Von ohngefehr hatte ich einige der Ascariden durchgeschnitten, dadurch waren die Tubae aus dem Leibe herausgetreten, und bildeten etwas den Faden des Cucullani cirrati ähnliches. In dem Darmschleim der **Aalmutter** fand ich noch einige dem blossen Auge unsichtbare **Doppellöcher** *), sie waren weiß, durchsichtig, und unter der zweyten Oeffnung an beyden Seiten mit **Eyern** erfüllet. In der Mitte lagen der Länge nach zwey weisse **Blasen**, und ein gegen den Schwanz geschlängelter Faden; auch im Halse sahe man eine kleine Blase. Die Oeffnung der Spitze war deutlich; das Seitenloch etwas grösser und hervorstechend, dadurch machte der Hals mit dem Bauch einen schiefen Winkel.

Den 8ten April fand ich im Magen des **Meerschorpen** einen Nadelfisch (Syngn. acus) und eine **Aalmutter.** Diese lag in einem Kreis gewickelt; jener war gerade ausgestreckt, und hieng noch mit dem Vordertheil im Rachen des Verschlingens. Der Darm war mit den gewöhnlichen **Bandwürmern** und **Ascariden** ganz ausgefüllet.

In dem Darme und in den blinden Gedärme des **Sandar** waren nur drey rothe Cucullani (lacustr.), die lebende junge Brut schängelte sich in einem durchsichtigen häutigen Sack den ganzen Leib hindurch.

*) Zool. dan. icon. t. 78. f. 9—12.

Die Ader oder das rothe Mittelgefäß läßt sich vom übrigen des Körpers absondern, und ist so zähe und steif als eine Seite.

Den 10ten fand ich in dem Darm einer **Waldschnepfe** einige weisse Fasen, mit der Lupe wurde ich an dem einen Ende derselben Gelenke gewahr, das andere aber schien einfach zu seyn, bis das Microscop auch hier Gelenke entdeckte. Der **Kopf** war kuglicht und vorne in einen kleinen Cylinder ausgestreckt; die Spitze des Cylinders endigte sich in eine kleine Saugwarze, und an der Kugel selbst waren vier solche Warzen vorhanden. Alle **Bandwürmer** waren bereits gestorben.

XI.

XI.

J. C. F. Meyers Fortsetzung der Versuche mit dem Eisen,

Siehe den dritten Band der Beschäftigungen, die 385ste Seite.

Verschiedene in der angezogenen Abhandlung erzählte Versuche hatte ich in der Absicht angestellt, um wo möglich die Ursache der verschiedenen Eigenschaften des Eisens, je nachdem es aus verschiedenen Erzten geschmolzen worden, zu entdecken.

Einige derselben schienen mir etwas hoffen zu lassen, und ich hielt es der Mühe werth, sie in grössere zu wiederholen, auch neue deshalb anzustellen.

Die bis jetzt gemachten Erfahrungen liefere ich hier, ob sie mir gleich nicht völlig Genugthuung leisten. Es wäre bey einigen Versuchen vielleicht nützlich, das gewonnene Gußeisen auf Stabeisen zu bearbeiten, dies ist aber meines Erachtens in kleinen nicht gut möglich zu machen, und meine wenige Muße erlaubt mir überdies nicht, vieles so weit auszuführen, wie ich es wünschte; freuen werde ich mich indeß, wenn ich durch meine wenigen Versuche andern reizte, dies zu bewerkstelligen.

39) Bey dem 26. bis 29. Versuch pag. 398 war das schlechte Gußeisen in Vitriolsäure aufgelöset worden; der gereinigte Vitriol gab gutes Eisen, die letzte Lauge schlechtes; bey der letztern schien also das fremde zu seyn.

Es wurden daher einige Stücke des daselbst erwähnten Gußeisens die vier Unzen und vier und zwanzig Gran wogen, mit englischen nicht rectificirten Vitriolöle das mit destillirten Wasser verdünnet war, übergossen. Der Geruch, der bey der Auflösung entstand, war weit stärker, als ich ihn je bey der Auflösung des Stabeisens bemerkt habe, und zeugte wohl von der größern Menge des brennbaren, daß dieses Eisen besitzet. Als die Vitriolsäure gesättiget war, schlug sich ein blaßgraues Pulver heraus, und die Oberfläche war mit einem weißen Schaume bedeckt; ich seihete die Lauge durch, süssete dieses Pulver aus, trocknete es, und fand es so leicht, daß es sich schwer mit Wasser mischen ließ. Das Eisen übergoß ich aufs neue mit Vitriolsäure, und sahe eben die Erscheinung des grauen Pulvers, wie die Säure gesättigt war. Auch dieses sonderte ich ab, und fuhr damit fort, so lange die Säure von dem Eisen noch etwas ohne es zu erwärmen auflösen wollte. Nur bemerkte ich dabey, daß, wenn ich die gesättigte über das Eisen stehende Lauge erwärmte, und mehr davon aufgelöset ward, zugleich mit der grauen Erde ein gelber Ocker niederfiel. Ich erhielt diese Erde daher zuweilen hellgrau, zuweilen gelblich, einmal sehr weiß.

Das nicht mehr in der Kälte von der Säure angegriffene, erwärmte ich nun mit der Säure, kochte es zuletzt damit, und trocknete noch einigemal Vitriolgeist darüber gelinde ein, um es von allen Eisen zu befreyen. Es blieben fünf und vierzig Gran eines

leichten

leichten bräunlich schwarzen Pulvers zurück. Fünf Gran davon mit Salpeter gemischt, verpuften im glühenden Schmelztiegel getragen, und liessen kaum eine Spur einer weissen Erde zurück.

Zehn Gran davon, unter der Muffel geglühet, hinterließen einen Gran einer höchst leichten Asche, die theils blasroth, theils sehr weiß aussahe, von den Säuren nicht angegriffen zu werden schien, und vom Urinsalze, dem mineralischen Laugensalze und Borax ruhig aufgelöset ward. Diese Erde bestand also mehrentheils aus Brennbaren, und war ein der Holzkohle ähnlicher Körper.

Aus der Vitriollauge schied sich beym Abrauchen noch etwas graue, aber schon mit gelben Ocker vermischte Erde, die nach dem Trocknen blasgelb aussahe. Ich schied auch dieses, und übersättigte die Lauge nun mit Vitriolsäure, um die Ausschneidung des Ockers zu verhüten, und lies den Vitriol anschiessen. Die letzte Lauge, die keine Crystallen mehr geben wollte, rauchte ich ab, und ließ das Salz scharf glühen, übergoß den rothbraunen Kalch mit Salpetersäure einigemal. Dieser hinterließ beym Abrauchen eine ganz weiße Salzmasse, die im Schmelztiegel scharf geglühet kaum gelblich geworden war, außer die oben auf gelegenen Stückchen, welche blasbraun aussahen. Sie wogen fünf und siebenzig Gran.

40) Diese Erde floß vors Luftröhrchen für sich zu einer schwarzen Schlacke, mit Borax und Urinsalz vermischte sie sich, und färbte beyde bräunlich. Mit Vitriolsäure übergossen, ward sie ganz aufgelöset, ohne merkliches Schäumen, und wenn es eintrocknete, zu einer durchsichtigen Salzmasse. Ward hierauf destillirt Wasser gegossen, so schied sich die Erde als ein weisses Pulver, das aber durch mehr zugesetzte Säure

sich

sich wieder auflösete. Mit der Berliner Blaulauge ward sie blau, mit Laugensalzen weiß niedergeschlagen, überflüßig von letzterem zugegossen, fiel sie ins Bräunliche. In caustischen und mit der Luftsäure gesättigten Salmiakgeiste, auch in starker Weinsteinsalzauflösung, lösete sie sich gänzlich auf, und alle Auflösungen waren braun.

41) Die hellgraue Erde, die sich aus den gesättigten Laugen beym 39sten Versuch bey der Auflösung ausgeschieden, mischte ich zusammen; sie verhielt sich wie die vorige.

Einen Scrupel davon calzinirte ich zwey Stunden unter der Muffel: sie war dadurch blaß gelbröthlich geworden. Mit Vitriolgeist übergossen lösete sie sich ganz auf, ward eingetrocknet, eine klare Masse, die beym Wiederauflösen einen Theil der Erde fallen ließ, sich aber mit zugesetzter Säure von neuen auflösete.

Ich goß behutsam Weinsteinsalzlauge dazu, so lange bis die Erde noch sehr weiß fiel, süßte diese gut aus. Die zweyte gänzlich niedergeschlagene Erde ward gelblich, die erste sahe ganz weiß kaum merklich ins gelblichte fallend aus, und ich glaubte nun diese Erde ganz vom Eisen befreyet zu haben. Sie verhielt sich aber noch eben so, ward in der Vitriolsäure aufgelöset, von der Blutlauge blau, durch Galläpfeltinktur schwarz, niedergeschlagen; ward vom flüchtigen und fixen Laugensalze braun aufgelöset, schmolz vors Lothröhrchen zu einer schwarzen Schlacke.

Kalzinirt ward sie blaß gelbbraun, Salpeter darauf getragen, ging die Säure sogleich in rothen Dämpfen fort, und nun ward die Erde hoch Ziegelfarbe, und so zart, das sie sich ungemein lange im Wasser hielt, ohne zu Boden zu sinken.

42) Zwey

42) Zwey Unzen kaltbrüchiges aus diesem Gußeisen geschmiedetes Stangeneisen, lösete ich mit Vitriolgeist auf, es blieb kaum ein halb Gran einer bräunlich-schwarzen Erde zurück. Aus der Auflösung schlug sich ebenfalls eine graue Erde nieder, die vors Lothröhrchen zu einer schwarzen Schlacke floß, und mit den beym 40. und 41. Versuch erwähnten, ganz einerley zu seyn schien. Die Lauge weiter abgeraucht, schied sich braun gelber Eisenkalk, der vors Lothröhrchen dunkler ward, und nicht fließen wollte.

Da bey der Auflösung des Stabeisens der Eisenkalk aus der gesättigten Lauge gleich gelb niederfällt, muthmaßete ich, daß diese Erde vielleicht zur Verschlimmerung des Eisens etwas beygetragen.

43) Ich schmolz daher zwey Drachmen gefeiltes zähes Stabeisen mit einen Scrupel der beym 40sten Versuch gebrauchten Erde, und zehn Gran Kohlenstaub. Ich fand einige Körner Schlacken, die ich bey dem Schmelzen des Stabeisens mit blossen Kohlenstaub nie fand, und ein Eisenkorn, das sehr hart und spröde, und lichtgrau im Bruche war, wie schlechtes Eisen.

Was war dieses nun für eine Erde? Nur bloße mit feinen brennbaren versehenen Eisenerde? Aus den erzählten Versuchen sollte ich es fast schließen, nur jetzt konnte ich nicht mehr Versuche anstellen, da mein Vorrath geringe, und sie so mühsam zu gewinnen ist. Da sie das Eisem aber verschlimmerte, konnte sie dieses fast nicht seyn.

Ich argwöhnte, daß Braunstein damit vermischt seyn möchte, da Herr **Hielm** in den Abhandlungen der Schwedischen Akademie der Wissenschaften von Anno 1778. ihn in verschiedenen Eisenerzen und auch im Sumpferze gefunden hat.

Von

Von dem bey Jasenitz gesammleten Sumpferze, das in Torgelow mit verschmolzen wird, zerrieb ich ein Stück und schlemmete es. Von den feinen Pulver übergoß ich

44) eine Drachme mit der gehörigen Menge Vitriolgeiste, und ließ es eintrocknen. Mit Wasser übergossen aufgelöset gab es eine dunkelbraune Lauge, und es blieben vier und zwanzig Grane Kieselerde zurück. Zu der Lauge aufgelösetes Weinsteinsalz getröpfelt und abgeraucht, schossen blättrichte, sechseckigte braune Crystallen an, und zwischen diesen weisse Alauncrystallen.

45) Eine Drachme dieser Erde zog ich mit Salpetergeist aus, rauchte die Lauge trocken ab, übergoß das davon zurückbleibende nochmals damit, trieb auch dieses ab, und ließ es nachher im Tiegel glühen. Dieser Kalk war schwarz von Farbe, einige Stücke mit einen schwarzen glänzenden, einige mit einer kupferfarbenen metallischglänzenden Haut bezogen. Mit Salpetergeist ausgezogen färbte sich dieser blaßroth, und gab mit Weinsteinsalz niedergeschlagen, zehn Gran eines blaßbraun gelblichen Pulvers, das mit Borax auf der Kohle ein colophonienfarbenes Glas gab, mit Borax und Salpeter im silbernen Löffel geschmolzen, zu ein violettes Glas floß, das nachher auf der Kohle die Farbe ganz verlor, dieses war offenbar, wenigstens mehrentheils Braunstein. Es ward auch beym Rösten dunkelbraun, aber es floß auch für sich wie die vorhin erwähnten Erden vors Lothröhrchen zu einer schwarzen Schlacke.

46) Zwo Drachmen gefeiltes gutes zähes Stabeisen, mit funfzehn Gran Kohlenstaub gemischt, wurden vors Gebläse geschmolzen. Es war zu einen Korne

ge-

geflossen, das im Bruche dunkelgrau aussahe, und sich feilen ließ.

Zwo Drachmen eben dieses Eisens mischte ich mit einer halben Drachme Braunstein und funfzehn Gran Kohlenstaub, und setzte es mit der vorigen zugleich ein. Das Eisenkorn war mit einem Rande einer braunen Schlacke umgeben; es war im Bruche hellgrau, war höchst spröde und widerstand der Feile; die Schlacke und die Verschlimmerung des Eisens, lassen, deucht mir, muthmaßen, daß in der vorhin erwähnten weißen Erde, Braunstein versteckt, und daß dieser an der Verschlimmerung des Eisens Schuld sey.

Herr Professor **Bergmann** fand aber auch in den weißen Eisenstein Braunstein, und der liefert so gutes Eisen.

Sollte es wohl zum Theil an der Bearbeitung des Eisens liegen, daß nicht aller Braunstein heraus geschieden würde? Vielleicht verbindet er sich aber auch lieber mit der Schlacke, die bey einem Erze durch die Vereinigung der damit brechenden Stein- und Erdarten entstehet, als mit einer andern; denn selten wird das Eisen wohl so rein aus seinen Erzen geschmolzen, wie das reine mit Brennbaren geschmolzene Stabeisen, welches man als das reinste Gußeisen ansehen kann; wenigstens macht mir das kristallinische Eisenerz von der Insel Elba dieses wahrscheinlich, von welchen Herr Tronson du Coudray (siehe **Beckmanns** physikalisch-ökonomische Bibliothek 6sten Band, Seite 339.) versichert, daß man durchs erste Schmelzen Eisen erhält, welches sich hämmern lässet.

lässet *). Ein reines, von allen Bergarten freyes Stück dieses Erzes, ließ ich 2 Stunden glühen; es gab keinen Schwefeldampf von sich, war an Farbe wenig verändert, und sahe zerrieben, wie geriebener Blutstein aus.

47) Eine Drachme mit zween Drachmen geriebenen gemeinen Glase, einen Scrupel Borax und zehn Granen Kohlenstaub gemischt, und dreyviertel Stunden vors Gebläse geschmolzen, gaben ein Korn das zwey und zwanzig Gran wog, sehr spröde, lichtgrau im Bruch war, und sich feilen ließ.

48) Zwey Drachmen zerriebenes rohes Erz, eine halbe Unze Glas, eine Drachme kalcinirten Borax,

*) Ohne Zweifel meinet Herr Tronson hier nur, daß das Eisen nicht wieder umgeschmolzen werden darf, sondern noch weich unter dem Hammer gebracht wird; denn daß es nach dem ersten Schmelzen erkaltet unter den Hammer ausdehnbar sey, daran zweifle ich gänzlich, nach den 11. 12. 13ten Versuch, da das geschmiedete Eisen mit der Annahme so vieles Brennbaren, daß es als Metall fließen kann, seine Geschmeidigkeit verliehret. In dem 1sten Theil der Anfangsgründe der theoretischen und praktischen Chemie, zum Gebrauch der Vorlesungen auf der Akademie zu Dijon vom Hrn. Prof. Weigel übersetzt, wird diese Wahrheit durch Erfahrungen behauptet, und pag. 193. gesagt, daß geschmolzenes Eisen sich nie hämmern lasse, und schmiedbares Eisen geschmolzen, von einem andern geschmolzenen Eisen nicht mehr verschieden sey. Reiner wird es aber doch seyn, und es erhält also das Zähe nicht allein durch die Schläge des Hammers, sondern auch durch den Verlust des Brennbaren. Bestärkt dieses nicht auch meine Meinung? daß das Eisen in der Pallaßischen Stuffe kein geschmolzenes Eisen seyn könne, und also gediegen seyn müsse, woran noch einige zweifeln.

rax, einen Scrupel Kohlen mit dem vorigen zugleich geschmolzen, lieferte drey und funfzig Gran eben solch Eisen.

In dem 7ten Versuche S. 390. hatte sich beym Schmelzen des guten Schwedischen Gußeisens ein metallisches Pulver abgesondert, und es war schlechter geworden; dieses näher kennen zu lernen

49) Setzte ich ein paar Stücke von einem Fuße eines von solchen Eisen gegossenen Gefässes in einen verdeckten Tiegel vors Gebläse, und gab eine Stunde Feuer. Nach Eröfnung des Tiegels fand ich das eine Stück fast in seiner völligen Gestalt über dem Eisen liegen, aber ganz mürbe, an einigen Orten schwach zusammenhängend. Das Eisen ließ sich noch feilen, war aber kleinkörnigter geworden, doch noch sehr dunkelgrau im Bruche.

Nochmals zwey Stunden geschmolzen, war es unverändert, und eine größere Menge dieses Eisens schien schon einen größern Feuersgrad zu gebrauchen, um alles metallische Pulver fahren zu lassen.

Ich warf daher alles in Vitriolgeist, lösete das Eisen auf, und kochte die zurückbleibende Erde so lange mit dieser Säure aus, bis sie keine Spur von Eisen mehr zeigte. Dieses zurück bleibende war ein grauschwarzes, die Finger färbendes, aus kleinen glänzenden Blättchen bestehendes Pulver, das in der Salpeter- und Salzsäure unverändert blieb, mit Salpeter bey starker Hitze verpufte, in den dadurch alkalisirten Salpeter keine Spur einer Erde zurück ließ; und sich eben wie das im Handel und Wandel vorkommende Wasserbley (Plumbago) *) erhielt; wenn man diesem

 den

*) Man hat sonst Plumbago und Molybdaena für gleich bedeutende Wörter gehalten. Herr Scheele hat dem feinern

den zufällig scheinenden Eisengehalt vorher genommen.

Eine genaue Vereinigung dieser beyden Körper kann man wohl nicht annehmen, da sie sich durch starkes Schmelzen trennen, und wenn etwas Wasserbley in dem Eisen zurück bleibt, es unverändert in kleinen Blättern darinn wahrgenommen wird.

Die Theile des Eisens scheinen also nur von dem schlupfrigen Wasserbley auseinander gehalten, und dadurch die ganze Masse weicher und schwerflüßiger zu werden.

Um zu erfahren, ob sich dieses Mineral nicht zur Verbesserung des schlechten Gußeisens anwenden ließe, und dadurch zäher und schwerflüßiger würde, mischte ich

50) Zwo Unzen der geschlemmten Jasenitzschen Eisenerde, eine halbe Unze lebendigen Kalch, und eine und eine halbe Drachme sehr fein geriebenes Wasserbley, mischte es genau, und hielt es eine und eine halbe Stunde vors Gebläse im Feuer.

Ich erhielt eine braune durchsichtige völlig glasartige Schlacke, und darunter ein Eisenkorn, das eine halbe Unze und vierzig Gran wog, die Eindrücke des Hammers annahm, sich gut feilen ließ; im Bruche dunkelgrau und körnigt, und als ein recht gutes Schwedisches Gußeisen aussahe.

Ein

feinern Bleyerze nun den letztern Namen beygelegt, und es in den Schwedischen Abhandlungen Anno 1778. beschrieben. Von dem Plumbago dieser natürlichen Kohle, werden wir im nächsten Bande der eben erwähnten Abhandlungen, eine Untersuchung durch diesen gelehrten teutschen Scheidekünstler erhalten.

Ein Theil des Wasserbleyes hatte hier also das Brennbare zur Wiederherstellung der Eisenerde hergegeben, und das übrige sich mit dem Eisen gemischt.

Ohne Zweifel ist dieses auch im Großen auszuführen, wenn man das nicht kostbare Wasserbley fein stößet, es mit dem Sumpferz genau mischet, und den gehörigen Grad des Feuers ausfündig zu machen suchet, den diese Mischung nöthig hat, um das Wasserbley nicht wieder fahren zu lassen.

51) Zwo Unzen eben der Eisenerde mit einer halben Unze lebendigen Kalk, und einer halben Drachme Kohlenstaub gemischt, und mit den vorigen zugleich geschmolzen, gab eine braune durchsichtige Schlacke, ohne Spur eines Korns; das Eisen hatte sich also gänzlich damit verschlackt.

52) Zwey Unzen sehr rothbrüchiges Stabeisen, lösete ich in Vitriolgeist auf. Es hinterließ kaum einen halben Gran einer bräunlich schwarzen Erde. Etwas von diesem Eisen in der reinen Salpetersäure aufgelöset, mischte ich mit der Bleyauflösung in Salpetersäure, ohne daß es sich im geringsten trübte, auch eben so wenig mit der Auflösung der Schwerspathserde in distillirten Eßig. Die Vitriolsäure, der einige die Rothbrüchigkeit des Eisens Schuld gegeben, kann also wohl nicht Schuld daran seyn.

53) Zwo Unzen des Eisens aus der Pallasischen Eisenstufe, übergoß ich mit geschwächten unrektificirten Englischen Vitriolöhle, goß die völlig gesättigte und schon etwas Eisen fallen lassende Auflösung allemal behutsam ab, und neue Säure darauf, der sich selbst scheidende Eisensaffran sahe hellgelb aus.

Der letzte Aufguß ward Grasgrün, gab solche Vitriolkristallen, färbte mit Salmiakgeist gemischt, diesen blau, und ließ auch Eisen bis zur Sättigung der Säure darin aufgelöset, etwas Kupfer fallen.

Die zurück gebliebene Erde wog vier Gran.

Da ich zu diesem Versuche nur unrektificirtes Vitriolöhl genommen, so rauchte ich eine halbe Unze davon ab, und übergoß den zurück gebliebenen vitriolisirten Weinstein mit Salmiakgeist, womit er sich im geringsten nicht färbte.

Auch etwas Kupfer kann das Eisen also nicht rothbrüchig machen, da dieses Eisen sich sowohl kalt als glühend gut hämmern lässet.

XII.

Oeconomische Naturgeschichte der Fische in den Preußischen Staaten besonders der Märkschen und Pommerschen Provinzen

von

D. M. E. Blochs.

Es ist zu bewundern, daß die Naturgeschichte der Fische sowohl als auch ihre öconomische Benutzung so wenig bearbeitet wird, da man doch in allen übrigen Theilen derselben in diesem Jahrhundert so Riesenmäßige Schritte gethan hat. Bey der starken Eindammung der Wasser, werden den Fischen die Plätze, wo sie zu streichen und sich vor den Nachstellungen zu sichern pflegen, benommen. Es ist daher kein Wunder, daß die Fische, wenigstens in unserer Gegend, sich merklich vermindern. Ob nun gleich bey dem jetzt zunehmenden Luxus, die Consumtion stärker wird, denkt man jedoch nur selten daran, wie man die guten Fische vermehren, und die gering geachteten vermindern könne. Ganze Gesellschaften arbeiten mit vereinigten Kräften für die Beförderung der

Bienenzucht. Verdienen die Fische nicht eben die Aufmerksamkeit? Machen sie nicht einen großen Theil unserer Nahrung aus? Waren sie nicht zu allen Zeiten ein wichtiger Handlungszweig? Die Bienen erfordern Raum, Wartung, und sind vielen Unglücksfällen unterworfen. Die Fische hingegen bedürfen weiter keiner Pflege; so bald sie nur einmal in ihr gehöriges Element versetzet sind. Es sind nur wenige Regeln die beym Fortschaffen und Versetzen zu beobachten, und diese sind größtentheils bereits erwehnt worden [1]). Der übrigen werde ich in der Folge gedenken. Nur kömmt alles darauf an zu wissen, was ein jeder Fisch für ein Wasser liebe? und was für eine Nahrung er vonnöthen habe? allein dieser Unterricht ist bald gegeben; denn so bald bey einem jeden Fisch gesagt wird, wovon er lebe, ob er einen leimichten, sandigen, oder mit Kräuter bewachsenen Grund bedürfe, ob er im fließenden, harten oder weichen Wasser fortkomme; so bald wird man auch in den Stand gesetzt, einer jeden Art der Fische den ihnen zuträglichsten Ort ihres Aufenthalts anzuweisen; so weit gienge alles leicht; allein es waltet hier noch eine andere Schwierigkeit ob, welche nicht so leicht zu heben seyn möchte, nemlich die Kenntniß der Fische gemeiner zu machen, welche gleichwohl für die Naturgeschichte und für die Oeconomie von so großer Wichtigkeit ist: die Verwirrung die in der Naturgeschichte der mehresten unserer Landesfische herrscht, ist sehr groß; wie z. B. bey dem Geschlecht der Weißfische, und diese rührt von mehr als einer Ursache her. Die mehresten Fische dieses weitläuftigen Geschlechts werden fast in jeder Provinz mit einen andern Namen belegt. Diesem

1) Die Beschäft. Nat. Freunde 4. B. S. 72. 73-94.

Diesem Uebel könnte abgeholfen werden, wenn man bemüht wäre die Synonimien zu sammlen; allein da ein und eben derselbe Name in der einen Provinz diesen, und in der andern einen andern bedeutet; da ferner in manchen Gegenden der junge Fisch einen ganz andern Namen als der ausgewachsene führet; da auch die systematische Schriftsteller mehr auf Eintheilung der Geschlechter, als auf genaue Beschreibungen der Arten Rücksicht genommen haben; und da es zugleich an getreuen Abbildungen noch so sehr mangelt; so ist es sehr begreiflich, daß man bey den Schriftstellern, besonders in dem erwähnten Geschlecht die Verwirrung von Babilon antreffen müsse. Ohne der alten zu erwähnen, nehme man einen **Artedi** und **Linne'** zur Hand, und man wird finden, daß sie nicht selten nur durch wenig Worte eine Art von der andern unterscheiden, und noch dazu durch solche Kennzeichen, die nicht allezeit zutreffen; so ist die Reihe der Floßfedern bey manchen Fischen veränderlich. Einige erhalten sie nur zur Leichzeit, wenn das Blut überflüssig und in einer starken Bewegung begriffen ist, andere haben sie nur in ihrer Jugend und verliehren sie; im Alter, wenn die Haut der Floßen dicker und undurchsichtiger wird, noch andere haben in ihrer Jugend dünne Säfte, sie sind daher am ganzen Körper beynahe durchsichtig, wie beym Barsch; im reifen Alter aber erhalten sie dichteres Blut, und zugleich rothe Floßen. Die Anzahl der Finnen ist nach dem Geständniß des **Linne'**, **Richters**, **Gronow**, **Leskens** und **Kramers**, manchmal verschieden: weil die Natur sich hierin eben so wenig an einer so strengen Anzahl der Strahlen, als der Staubfäden bey den Blumen bindet. Es kann überdem der eine Naturkündiger ein paar Finnen mehr, der andere einige weniger finden; es darf nur der eine einen jungen, und der andere einen alten Fisch untersucht haben; bey erstern sind die Endfinnen viel zu zart, als daß sie könnten bemerkt werden. Ein lebender und ein lange todter Fisch, können beyde dem Beobachter um etliche Finnen bringen: der erste, indem er seine Floßen zusammenziehet; und der letztere, weil sie bey ihm zusammengetrocknet sind. Indessen geben sie immer das vorzüglichste Unterscheidungszeichen ab, da sie aber allein nicht hinreichend sind, so müßte man auch, wie bey den vierfüßigen Thieren, Vögeln, Pflanzen und Insekten, ihren ganzen Habitum beschreiben. Da indessen wegen der zu großen Aehnlichkeit der Fische, auch dieser nicht allezeit hinlänglich seyn möchte, so müßte man auch die Zergliederung mit zu Hülfe nehmen, weil das Verhältniß der innern Theile nicht selten ein charakteristisches Kennzeichen gewährt, wie ich solches in der Naturgeschichte der Maränen bereits gezeigt habe [2]). Aber auch die beste Beschreibung giebt nicht allemal einen deutlichen Begriff, wenn nicht gute Abbildungen mit zur Hülfe genommen werden. Nun haben wir zwar keinen Mangel an Zeichnungen, allein sie sind nicht von der Beschaffenheit, daß man die Fische allezeit darnach beurtheilen könnte. Entweder sie sind fehlerhaft, oder man vermißt in ihnen die rechte Vertheilung des Schattens und des Lichts, und man bleibt ungewiß, ob die Abbildung einen dicken, runden, oder einen auf beyden Seiten zusammen gedrückten oder dünnen Fisch anzeigen soll. Ferner wird nie dabey erwähnt, ob die Zeichnung von einen jungen oder alten Fisch genommen sey; denn es giebt Fische, die in ihrem zarten

Alter

2) S. Besch. 4. B. p. 90.

Alter verhältnißmäßig breiter sind, als in ihren ausgewachsenen Zustand, wie die Giebel und Güster. Bey andern ist das Verhältniß just umgekehrt, wie beym Bley (Cyprinus brama) und Barsch. Es ist daher ersterer beym **Marsig** [3]) auf der 16ten Tafel von dem auf der 17ten in nichts anders als im Alter verschieden. Sein so genanntes Weibchen ist nur ein Bleyflink oder junger Bley [4]). Man muß dahero zum Abzeichnen ausgewachsene Fische wählen, und da man die Floßen als ein wichtiges Unterscheidungszeizeichen brauchen kann; so muß auf ihre Stellung, Größe, Figur, Anzahl der Finnen vorzüglich Rücksicht genommen werden. Auch kömmt bey Abbildungen auf die richtige Stellung der Seitenlinie vieles an, sie hat nicht immer einerley Richtung, bey einigen läuft sie die Mitte des Körpers hindurch, bey andern geht sie nahe am Bauche, und wieder bey andern nahe am Rücken fort; oftmahlen verläßt sie ihre gerade Richtung, und biegt sich bald ober- bald unterwärts. Alle diese Eigenschaften aber fehlen größtentheils den bisherigen Kupfern. Verschiedene Fische sind sehr fleischigt, und daher dick; andere sind es weniger, und noch andere sind sehr dünn; und eben so verhält es sich mit den kleinen Gräten: einige haben sehr viel, andere weniger, und bey verschiedenen fehlen sie gänzlich; durch die richtige Bestimmung dieser Verhältnisse läßt sich ein Fisch leicht von den übrigen unterscheiden. Wenn man daher bey jedem Kupfer zugleich den Umriß der Dicke mit anbrächte, und in diesen die kleinen Gräten anzeigte, so würde man viele Fische

3) Danubius Panonico Physicus t. IV. p. 49.
4) Eben diese Bewandniß hat es ouch mit der Nase auf der 3ten Tafel bey eben diesen Schriftsteller.

Fische schon dadurch kenntlich machen: das sicherste Mittel, die Kenntniß der einheimischen einleuchtend zu machen, wäre die gute Ausmahlung der erwähnten Kupfer mit natürlichen Farben. Wenn nun verschiedene Naturkündiger sich vereinigten, die Fische ihrer Länder und Gegenden solchergestalt bekannt zu machen, und ein billiger Buchhändler den Verlag übernähme, so würde Teutschland bald ein vollständiges Werk über die Fische erhalten, wozu ich für meinen Theil gerne durch Lieferung einer öconomischen Naturgeschichte der Fische in den Preußl. Staaten den Anfang machen würde. Allein da nicht zu vermuthen stehet, daß ein solches Werk so bald zu Stande kommen möchte; so werde ich in verschiedenen Beyträgen unsere Landesfische beschreiben, und zugleich Rücksicht auf die Versetzung nehmen, worin ich bereits im 4ten Bande unserer gesellschaftlichen Schriften [5]) durch die Naturgeschichte der Maräne den Anfang gemacht habe.

Nachtrag zur Abhandlung von der Naturgeschichte der Maräne.

Man hat bishero in hiesigen Landen durchgängig geglaubt, daß die große Maräne einzig und allein ein Produkt des Maduisees sey; allein ich erhielt kürzlich welche durch die Gütigkeit des Herrn Rittmeisters la Granche, die man in den Hitzdorffschen und Sellnowschen Seen, Amts Marienwalde gefan-

5) Die Besch. Nat. Freunde 4. B. S. 60-94.

gefangen hatte. Sie waren 14 Zoll lang, der Oberkiefer stand wie bey der großen über den untern hervor, und nicht der untere vor den oberen, welches der kleinen Maräne eigen ist; auch die Anzahl der Strahlen in den Floßen stimmte mit erstern vollkommen überein, und da ich Nachricht habe, daß auch bey Reinsberg Maränen eine halbe Elle lang und drüber, und wie **Beckmann** versichert, im See bey Kalies von eben der Größe gefunden werden; so ist es mir wahrscheinlich, daß auch in diesen Seen die große Maräne sich aufhalten müsse. Diese Nachricht können sich diejenigen Landwirthe zu Nutze machen, welche in der Nachbarschaft der erwähnten Seen wohnen, und Lust haben, ihre Fischerey zu verbessern; denn daß sie sich würklich versetzen lasse, habe ich bereits am angeführten Orte durch das Beyspiel des Herrn v. d. **Marwitz** hinlänglich gezeigt, und es ist um so viel weniger daran zu zweifeln, da sie ein Einwohner mehrerer Seen ist. Da die Maduisee sowohl als auch die übrigen, worinn die Maränen leben, viel zu weit entfernt sind, als daß ich diese Fische selbst hätte an Ort und Stelle beobachten können, so sahe ich mich genöthiget, mich deshalb an verschiedene Freunde zu wenden, denen ich eine Anzahl Fragen vorlegte, welche sie sich von verständigen und erfahrnen Fischern sollten beantworten lassen. Dieses gab mir den Stoff zu der Naturgeschichte dieser Fische. Die wenigsten Menschen sind mit solchen Naturgaben versehen, welche erfordert werden, gute Beobachtungen zu machen; es war also von denen Fischern eine richtige Beantwortung der ihnen vorgelegten Fragen um so weniger zu erwarten, und wie es daher nicht fehlen konnte, daß die Nachrichten, welche sie mir ertheilten, nicht einige Unrichtigkeiten enthalten hätten; so fuhr ich

fort,

foet, fernere Erkundigungen einzuziehen, und bin nunmehro im Stande, aus der Uebereinstimmung von mehr erfahrnen Männern verschiedenes zu berichtigen; so heißt es Seite 67. der Roggen schwimmet, wenn ihn die Fische von sich gelassen, auf dem Wasser, und wird vom Seehahn aufgesucht: allein beydes ist ungegründet. Die Fische kleben eben so wie die Insekten ihre Eyer an diejenige Körper feste, an welchen sie dieselben absetzen. Diese mögen nun Mooß, Kräuter, alte Pfähle, Steine oder Sand seyn. Hier liegen sie bis die Fischgen durch die Wärme entwickelt werden, und ausschlupfen; schwämmen die Eyer oben auf dem Wasser, so würden sie größtentheils von den Wellen verschlagen, und am Strande vertrocknen. Die Wasservögel suchen eben so wenig wie die Raubfische den Rogen, der ihnen zu unbeträchtlich seyn muß, auf, vielmehr haschen sie nach der ausgekommenen Brut, um sich daran zu sättigen. Die kleine Maräne trift man, außer in denen S. 85. bereits angeführten Landseen, auch noch nach **Beckmanns** Bericht [1]), bey Lichen in der Uckersee, in zweyen Seen bey Währt und Thomsdorf, Templin, imgleichen in dem Stechlin und dem Scharmützel bey Storkow an, in welchen letztern sie sich aber sehr vermindert haben. Im See bey Kalies werden sie groß und über eine halbe Elle lang angetroffen.

Aus sichern Nachrichten weiß ich nunmehro, daß sowohl in Schlesien als auch in Westpreussen die kleine Maräne nicht selten sey, und daß daher **Schwenkfeldt** und **Klein** unsere Maräne gekannt haben,

1) **Beckmanns histor. Beschr. der Churm. Brandb.** 1. B. S. 571.

haben [2]), nur hat sie ersterer [3]) eben so wie **Wulff** [4]) mit Unrecht zu den Weißfischen gezählet, denn sie gehört, vermöge ihrer Fettfloße, zu dem Lachsgeschlecht, bey der **Kleinschen** [5]) Abbildung hingegen, sind die Schuppen viel zu klein, zu dichte, und der Unterkiefer zu weit hervorstehend angegeben. Ob aber auch unter den Namen Fiedel, unsere Maräne zu verstehen sey, wie **Adelune** [6]) sagt, kann ich aus Mangel einer genauen Beschreibung nicht bestimmen.

Auf eben dieser Seite sagte ich in der Note, im Wandlitzer See würde nur alle 7 Jahr auf die Maräne gefischt, weil bey ihnen eine solche Frist nöthig wäre, die gehörige Größe zu erlangen. Beydes ist unrichtig, denn es wird jährlich zu verschiedenen Zeiten darauf gefischt, und wie viele Jahre dazu gehören, bevor sie die Größe von 6 bis 8 Zoll erreicht, darüber kann ich vor der Hand nichts mit Gewißheit bestimmen. Ein bloßer Zufall hat eben erwähnte Note veranlasset. Für der Fischerey dieses Sees muß der Fischer Jährlich eine ansehnliche Pacht geben, weil die Maräne hier hauptsächlich mit in Anschlag gebracht wird; denn da dieser See nicht weit von Berlin entfernt ist, so können sie leicht versilbert werden. Nun traf sichs, daß der neue Pachtfischer 6 Jahr nacheinander so wenig Fische erhielt, daß er hätte zu Grunde gehen müssen, wenn ihm nicht im 7ten Jahr, als er unter dem Eise fischte, eine außerordentlich reiche Ernte vorbehalten gewesen wäre. Als er nun in einigen

2) Beschr. Nat. Fr. l. c. S. 88.
3) Theriotroph. Siles. p. 436.
4) Ichthyol. Boruss. p. 84. N. 65.
5) Miss. v. t. 6. t. 2.
6) Im 3ten Band seines teutschen Wörterbuchs S. 575.

einigen darauf folgenden Jahren wieder einen schlechten Fischfang hatte, so glaubte er, daß dieser Fisch nur alle 7 Jahr, wie der Seidenschwanz, zum Vorschein käme, und daß er eben so viel Zeit zu seinem Wachsthum nöthig habe. Er theilte daher demjenigen Prediger, den ich um die Nachricht vom Wandlitzer See ersucht hatte, nur seine Schlußfolge, nicht aber seine Prämissen mit. Diese Nachricht kann diejenigen vorzüglich behutsam machen, welche auf ihren Reisen von diesen oder jenen Umstand sich vom gemeinen Mann belehren lassen wollen. Wann die Maräne 5 bis 6 Zoll groß ist, so hat sie mit der Uekeley (Cyprinus alburnus) von eben der Größe sehr viel Aehnlichkeit, und können daher leicht mit einander verwechselt werden: Beyde haben einen länglichen Körper, einen Silberglanz, dünne Schuppen, einen Gabelförmigen Schwanz, und keine kleine Gräten; die Uekeley werden auch nicht selten für Maränen verkauft, weil letztere in weit höhern Preise sind; vergleicht man sie aber genau mit einander, so findet man an der Uekeley keine Fettfloße, der Rücken ist auch bey dieser mehr rund und grünlich, der Kopf stumpf, der Unterkiefer bogenförmig; bey der Maräne hingegen ist der Rücken dünner und blau, der Kopf spitzig, und der Unterkiefer hervorstehend: Ferner hat die Maräne in der Rückenfloße 12, in der Bauchfloße 11, in der Afterfloße 14 Strahlen; die Uekeley hingegen in der Rückenfloße 8, in der Bauchfloße 9, und in der Afterfloße 18 Strahlen; in beyden habe ich den Fiek [8]) angetroffen, bey der Maräne aber weit seltner als bey der Uekeley.

Natur=

7) Dieses glaubt hier zu Lande der gemein Mann auch.
8) Besch. 4. B. S. 549.

Naturgeschichte der Giebel.

Die Giebel gehört zum Karpfengeschlecht, hat 19 Strahlen in der Rückenfloße, ist schmäler als die Karausche, und kommt nur im stehenden Wasser fort. Dieser Fisch ist in der Churmark Pommern und im Magdeburgischen sehr gemein; bey den systematischen Schriftstellern finde ich, außer im **Klein** 1) und **Richter** 2) keine Nachricht davon; ersterer erwähnet seiner nur mit wenig Worten, und betrachtet ihn als eine Abänderung der Karausche, der 4ten Species vom Karpfen; letzterer aber glaubt, daß unter der Karausche des **Artedi** und **Linne'** unser Giebel zu verstehen sey. Ohne Zweifel ist unser sel. **Zückert** 3) durch **Klein** verleitet worden, die Giebel nur für eine junge Karausche zu halten: Allein sie unterscheidet sich von jenem gar merklich.

1) In Ansehung der Stärke. Gewöhnlich sind die Giebeln 6 bis 8 Zoll lang, und wägen alsdenn noch nicht ein halb Pfund; die allerstärksten werden nie über ½ bis ein ganzes Pfund schwer gefunden: die Karauschen hingegen wägen gewöhnlich ½ bis ein ganzes Pfund, und wenn sie recht groß sind 2 bis 3 Pfund; jene wächst mehr in der Länge, diese in der Breite; denn eine Giebel von erwähntem Gewicht ist so lang als die Karausche, die noch einmahl so schwer ist.

2) Ist sie viel schmäler als diese, wie solches selbst aus **Kleins** Abbildungen dieser beyden Fische erhellet

1) Klein Miss. v. p. 59. n. 4.
2) Richter Ichthyol. S. 894.
3) Zückert Mat. Alim. p. 264.

erhellet: vid. Tab. XI. Fig. 1 und 2. Eine ausgewachsene Karausche ist am breitesten unter allen unsern Landfischen; da hingegen eine ausgewachsene Giebel nicht nur der Karausche sondern auch dem Bley (Cyprinus brama) und der Zope (Cyprinus ballerus) an Breite nachstehet.

3) Macht der Rücken bey der Karausche eine Bogenförmige Figur, und ist scharf; dahingegen bey unserm Fisch der Rücken mehr gerade, und nach dem Kopf zu dicker ist: auch dieser ist bey der Giebel viel dicker als bey der Karausche.

4) Unterscheidet er sich auch in Ansehung der Farbe: die Karausche ist goldgelb, dahingegen die Giebel eine schwärzlich gelbe, in manchen Seen gar eine schwarze Farbe hat; und wie **Beckmann** [4]) versichert, so giebt es auch welche, die ganz schwarz aussehen, und die ohne allen Glanz sind.

5) Unser Fisch vermehret sich auch weit stärker, laicht bereits im 2ten Jahr, und hat ein viel zäheres Leben als die Karausche. Endlich kommt auch die Giebel nur in kleinen stehenden Wässern fort; hingegen die Karausche in großen Seen und Flüssen.

Da dieser Fisch nicht nur wegen seines guten Geschmacks, sondern auch wegen seines leichten Fortkommens in allen stehenden Wässern, und wegen seiner starken Vermehrung, als ein wichtiger Vorwurf der Oeconomie zu betrachten ist, so verdient er unsere Aufmerksamkeit um so viel mehr, da er außerdem noch ein gesundes Nahrungsmittel abgiebt. Ich werde daher seine Naturgeschichte, so viel mir davon bekannt geworden ist, mittheilen. Da er drey Strahlen in der Kiemenhaut, und zwey Gruben auf der Nase

4) Histor. Beschr. der Mark 2. B. S. 575.

Nase hat, auch das Maul Zahnloß ist, so gehört er beym Linne' zum Karpfengeschlecht, und würde unter dem Namen (Cyprinus Gibela) aufzuführen seyn.

Der Kopf ist kurz, stumpf, das Maul klein, die Zunge spitzig und kurz; am Gaumen sitzen zwey rauhe Steine wie beym Karpfen. Die Augen stehen hervor, die Pupille ist schwarz, und hat einen gelben Ring; die Nasenlöcher sind dichte an den Augen, der Rücken ist vom Kopf bis an der Floße rundlicht, von da bis am Schwanz scharf; am Rücken ist er grüngelb, auf den Seiten von einer schwärzlichen Goldfarbe, der Bauch gelb, die Schuppen groß, und mit schwarzen Punkten besetzt, die Seitenlinie gerade; seine Breite verhält sich zur Länge ohngefähr wie eins zu drey. Die Brust- und Bauchfloße sind roth; die Afterfloße und der Schwanz nur röthlich, die Rückenfloße aber mehr grünlich; diese steht der Bauch- und Afterfloße gegen über, fängt bey ersterer an, und endigt sich bey dem Anfange der letztern. In manchen Wassern sind die Floßen weißlich mit rothen Punkten besprengt. Die jungen Gibeln haben eine grünlich weiße Farbe, die Floßen sind kaum röthlich, und gleichen den Samenkarpfen: man muß daher beym Einkauf dieser Fische zum Setzen sich in acht nehmen, daß man nicht statt junge Karpfen, junge Giebeln bekomme. Die Giebel hat in der Rückenfloße 19, in der Brustfloße 12, in der Bauchfloße 10, in der Afterfloße 8, und in der Schwanzfloße 24 Strahlen; diese ist ovalförmig. Im Schlunde hat sie zwei Knochen, worinn 8 kleine spitze Zähne befindlich sind; der Magen hat, wie bey den übrigen dieses Geschlechts, eine trichterförmige Gestalt, und gehet mit dem Darmcanal, welcher 8 Zoll lang, und 2 Krümmungen hat, ohne Absatz fort; und da der Fisch 4½ Zoll lang war, so sieht man schon aus der Länge des Darmcanals, daß er nicht zu den Raubfischen gehöre; er lebt von Würmern, Schlamm und Wasserinsekten. Da er nun mit dem Karpfen gleiche Nahrung hat, so thut ein guter Wirth wohl, wenn er ihn aus seinen Karpfenteich verbannt; besonders weil er sich so stark vermehrt, und dadurch jenem zu viel Abbruch an seiner Nahrung thut: der Rogen ist doppelt und die Eier sind groß. Er leicht im May, Junius und Julius; allein nicht wie der Landmann irrig glaubt, ein jeder Fisch dreymal, sondern ein Theil früher und der andere später, so wie man solches auch bey den übrigen Fischarten bemerkt hat. Eine Einrichtung, welche von der Weißheit des Schöpfers zeugt! denn wenn die Fische auf einmal leichten, so würde bey einer einfallenden kalten Witterung, welche zu dieser Zeit auf sie eine tödtliche Wirkung äußert, ihre Fortpflanzung nicht allein gar sehr gehindert werden, sondern auch die Menschen würden ihrer öfters entbehren müssen, indem sie sich ihrer in der Leichzeit vorzüglich bemächtigen können. Die Blase ist getheilt, das Blut roth, und nicht so schwarz wie das vom Karpfen. Da er außer den 17 Ribben keine kleine Gräten hat, so kann er ohne Gefahr genossen werden. Im Rückgrad hat er Wirbelbeine. Er hat ein zähes Leben, und läßt sich daher im Grase oder grüne Blätter leicht fortschaffen. Er steht auch im kleinen Wasser nicht leicht ab, und wenn dasselbe im Sommer flach, und die Hitze groß ist, so verbirgt er sich im Schlamm; auch im Winter, wenn das Wasser beynahe ausfrieret, und auch das Eis nicht aufgehauen ist, so bleibt er doch am Leben, wofern er nur einige Zoll Wasser behält. Er gedeihet in allen stehenden Wassern, und hat dies zum voraus, daß er nicht

leicht

leicht, wie andere Fische, einen modrigen Geschmack annimmt. Man kann ihn in Landpfühle, Sümpfe und Viehtränken versetzen, und da er in allen diesen Wassern fortkömmt, so ist er für den Landmann ein sehr brauchbarer Fisch: die beste Zeit zum Versetzen ist das Frühjahr, um sie aber groß zu erhalten, so muß man einige kleine Hechte, und wenn das Wasser klar ist, Sander und Barse mit einsetzen, damit die Brut zum Theil verzehrt werde, denn bey seiner außerordentlich geschwinden Vermehrung entziehen sie sich einander die Nahrung, und bleiben daher nur klein. In der physischen Welt scheint es eben so herzugehen, wie in der moralischen; denn wie mancher Mensch hat nicht seine Größe seinen Feinden zu verdanken: die Raubfische pflegen bey einer guten Nahrung schnell zu wachsen, und es können daher auch diese zugleich genutzt werden. Die Giebel findet man gewöhnlicherweise mager, wenn man sie aber futtert, so wird sie auch fett; hierzu bedienet man sich des Schaafmists und fetter Erde, sonst kann man sie auch mit geschrotetem Malz, Kleye und Brodt fett machen; allein es ist nicht rathsam, denn erstlich ist es zu kostbar, fürs 2te gewöhnen sie sich auf diese ihnen vorgeworfene Speise zu lauren, verabsäumen ihre Nahrung selbst zu suchen; und hierdurch verlieren sie mehr als sie gewinnen, und bleiben mager und klein. Dieser Fisch kommt in fliessenden Wassern und in großen Seen nicht fort; sonst wäre er sehr gut als ein Futter für Sander und Barsche zu gebrauchen. Seine Feinde sind außer den Raubfischen, der Storch, der Fischreiher, der Eisvogel, und andere Wasservögel, so gar auch der Frosch. Er wird wie der Karpfen zubereitet, aber auch gebraten, und wie die Forelle marinirt, schmeckt er schön. Er beißt nicht an die Angel, man fängt ihn daher mit Reusen [5]) Hamen [6]) und Wathen [7]). Uebrigens muß unsere Giebel nicht mit dem Bratfisch oder Däbel des Leske (Cyprinus Dobule) verwechselt werden, der in Sachsen auch Giebel heißt. [8]) Aus der Giebel und dem Karpfen, soll nach dem Vorgeben sowohl der Fischer und Teichmeister, als auch der Landwirthe, welche dergleichen Fische bey einander in Teichen haben, eine Bastartgattung entstehen, welche Kennzeichen von beyden Fischen an sich trägt, und daher von ihnen Giebelkarpfen genennet wird; sie setzen hinzu, daß diese Art größer würde als die Giebel, aber die Größe eines starken Karpfens niemahls erreiche, denn er würde nie über 3 Pfund schwer. Noch habe ich mich bisher hiervon durch den Augenschein nicht überzeugen können. Indessen sind mir doch einige Fische vorgekommen, welche nicht undeutlich zu beweisen scheinen, daß es würklich unter den Fischen Bastarte gebe: Es läßt sich auch der

5) Reuse Nassapiscella, Fr. Nasse, ist eine Art Fischernetz das auf 3 Ruten oder Biegeln aufgezogen, in der Mitte durch ein paar Steine in der Tiefe erhalten, auf der Seite aber mit 2 Sperrstöcken befestiget wird, durch einige angebrachte Schnüre werden 2 Hälse oder Kehlen formirt, in der Mitte aber ein Loch gelassen, damit der Fisch herein kommen kann.

6) Hamen, Tragula everticula, ist ein tiefes rundes, und an einer Gabel mit einen Biegel befestigtes Netz. Siehe Schrebers Uebersetzung des Duhammel von Fischen, 2 Abs. S. 75. Onomat. For. Piscat. Venat. 1 Th. S. 792. Krünitz öconom. Encyclop. 13 Th. S. 636.

7) Wathen, Fr. Haveneau, ist eine Art flachen Fischernetzes, das in der Mitte einen Sack hat, und auf den Seiten mit Stangen befestiget ist. Siehe Onomat. Loc. Cit 3 Th. p. 770 Krünitz l. c. p. 642 und 793.

8) Leske Ichthyol. Lips. Spec. S. 35.

der Fall leicht als möglich denken, daß solche Fischarten, welche zu gleicher Zeit streichen, sich einander befruchten können. Da aber diese Bastarte ohne Zweifel eben so gut wie die von Pflanzen und Vögeln in der zweyten oder dritten Geburt, in die eine oder andere Art wieder übergehen, nachdem sie in der Folge von dieser oder jenen befruchtet werden, so siehet man daraus, warum die Bastarte so selten sind. Es wäre indessen wohl der Mühe werth, einen Versuch zu machen, was daraus würde, wenn man in einen abgelassenen, oder sonst von Fischen gereinigten Teich, zweyerley Arten einsetzte, und zwar von der einen Art lauter Milcher, und von der andern lauter Rogener, wenige Jahre könnten über diese Sache ein helleres Licht verbreiten.

Zergliederung des Lumps.

(Cyclopterus Lumpus L.)

vid. Tab.

Der Lump ist ein kurzer dicker Seefisch, welcher mit knorplichten Erhöhungen und mit einem Schilde unter der Brust versehen ist. Einer meiner hiesigen Freunde erhielt einen solchen Fisch, den man in der Ostsee gefangen hatte. Zu Stettin und in den deutschen Städten an der Ostsee heißt er Seehase, die Engländer haben ihm den Namen Seeeule (Seeaul) beygelegt, vermuthlich weil er einen so kurzen und dicken Kopf wie die Nachteule hat. Bey den Schriftstellern kömmt er unter den Namen Lumpus Anglorum vor, und da der Linneische Uebersetzer diesen Namen in die deutsche Sprache übertragen hat [1]), so will

1) Müll. L. S. 3 Th. S. 330.

will ich ihn auch beybehalten. Er hat auch in verschiedenen Provinzen, die an der Ost- und Nordsee gränzen, noch andere Namen erhalten: als in Holland **Snottolff**, in Schottland Cockpadle, in Schweden Sjurygg-Fisch [2]), und in Norwegen hat so gar das Männchen und das Weibchen seinen eigenen Namen, ersteres heißt Roge-Kal, und letzteres Roge-Kere [3]), die besondere und ungeschickte Figur, die dieser Fisch macht, hat eben sowohl zu verschiedenen Benennungen, als auch zu den vielen Abzeichnungen Anlaß gegeben. Im Holzschnitt finden wir ihn beym **Aldrovand** [4]) und **Gesner** [5]), und in Kupfer beym **Johnston** [6]), **Willughby** [7]), **Klein** [8]), **Pontoppidan** [9]), und **Müller** [10]), wovon die Willughbysche Figur sehr schön, und wo zugleich das Schild mit angezeigt ist. Seine sonderbare Figur ist auch schuld, daß er bey den Schriftstellern zu ganz verschiedenen Geschlechtern gezählt worden ist: **Gesner** und **Schönefeld** [11]) rechnen ihn wegen seiner Dicke, zu den runden Fisch (Orbicularis); **Aldrovandus** und **Johnston** machen ein eigenes Geschlecht daraus; **Wilinghby** [12]) gesellt ihn dem Grundel

2) Artedi Synom. p. 87.
3) Pontoppidan Historie von Norwegen 2 Th. S. 266.
4) Ulyss. Aldrov. de Piscib. cap. 68. p. 479.
5) de Piscib. p. 157 Fig. 2 wo er auch Schnottfisch genennet wird.
6) Hist. nat. de Pisc. p. 40. Tab. 13 Fig. 1. wo er ziemlich gut vorgestellt ist, besonders sind die Floßen mit ihren Warzen sehr gut ausgedrückt.
7) Hist. Pisc. p. 208 Tab. N. 11.
8) Miss. Pisc. IV. p. 50. T. 14. Fig. 5.
9) l. c. S. 266 die 6ste Figur.
10) l. c. Tab 11. Fig. 1.
11) Schoenefeld Ichthyol. p. 41.
12) Lib. 4. §. 5. p. 208.

Grundel (Gobius) bey, weil er, wie jene, nur eine Floße am Bauche hat. Auch Artedi [13]) und Klein [14]) machen ein eigenes Geschlecht daraus, ersterer unter dem Namen Cyclopterus, und letzterer unter der Benennung Oncocion. Der Ritter brachte ihn in der zehnten Ausgabe seines Natursystems unter die Brustfloßen (Thoracici) [15]), wohin er auch wegen der Floßen an der Brust gehört; allein, warum er ihn in der zwölften zu den schwimmenden Amphibien gebracht hat, das kann ich nicht errathen [16]); denn aller meiner sorgfältigen Untersuchungen ohnerachtet, ist es mir unmöglich gewegen, Lungen in ihm zu entdecken.

* Sollte dieser große Naturkündiger solches nur aus der Analogie, weil er knorpelichter Art ist, wie die mehresten Fische so mit Lungen versehen sind, geschlossen haben? Dieses läßt sich nicht wohl vermuthen, da er so oft Gelegenheit gehabt, ihn zu sehen [17]). Ich bitte daher diejenigen Naturkündiger, welche nicht weit von den Ufern der Nord- und Ostsee entfernt wohnen, nicht nur diesen, sondern auch die übrigen 8 Geschlechter, welche der Ritter zuletzt zu den schwimmenden Amphibien gebracht hat, zu untersuchen, ob sie auch würklich durch Lungen Athem holen [18]).

13) Artedi Genera Pisc. G. 40. p. 62.
14) l. c. n. 3.
15) T. 1. p. 260. Gen. 132. n. 1.
16) p. 414. Gen. 139. n. 1.
17) Faun. Suec. p 114. n. 320. Mus. Ad. Frid. p. 57. Iter Scan. n. 188. Iter Oland. 110.
18) Ich erkläre hier ein für allemal, daß meine Erinnerungen wider den Ritter nicht in der Absicht geschehen, um die großen Verdienste dieses Mannes auch nur im gering-

Der Lump den ich vor mir hatte, war 1 Fuß 9 Zoll lang, 9 Zoll hoch, und am Bauche 3 Zoll breit. Der Kopf war stumpf und dick, und glich, wegen der am Kinn herunter hangenden dicken Haut, dem Ochsenkopf; die Lippen waren stark und mondförmig, und eben so wie der Gaumen, mit vielen kleinen spitzigen Zähnchen besetzt; die Mundöffnung hatte 2 Zoll Breite, und aufgesperret eben dieselbe Höhe. Die Zunge war keilförmig, kurz und dick, und hatte einen silberfarbenen Glanz; die Nasenlöcher standen hervor, und hatten eine röhrenförmige Gestalt; die Augen waren klein, die Pupilla schwarz, und mit einen perlfarbenen Ring umgeben, über diesen saßen 4 knorplichte Höcker, davon der mittelste der größte war. Der Kopf und Rücken hatte eine schwarze Farbe, an den Seiten war er röthlich, und am Bauche weiß; in der dicken Kiemenhaut sitzen bey diesem Fisch 4 knorplichte Strahlen; **Gronov** [19]) giebt 6 an; die erste Rückenfloße bestehet in einer starken Haut. In der untern Rückenfloße sind 20 Finnen, und eben so viel in der Brustfloße, welche dicht am Kopfe sitzet. Diese Floße ist 1 Zoll breit, und mit 4 starken Höckern besetzt, davon auf jeder Seite 2 stehen. Unter der Brust ist er mit einem Schilde versehen, das wie ein Baßin oder eine Muschel gebildet ist, von 3 Zoll Länge und 2 Zoll Breite; mit diesem kann er sich dergestalt am Felsen anklammern,

daß

geringsten herunter zu setzen; denn auch ich bin ein großer Verehrer seiner Asche: sondern ich halte mich für verpflichtet, anzuzeigen, wo er als Mensch geirret haben konnte, und dies um so viel mehr, da das Gewicht seiner Worte viel zu groß ist, als daß sie nicht zu ausgebreiteten Unrichtigkeiten Gelegenheit geben könnten.

19) Muf. Ichthyol. 1. p. 56. n. 127.

daß ihn nur eine große Kraft davon abzureissen vermag; es endiget sich in 6 Spitzen. Artedi giebt es daher für die zusammengewachsene Bauchfloßen aus; allein da kein einziger Fisch vorhanden ist, welcher nur 3 Finnen in der Bauchfloße haben sollte; da ferner die Floßen zur Bewegung, dieses Schild hingegen zur Ruhe bestimmt ist, so sehe ich nicht ein, was Artedi zu dieser Meinung bewogen haben mag. Dieses Schild dienet ihm vielmehr zu seiner Erhaltung; denn da dieser Fisch vom Raube lebt, so würde er ohne diesem Theil verhungern müssen, indem er wegen seines dicken Körpers unvermögend ist, so geschwind zu schwimmen als andere Fische, und also seine Beute nicht einholen kann; so dienet ihm dieses Schild, allem Vermuhen nach, dazu, sich mit selbigen an den Felsen anzuklammern, und so seine Beute, welche ihm die Wellen zuführen, zu haschen. In der After- und in der Schwanzfloße sind 10 Strahlen befindlich. Der Schwanz ist grade und kurz, die Finnen sind in diesen und in den Floßen an den Spitzen getheilt. Der Körper ist statt der Schuppen mit knorplichten Erhöhungen besetzt, welche wie eine gut angelegte Baumpflanzung, in geraden Reihen geordnet sind. Außer diesen kleinen Reihen stehen auf jeder Seite noch drey große, davon in der ersten 22, in der zweyten 15, und in der 3ten 12 Höcker befindlich sind, und auf dem Rücken ist gleichfalls eine Reihe von 9 solchen Erhöhungen vorhanden. Diese Erhabenheiten dienen allem Ansehen nach, dem Fische statt der Schuppen, um ihn vor äußerlichen Verletzungen zu schützen. Weil aber die Finnen in den Floßen nur weich sind, und daher leicht Schaden nehmen können, so haben auch diese durch solche Erhöhungen einen Schutz erhalten. Sind die äußern Theile dieses

Fisches

Fisches merkwürdig, so sind es die innern noch weit mehr.

Anstatt der Knochen erscheinet hier ein weicher Knorpel, welcher am Kopfe sehr dick und durchsichtig ist. Gegen das Licht gehalten, siehet er wie ein Stück Eis aus; die ganze Masse des Gehirns hat nur die Größe einer kleinen Bohne. Der Fisch hat 4 knorplichte Kiemenbogen, davon der innere Rand mit eben solchen Stacheln, der äußere aber mit einer doppelten Reihe eines Zolles langer Zotten besetzt ist. Die Bauchhöle ist kurz aber sehr weit. Ich erstaunte als ich bey der Oefnung derselben 2 breite und dicke Eyerstöcke gewahr ward, davon ein jeder 8 Zoll Länge, 4 Zoll Breite, und 1 Zoll Dicke hielt. Die Eyer waren röthlich, und etwas stärker als der Mohnsaamen; ihr Gewicht betrug 2 Pfund und 1 Loth; diejenigen ungerechnet, welche wahrscheinlich bereits von ihm gegangen waren, denn gleich Anfangs hatte ich dergleichen außerhalb des Fisches bemerkt. Der ganze Fisch wog 6½ Pfund, man kann also dreist annehmen, daß die Eyer den dritten Theil betragen. In einem Quentchen zählte ich 750 Stück, und der ganze Rogen enthält ohngefähr 207700 Eyer; eine ungeheure Anzahl für eine einzige Brut! allein der allweise Schöpfer, der für die Erhaltung jeder Art gesorgt hat, mußte ihn so reichlich mit Eyern versehen, wenn anders seine Absicht erreicht werden sollte. Er hat in dem großen Weltmeer, in das er versetzt ist, viele und mächtige Feinde. Da er aber bey den unförmlichen Bau seines Körpers und nicht sonderlich großen Floßen, nicht geschwind schwimmen kann, so wird er leicht ein Raub seiner Feinde, und würde daher bald aufgerieben werden, wenn nicht die Brut den Abgang so reichlich wieder ersetzte. Als ich den Rogen weg-

nahm,

nahm, setzte mich die große Menge und Weite der Gedärme aufs neue in Verwunderung, sie sind wie bey den vierfüßigen Thieren am Mesenterio befestiget, und liegen eben so kraus in der Runde über einander, wie jene. Sie waren 5 Fuß lang, und beynahe einen Zoll weit; ihr Volumen wird noch durch 30 bis 40 Anhängseln (Intestinula coeca) die 2 bis 3 Zoll lang sind, vermehrt. Wenn wir nur 25 davon zu 3 Zoll annehmen, so beträgt ihre Länge schon über 6 Fuß; die ganze Länge des Darmkanals wäre also über 11 Fuß; da nun der Fisch nur $1\frac{3}{4}$ Fuß lang war, so ist sein Darmkanal 6 bis 7 mal länger als sein Körper. Dieses ist bey den Fischen etwas ganz uugewöhnliches, weil ihr Darmkanal gemeiniglich nur sehr kurz zu seyn pflegt; allein wenn wir in Erwegung ziehen, daß unser Fisch ein schlechter Schwimmer ist, und daher, wie oben erwehnt worden, leicht in Gefahr gerathen kann zu verhungern, so hat die Vorsehung dadurch für ihn gesorgt, daß sie denselben mit einem verhältnißmäßig langen Darmkanal begabt; in welchem die erhaschte Beute sich lange verweilen, und alle Theilchen zu seiner Ernährung verwenden kann. Unser Fisch war sehr mager, er muß daher entweder Mangel an Nahrung erlitten haben, oder er ist krank gewesen; letzteres vermuthe ich aus der Röthe, die auf einen Zoll breit rund um die Oefnung des Eyerganges zu sehen war; das Zeichen einer Krankheit, welcher die Fische in der Laichzeit unterworfen sind, wen sie durch einen kalten Sturmwind genöthiget werden, in den Grund zu gehen, sie sind alsdenn unvermögend, den Rogen von sich zu geben; die Gegend um die gedachte Oefnung wird entzündet, sie schwellen auf, und wenn die Witterung nicht bald gelinde wird, so stehen sie ab.

Wir

Wir haben verschiedene mit Anhängseln versehene Fische, als: der Barsch, die Truchse (Gadus Lota) der Lachs und andere mehr; die Anhängsel von unserm Fisch sind von diesen merklich unterschieden, denn sie nehmen nicht alle, wie diese, ihren Ursprung unmittelbar aus dem Darmkanal, sondern nur 6 derselben; diese theilen sich, nach Art der Bäume, in mehrere Aeste und Zweige dergestalt, daß daraus die 30 bis 40 Anhängsel entstehen. S. Tab. X. Der Magen ist rund, und der letzte Darm (rectum) kurz und weit; die Leber ist dreyeckigt. Die Gallenblase fehlte bey unserm Fische; am Rückgrad liegt die Schwimmblase, und vor dieser die Nieren, welche oberwärts einen Zoll breit sind, und sich in einen Harngang endigen; das Herz ist mehr häutig als fleischig. Der Ausstopfer dieses Fisches erzählte mir, daß bey dem Ausnehmen des Fleisches, viel Wasser herausgeflossen sey; ohne Zweifel rührt dieses von der oben erwähnten Krankheit her; der Rückgrad ist, so wie die übrigen festen Theile, nur knorplicht. Das Fleisch soll nicht übel schmecken, besonders ist es für viele See-Einwohner ein Leckerbissen; der Fischotter und Hilbutt (Pleuronectus hyppoglossus L.) stellen ihm sehr nach. Die Norweger brauchen ihn daher als Köder [20]), um letztern damit zu locken. Das Männchen ist kleiner als das Weibchen, und hat eine bräunlichte Farbe. Der Lump beisset nicht an die Angel, er wird gewöhnlich bey Gelegenheit des Dorsch- (Godus Callarius L.) und Lachsfanges mit dem Netze herausgezogen. Unterweilen erhält man ihn auch durch den Riemenschlag, diesen bringen ihm die Fischer bey, wenn

20) Alles dasjenige, was die Fischer als Lockspeise beym Fischfang brauchen, nennen sie Köder.

wenn er auf dem Wasser schwimmet, er wird von selbigen betäubt, und sie können sich alsdenn seiner ohne viele Mühe bemächtigen; besonders geschiehet dieses in der Laichzeit gegen Pfingsten. Man hat wohl nicht leicht gegen eine Krankheit mehr unschicklichere und ungereimtere Mittel ausgedacht, als gegen das kalte Fieber: unserm Fisch ist auch die Ehre angethan worden, ihn als ein Heilungsmittel in dieser Krankheit, wenn er getrocknet und zu Pulver gemacht wird, anzurühmen [21]), eine Ehre, die er ohne Zweifel seiner unförmlichen Figur zu danken hat.

Naturgeschichte des Aals [1]).

Der Aal ist ein Schlangenförmiger Fisch mit hervorstehendem Unterkiefer und einer kleinen mondförmigen Kiemenöffnung hinter den Brustfloßen. Er ist so allgemein bekannt, daß eine genaue und umständliche Beschreibung desselben überflüßig wäre [2]).

Der

21) Faun. Suecic. l. c.

1) Muraena anguill. Linn. G. 143. N. 4. Faun. Suecic. n. 301. p 109. Müller L. S. 4 Th. S. 38. Der gemeine Aal Artedi Gen. p. 24. Sp. 66. Marsil. Danub. T. IV p. 4. Richt. Ichthyol. S. 841. Klein Miss. Pisc. 3. § 18. n. 1. p. 26. Willughby p. 111. n. 6. Kram. Elenh. p. 387. n. 1. Wulff Ichthyol Bor. p. 19. n. 24. Oeconomische Thiergeschichte S. 121. Gronow Mus. Ichthyol. p. 16. n. 45. Zooph. p. 39. n. 162.

2) Da jedoch die Donau und Sau, und vermuthlich mehrere andere Flüsse den Aal nicht führen, und er daher in manchen Gegenden unbekannt seyn möchte; so will ich den Ichthyologen derselben zu gefallen seine Zergliederung mittheilen. Der Aal ist glatt und mit einen zähen Schleim überzogen. Ich habe aller angewandten Mühe ohngeachtet, die Schuppen, die Leuwenhök gese-

Der Ritter von Linne' unterscheidet ihn von den übrigen Arten dadurch, daß der Unterkiefer hervorstehe, und daß er nur eine Farbe habe. Allein da diese sich eben so nach Verschiedenheit des Wassers, als die Farbe der vierfüßigen Thiere und Vögel nach dem verschiedenen Himmelsstrich abändert; so kann dieselbe eben so wenig ein wesentliches Unterscheidungszeichen,

als

gesehen haben will, nicht bemerken können. Derjenige, welchen ich untersuchte, war $1\frac{1}{2}$ Fuß lang und 1 Zoll dick, hatte auf den Rücken und an den Seiten eine schwarze, am Bauche aber eine weiße Farbe; der Kopf ist spitzig wie bey der Schlange, die Nase länglicht, und die Löcher sind dicht an den kleinen Augen befindlich; die Regenbogenhaut ist goldfarbig, die Backen sind weiß, die Unterkinnlade ist mit schwarzen Punkten besetzt und stehet unter der obern hervor; beyde sind mit spitzigen Zähnen besetzt. Der Bauch ist silberfarbig, die Seitenlinie ist grade, und hat weiße Punkte. Die Rückenfloßen röthlich an den Spitzen, die Afterfloße aber weiß; diese und die Rückenfloße stoßen zusammen, bilden einen spitzigen grünen Schwanz, und sind nicht über eine Linie breit. Gegen das Ende wird die Bauchfloße grün; die Rückenfloße ist 13, und die Bauchfloße 11 Zoll lang; in der Brustfloße siehet man gegen das Licht 15 bis 16 röthliche Strahlen; hinter derselben ist eine kleine mondförmige Oefnung, welche die Kiemenhaut bedecket. Er hat eine rothe keilförmige Zunge; sein Gaumen ist mit kleinen spitzigen Zähnen besetzt. Er ist mit 4 Kiemen versehen, und hat außer dem Rückgrad und den Ribben, keine Gräten; im erstern hatte er auf einige 116 Wirbelbeine. Der Magen ist lang und fast knorplicht; der Darmkanal war nur eng, ohne Schleim, und 9 Zoll lang; die Leber ist nicht groß und in 2 Lappen getheilt, die Milz klein; die Gallenblase groß, die Schwimmblase eng, 3 Zoll lang und ungetheilt, hat einen $1\frac{1}{2}$ Zoll langen Anhängsel, dessen Haut dünn und nicht glänzend ist.

als einen Grund mehrere Arten daraus zu machen, abgeben. So finden wir zum Beyspiel in hiesigen Gegenden Aale, sowohl junge als alte, die auf den Seiten und Rücken schwarz, am Bauche aber weiß sind; andere, die auf der Seite grün, auch bläulicht, am Rücken schwarz, und am Bauche ebenfalls weiß sind; in Holland giebt es braune, in England weiße, die am Bauche einen Silberglanz annehmen, und daher (Silver Eels) Silberaale genennet werden. Alle Fische, welche in stehenden oder sumpfigten und morastigen Wassern sich aufhalten, nehmen eine bald stärkere, bald schwächere, grüne oder schwarze Farbe an, so wie im Gegentheil diejenigen, welche im fließenden Wasser leben, oder in solchem, die einen sandigten mergelichten oder kieselichten Grund haben, hellere Farben, und am Bauche einen Silberglanz erhalten. Da nun der Aal in allen Gewässern fortkömmt, so ist es kein Wunder, daß man ihn von so verschiedener Farbe findet. Er ist ein Raubfisch, der besonders des Nachts auf seine Beute ausgehet. Er frißt kleine Fische, Insekten, Frösche, Würmer, und schonet so gar den rauhen Kaulbarsch nicht, behilft sich aber auch mit Aas und Kräutern, vorzüglich auch Erbsen; besonders liebt er den Rogen, und gehet daher den Fischen in der Laichzeit nach, ob er aber aus Begierde zum Rogen den Stöhr in den Leib durch den After krieche, wie der seel. Reimarus [3]) glaubt, daran zweifle ich: es ist vielmehr wahrscheinlich, daß der Stöhr den Aal, welchen man in seinem Leibe gefunden, beym Wühlen im Schlamm zufälliger Weise verschluckt habe, und da er sich nach seiner gewöhnlichen Art

3) Betracht. über die Kunsttriebe der Thiere S. 103.

Art zu winden pflegt, so ist er durch die Gedärme unbeschädiget bis nahe an den After gekommen [4]). Bey den Störchen und Reyhern, welche die junge Aale verschlucken, sieht man sie eben so geschwind wieder zum Hintern heraus kriechen, als sie forne herein gekommen sind [5]). Er gehet gegen den Strom, hat ein zähes Leben, und kann im Grase weit lebendig verfahren werden. Hiervon liegt die Ursache in der Einrichtung seiner Luftorganen, seine Kiemenöfnung, die nur klein ist, wird mit einer weichen schleimichten Haut bedeckt: da also der Zutritt der Luft von selbiger abgehalten wird, so behalten die Zotten ihre Biegsamkeit, und der Kreislauf dauert ohngehindert fort, um so mehr, da auch durch die kleine Mundöfnung wenig Luft hinzu dringen kann; da hingegen bey Fischen mit weiten Oefnungen und harten Kiemendeckeln der freye Zutritt der Luft die Zotten gar bald austrocknet und die Circulation hemmt. Der Aal gehört zu den lebendig gebährenden Geschöpfen. Man hat ehedem von der Erzeugung desselben viel Fabelhaftes vorgebracht, weil man weder einen Milcher noch einen Eierstock an ihm wahrgenommen, bis endlich **Leuwenhoek** [6]) in der Gebährmutter kleine Aale gefunden hat, die den großen an Gestalt vollkommen glichen [7]). Die jungen Aale sind nicht über einen Zoll lang,

4) Ich habe ähnliche Erscheinungen, welche man mit dem Schlammpeitzger zum Spaß vorgenommen hatte, gesehen; dieser hatte sich, als man ihn einer Ziege in den Rachen gesteckt, unter einem ängstlichen Köpfen, derselben bald durch ihre Gedärme gedrungen, und kam munter zum Vorschein.

5) Müller L. Syst. 4 Th. S. 40.

6) Im 10ten Brief 1692.

7) Eben dieses bestätigten in der Folge die Engelländer: Benjam. Alléen und Dale (Philosoph. Transact. abridgd. Tom.

lang, und so dünn wie ein Zwirnfaden. Im Mutterleibe sind sie in eine Cirkelförmige Figur zusammen gerollt.

Die Aalmutter erkennt man an ihrem dicken Bauch: sie scheint daher viel kürzer zu seyn als das Männchen. Die Laufzeit [8]) fällt in hiesiger Gegend im Junius. Ihre Begattungszeit ist eben so wenig als die Art, sich zu begatten, bekannt; und da sie den größten

R 2 Theil

Tom. II. p. 837-839.) Auch sahe Herr Fahlberg im Brachmonath 1750 an einem noch lebenden Aale einen jungen, der halb aus seinem Nabelloche herraushieng: er öfnete ihn, und fand in der Gebährmutter noch 40 Junge, welche er in ein Glas mit Wasser setzte, worinn sie sich über 6 Stunden lang nach Art der Aale bewegten. (Schwed. Abhandl. 12 B. S. 199) Desgleichen erzählet **Birkholz**, daß alte erfahrne Fischer in seiner Gegenwart in der Laufzeit lebendige Aale aus ihren Müttern herausgepreßt hätten, und habe er dergleichen nachhero selbst öfters im Mutter-Leibe gesehn. (S. seine Fische der Churmark S. 4.) Hierzu kommt noch die Versicherung verschiedener der hiesigen Fischer, daß wenn man um der Laufzeit einen Mutteraal drücke, die Jungen in der Gestalt ganz kleiner und höchst zarter Schlangen zum Vorschein kämen, welche kleine Aelchens sie auch in dem Falle öfters wahrnähmen, wenn ihre Kähne dergestalt mit Fischen angefüllt wären, daß diese sich aneinander drücken müßten; da ich keine Ursache fand, diese vielfältigen Beobachtungen in Zweifel zu ziehen, so hielt ich eine eigene Untersuchung dieser Sache für überflüßig, um so mehr, da **Linne'** und **Leske** den Aal unter die lebendig gebährenden Fische rechnen: letzterer bestimmt so gar die Anzahl seiner Jungen auf 40. (**Leske** Anfangsgründe der Nat. Gesch. 1 Th. S. 359.) Es kommen auch alle Schriftsteller von je her darinn überein, daß man bey diesen Fischen nie einen Milcher angetroffen habe.

8) Die Zeit, da er die Junge von sich drückt, nennen die Fischer die Laufzeit.

Theil ihrer Lebenszeit im Schlamm zubringen, so läßt sich auch nicht hoffen, daß man so bald etwas zuverläßiges davon erfahren werde. Zur Laufzeit suchen sie die flachen, mit Schilf oder Gras bewachsenen Oerter auf, um ihre Jungen allda abzusetzen, wo sie an den daselbst befindlichen Würmern, eine ihnen angemessene Nahrung finden. Im Winter verbirgt er sich im Schlamm, im Frühjahr verläßt er die Seen, und geht in die Flüsse. Besonders kömmt er im May aus den Seen in die Oder und Warte, und gehet Strom an bis nach Breslau; er läßt sich so gar durch das Geräusch der Mühlen nicht abhalten, sondern gehet durch das Gerinne mit durch [9]). Der Fang ist um diese Zeit an verschiedenen Orten sehr beträchtlich, besonders im Haffen bey Schwinemünde an der Ostsee, wie auch im Bruche, bey Sonnenburg, Limritz, Krischitz und Cüstrin. Es läßt sich die Stärke des Fangs daraus beurtheilen, daß nicht nur zu Zeiten 5 bis 6 Wagens voll mit einmal nach Berlin verfahren werden, sondern daß ihn auch die Rüländer Fischer bey Stettin in Menge aufkaufen, um ihn nach Dresden zu bringen; denjenigen Theil, welchen sie nicht frisch los werden, trocknen sie, und bringen davon ganze Wagen voll nach Berlin zu Markte. Man fängt ihn, jedoch jetzt nachdem die Oder eingedammt, nicht mehr so häufig; sonst war es nichts ungewöhliches, daß ein von den am Bruch wohnenden Fischern, in seinem Wehr [10]) in einer Nacht 10 und mehrere

9) Die Müller machen sich diese Gelegenheit zu Nutze, und fangen ihn hinter der Mühle in einen Schwetterig, eine Art Fischerzeug, das wie ein Sack gebildet ist.

10) Wehr ist ein trichterförmiges Fischerzeug, in dem eine Kähle angebracht, das von Hänfen Garn, bald von geflochtenen Holz u. s. w. gemacht wird.

mehrere Schocke gefangen hatte. Der Aal hat zwar ein hartes Leben; er wird indessen beim Verfahren zu Zeiten krank, und wenn das Sterben erst einmal einreißt, so gehet in kurzer Zeit die ganze Ladung verlohren. Sie bekommen nehmlich weiße Flecke von der Größe des Mohnsamens bis zur Linse, und vorzüglich in heißen Sommertagen. Die Fischer wissen dagegen nur wenige Hülfsmittel, und auch diese sind nicht allezeit zuverläßig; sie bestehen nehmlich in dem häufig am Strande wachsenden Säckelkraut (Stratioites aloides Lin.) man wirft dasselbe in den Fischbehälter, der Aal gehet durch, und da er sich an das mit kleinen Stacheln versehene Kraut scheuert, so wird seine Haut von jenem Aussatz gereiniget. Außer diesen bedienen sie sich auch noch des Salzes; wenn aber beyde Mittel unwürksam bleiben, so sind sie alle ohne Rettung verlohren, weil die gesunden von den kranken in kurzer Zeit angesteckt werden: man kann indessen das erwähnte Kraut einem jeden, der Aale in Behältern sitzen hat, als ein dienliches Vorbauungsmittel, mit Recht anrathen. Da der Aal ein so allgemein beliebter Fisch ist, und auch in allen Wassern fortkommt, so sollten ihn billig gute Landwirthe einsetzen: nur müssen jederzeit Männchen und Weibchen dazu genommen werden. Da man ihn indessen als einen Raubfisch kennt, der nicht allein die Brut, sondern auch den Rogen verzehrt, so muß man ihn zum Nachtheil der übrigen, nicht in zu großer Menge einsetzen. Der Landseeaal ist fetter als der Flußaal, und wird daher diesem vorgezogen. Dieser Fisch wird auf mancherley Weise gefangen; außer den bereits erwähnten Werkzeugen, bedient man sich auch noch der Aalflöße [11])

 und

11) Eine Aalflöße besteht aus einem Haken, welcher an einen starken 5 bis 6 Klafter langen Zwirnfaden gebunden;

und des Aalfangs [12]). Jene werfen die Fischer in unserer Gegend des Abends aufs Wasser, und da er an die Angel beißt, so stecken sie kleine Fischgen darauf, welche er sammt den Haken verschluckt. Am liebsten beißt er an einen Gründling (Cyprinus Gobio L.), oder Steinpeitzger (Gobius barbatula L.); in Ermangelung dieser, bedient man sich auch der Ukeley (Cyprinus alburnus L.) oder Plötze (Cyprinus Erytrocephalus L.). Die Fischer suchen so gleich bey Anbruch des Tages, ihre Aalflößen auf, weil sonst, wenn sie Zeit verlieren, der Fisch durch seinen schnellen Lauf sich vom Faden losreißt, und ihnen entgehet. Auch wird er mit dem Speer im Winter unter dem Eise gestochen; und da gewöhnlich ganze Gesellschaften im Moder beysammen liegen, so hat man nicht selten aus einem Loche von 2 Fuß im Quadrat, 2 bis 3 Schock erhalten. Einige bedienen sich auch folgenden Kunstgriffs ihn zu fangen: sie besäen nehmlich die dem Wasser nahe gelegene Felder mit Erbsen, und wenn dieser Fisch des Nachts auf diese seine Beute ausgegangen ist, so verhindern sie ihn durch Aufwerfung eines Grabens, den Rückweg zum Wasser: jedoch findet dieses nur in sandigen Gegenden statt, weil er sich hier nicht,

den; dieser Faden wird an ein Bündel von 6 bis 7 Stück beynahe einen Fuß lange Binsen befestiget.

12) Aalfang ist ein Gegitter, wo das Wasser sich durchschlägt, und also der Aal mit ins Gegitter läuft. Die Müller, die solches gemeiniglich in die Freyschützen führen, ziehen in den Sommermonaten das Freyschütz des Nachts auf, und laßen Wasser: der Aal wird durch den schnell laufenden Strom in dieses Gegitter getrieben, und wenn sie das Freyschütz wieder zugesetzt, so können sie den Aal ganz leicht aus dem Fang heraus nehmen.

nicht, wie durch eine fette Erde hindurch winden, und solchergestalt seinen Nachstellern entgehen kann. Wer übrigens vom Aal mehreres nachlesen will, den verweise ich auf **Richter** [13]) und **Martini** [14]). Vom öconomischen und medicinischen Gebrauch aber giebt D. **Krünitz** [15]) und **Zückert** [16]) Nachricht. Zeichnungen vom Aal finden wir im Holzschnitt beym **Rondelet** [17]), **Gesner** [18]), **Aldrovand** [19]); und in Kupfer beym **Johnston** [20]), **Willughby** [21]), **Marsili** [22]); ausgemahlt aber nebst dem Skelet beym **Meyer** [23]).

Naturgeschichte der Quappe.

Gadus Lota Linn.

Die Quappe ist länglicht, rund und glatt, mit einem großen und breiten Kopfe; ihr Körper ist marmorirt, und die Unterkiefer mit einer Bartfaser versehen; vorne gleicht sie einem Frosch, und hinten einem Aal. **Willughby** [r]) glaubt daher, daß die Englische Benennung Eel pout, und die Holländische Padd

13) Ichthyol. S. 841 - 857.
14) Allgem. Gesch. der Natur 1 Th. S. 3 - 17.
15) Oeconom. Encyclop. 1 Th.
16) Mat. Aliment. p. 250.
17) T. 1. Lib. 14. Cap. 1. p. 308.
18) T. 1. Ordo VI. p. 89. T. 2. Pars 4. p. 320. Diese ist ziemlich gut.
19) Lib. 3. C. 25. p. 349.
20) Tab. 4. f. 7. T. 5. f. 4. femina.
21) Tab. G. f. 6.
22) Danub. Tab. 1. f. 3.
23) Thierbuch Tom. 1. Tab. 42.
r) Hist. Pisc. p. 25.

Puitael, imgleichen die Friesländische Aelputt von Padd Frosch, und Ael Aal herrühre. Seine sonderbare Gestalt, [denn Richter [2]) sagt: eine grosse Quappe gleiche einer Sirene, wie man sie abzubilden pflegt], hat vermuthlich Anlaß zu den verschiedenen Namen gegeben, die sie sowohl in mancherley Provinzen, als bey den systematischen Schriftstellern erhalten hat. Im Reiche heißt sie Truchse [3]) Trusche, Treische, Ruffolk [4]). In Schlesien Ohlrup, Aalrup, Aalraupe [5]), und in Frankreich Lote [6]). Beym Aldrovand [7]) und Willughby [8]) kömmt dieser unter den Namen lota Rondeletii, und beym Geßner [9]), Johnston [10]) und Schwenkfeld [11]) unter Mustella fluviatilis vor. Ohne Zweifel ist auch seine unbestimmte Gestalt Schuld daran, daß er beynahe von jedem systematischen Schriftsteller in ein anderes Geschlecht ist verwiesen worden. Um aber meine Leser mit dieser trockenen Materie nicht länger aufzuhalten, will ich nur erinnern, daß Artedi [12]) und

Linne'

2) Ichthyol. S. 739.
3) Müller L. S. 4 Th. S. 96.
4) Neueste Mannigfaltigkeiten 67ste Woche.
5) Schwenkf. Theriotroph. Silef. p. 437.
6) Diction. des Anim. t. 2. p. 106. Bomare Diction. t. V. p. 409. t. VII. p. 299. Rondelet. Hist. des Poiss. t. 18. p. 120.
7) L. 5. C. 46. pag. 648.
8) pag. 125.
9) de Piscib. p. 80.
10) de Piscib. Tit. 2. Cap. 6. p. 151.
11) l. c.
12) Gen. Pisc. G. 16. n. 10. p. 22. Synonim. p. 38. Gadus n. 13. Hier ist ein kleiner Druckfehler anzumerken. Es stehet Gadus tripterygio, es soll dipterygio heissen: denn er hat nur 2 Rückenfloßen.

Linne' [13]) ihm zum Cabillaugeschlecht gebracht haben, ohngeachtet er mit dem Welse die größte Aehnlichket hat, sowohl in Ansehung seines Baues, als auch in der Lebensart; denn beyde sind große Räuber, halten sich in der Tiefe auf, und leben nur in süssen Wassern [14]). Indessen scheint Artedi selbst noch gezweifelt zu haben, unter welches Geschlecht er gerechnet werden müsse, denn an andern Stellen erklärt er ihn auch für einen Wels [15]). Einige Schriftsteller wollen kleine dünne Schuppen an diesem Fisch gesehen haben: ich habe aber, ohnerachtet ich mehr als einen betrachtet, keine wahrnehmen können. Er hat eine glatte schleimichte Haut, die auf einem grünen Grund gelbe und schwarze Flecken und Streifen von unbestimmter Figur zeigt. Der Fisch, den ich beschreibe, ist $1\frac{1}{2}$ Fuß lang und $2\frac{1}{2}$ Zoll breit, der Kopf ist etwas schmäler und zu Anfang dünn. Die Kiefern sind von gleicher Länge, und mit kleinen Zähnen besetzt, die in sieben Reihen hinter einander stehen: sie sind daher so rauh wie eine Raspel; am Gaumen sind auch dergleichen kleine Zähnchen befindlich; die Zunge ist breit, frey, weiß und knorpelartig; mit dieser kann er gegen der 2ten Reihe der Zähne den Raub fest halten; im Gaumen sitzen 2 rauhe Steine wie beim Karpfen. Die Nase ist erhaben, auf jeder Seite sind 2 Oefnungen befindlich, zwischen diesen ragt eine lange Scheidewand hervor, welche verschiedene Schriftsteller für kurze Bartfasern angesehen haben,

13) Syst. N. G. 154.

14) Rondelet führt ihn daher unter den Fischen der Landseen auf.

15) Append. ad Gen. Pisc. n. 2. p. 111. und im Append. ad Descr. Spec. Pisc. p. 107.

ben, und eignen daher diesem Fisch 3 Bartfasern zu [16]), in der Kiemenhaut sind 7 knöcherne Strahlen; die Floßen sind gelblich weiß, und haben eine blaue Einfassung; in der Brustfloße sind 18 [17]), der Bauchfloße 7, der Afterfloße 74, in der obern Rückenfloße 13, in der untern 80 [18]), und in der Schwanzfloße 40 Strahlen; die Seitenlinie ist grade, der Bauch ist weiß und der Schwanz rund; auf dem ganzen Körper sind viele kleinen Vertiefungen befindlich. Sollten wohl hier die kleine Schuppen, die einige bemerkt, gesessen haben? Er hat ein zähes Leben, wie der Aal; seine Laichzeit fällt am Ende des Decembers und im Anfange des Januars; um diese Zeit geht er nach den Strömen und Flüssen, reibt sich an den Löchern und Hügeln im Grunde, und legt seine Eier in die Tiefe. Der Schlund und der Magen ist weit, mit starken Falten versehen, wie beim Hechte. Der Anfang des Darmkanals ist mit 30 Anhängseln von verschiedener Länge wie mit einem Kranz umgeben, welche weiß, und fast knorplicht sind. Der Darmkanal hat 2 Krümmungen, und ist 9 Zoll lang; die Leber ist groß, blaßroth, 5 Zoll lang und 2½ Zoll breit, und wird als ein Leckerbissen auf vornehme Tafeln gebracht. **Johnston** erzählt, daß eine gewisse Gräfin von **Beuchlingen** im Thüringschen eine so außerordentliche Liebhaberin von dieser Leber gewesen, daß sie auf

16) Klein Miss. Pisc. IV. p. 57. Encheliopus n. 13.

17) Linne' giebt 21 an. Müller muß bey seiner Uebersetzung die Zahl 1 übersehen haben. Daher sagt er, die Bauchfloße habe nur 2 Finnen. S. 4 Th. S. 97.

18) Klein will behaupten, unser Fisch hätte nur eine Rückenfloße, und die obere wäre von der andern abgerissen: allein es ist würklich ein merklicher leerer Raum dazwischen. Klein l. c.

auf den Genuß dieser Speise den größten Theil ihrer Einkünfte verwendet [19]). Wenn die Leber in ein Glas gehangen, und auf den warmen Ofen, oder in die Sonne gestellt wird; so fließet ein Oehl daraus, welches die Flecken auf der Hornhaut wegnimmt, wenn sie oft damit bestrichen werden [20]). Der Aberglaube hat auch verschiedenen Theilen dieses Fisches besondere Heilkräfte zugeeignet; so soll der Schlund und Magen mit Wein gekocht, die Nachgeburt abtreiben, die Fehler der Mutter bessern, den Stein zermalmen und die Kolik heilen. Auch den Steinen, die zu Anfang des Rückgrades sitzen, hat man eine heilende Kraft gegen die fallende Sucht beygelegt [21]). Der Rogen bestand aus 2 Säcken, die hundert acht und zwanzig tausend Eier enthielten; ein schöner Vorrath für ein einziges Jahr! Die Schwimmblase ist ungetheilt. Bey guter Nahrung wächst er schnell, wird fett, und auch zu Zeiten sehr groß. **Richter** erwähnt eines dergleichen in Meldersee gefangenen Fisches [22]). Sein Fleisch ist kurz, weiß und schmackhaft: Dieses gilt besonders von denjenigen, welche in den Flüssen leben, und aus diesem Grunde ist er fast allgemein beliebt. Er wird gewöhnlich wie der Aal zurecht gemacht [23]). Seine Feinde sind der Hecht und der Wels; sie reiben sich aber auch, aus Mangel der Nahrung, einander selbst auf. Er hatte 18 Ribben und

19) Johnston p. 152.

20) de Haen. Rat. Med. P. X. §. 111. p. 293. Strahls. Magaz. 1 B. S. 460.

21) **Johnston.** l. c. und **Jablonk.** Lexic.

22) Ichthyolog. p. 553.

23) Von den verschiedenen Arten der Zubereitung sehe man des Herrn D. **Krünitz** öconom. Encyclop. 1 Th. S. 20.

und 58 Wirbelknochen im Rückgrad, wird 2 bis 3 Fuß lang, und wägt alsdenn 10 bis 12 Pfund. Man fängt ihn mit dem Garn [24]), Cabbe [25]), am häufigsten aber mit dem Flok [26]), doch auch mit der Aalflöße [27]) und Grundschnur [28]), weil er auch an die Angel beißt. Zeichnungen davon finden wir im Holzschnitt beim Rondelet [29]), Geßner [30]), Aldro-

24) Garn ist ein großes Sackförmiges Netz, wovon jeder Flügel 100 bis 120 Klafter in der Länge, und 6 in der Breite oder Tiefe hat. Dieses wird von 8 Leuten, die in 2 Kähnen vertheilt sind, gezogen, und gewöhnlich damit um Bartholomäi und im Winter unter dem Eise gefischt. In Seen von vorzüglicher Tiefe, bedient man sich dazu eines 12 und mehrere Klafter hohen Netzes, und alsdenn wird es ein Doppelgarn genannt.

25) Cabbe ist ein Sackförmiges Netz, 3 bis 4 Klafter tief, davon jeder Flügel 60 bis 70 Klafter lang ist, und durch 4 Mann in 2 Kähnen geführt wird.

26) Flock ist ein Sackförmiges Netz, welches zu beyden Seiten einen 3 bis 4 Klafter langen bastenen Reif hat; das eine Ende dieses Reifes wird am Kahn befestiget, und das andere durch einen Stein, welcher Handstein genennet wird, im Grunde erhalten. Der Kahn wird in der Quere gestoßen, und das ausgeworfene Netz durch angebundene Steine so lange im Grunde erhalten, bis die Fischer für rathsam finden, es von beyden Seiten aufzuheben.

27) Aalflöße, vide Aal.

28) Grundschnur ist eine lange Schnur von Pferdehaaren, an welchen Aalhaken mit kleinen Fischen befestiget sind; die Schnur wird an beyden Enden durch ein Gewicht, Stein, oder einen Stock feste gemacht: (doch kann dieses Fischerzeug nur in Seen oder in einen nicht schnell fließenden Strom mit Nutzen gebraucht werden.)

29) Tom. 2. p. 120.

30) pag. 80. Tom. 2, Pars 4. S. 308. Diese Figur ist ziemlich natürlich.

Aldrovand [31]); in Kupfer beim Johnston [32]), Willughby [33]), Marsilli [34]), Klein [35]), Müller [36]), und ausgemahlt nebst dem Skelet beim Meyer [37]). Er hat nur eine Bartfaser, bisweilen aber, nach den Versicherungen der Fischer, auch zwo: und man siehet auch hieraus, wie schwer es hält, ein sicheres charakteristisches Kennzeichen bey den Fischen zu finden: denn Artedi giebt die einzige Bartfaser für ein dergleichen Merkmal der Quappe an. Sollte es übrigens jemand für rathsam finden, einen Raubfisch in seinen See zu bringen, so würde sich der unsrige dazu gut schicken und die bequemste Zeit, ihn zu versetzen, wäre im Frühjahr. Ehe ich diesen Artikel verlasse, muß ich noch anführen, daß verschiedene Schriftsteller aus der Quappe oder Aalraupe, und der Truchse, zweyerley Fische machen: andere aber diese nur für eine Art erklären. Zu letztern gehören Artedi [38]), Linne' und Gronov [39]), zu erstern aber Ray, Geßner, Willughby und Johnston. Die Quappe beschreiben sie unter den Namen lota Gallorum [40]), letztere aber unter Mustela fluviati-

31) p. 648.
32) Tab. 28. Fig. 6. Die Zeichnung wäre gut, wenn die Rückenfloße getheilt, und die Bartfaser nicht einer Stachel gliche.
33) Tab. H. 3. Fig. 4. Eine gute Abbildung.
34) Danub. T. 4. Tad. 24. Fig. Diese Zeichnung ist schlecht, denn die Bartfaser fehlt, und die Schwanzfloße ist spitzig.
35) Miss. 4. Tab. 15. f. 2. Sehr gut.
36) 4. Tab. 3. Fig 5.
37) T. 1. p. 45. Tab. 71.
38) Synonim. p. 38. N. 13.
39) Mus. Ichth. 1. p. 21. N. 61. et Zooph. p. 97. n. 313.
40) Gesn. l. c. p. 81. Ray Sinops. Pisc. p. 68. Willugh. p. 125. §. VII. tab. H. 3. Fig. 6. Johnst. p. 150. C. V. tab. 29. f. 10.

viatilis [41]). Aus der Vergleichung der Abbildungen, die sie von beyden geben, erhellet, daß es wirklich nur ein Fisch sey, und daß die schlechte Zeichnung des Rondelet Gelegenheit gegeben habe, die lota für eine besondere Art zu halten.

Naturgeschichte der Barsche.

1) Der Stockbarsch.

(Perca fluviatilis L. n. 1.)

Aus dem Barschgeschlecht enthalten unsere Gewässer 3 Arten: den Barsch, den Zander und den Kaulbarsch. Beim Barsch ist der Kiemendeckel gezähnelt, der Rücken mit 2 Floßen, und der Körper gewöhnlich mit 5 bis 6 Querstreifen versehen. Er ist wegen seiner deutlich in die Augen fallenden Kennzeichen durchgängig bey den Schriftstellern unter dem Namen Perca bekannt [1]), und diese Benennung ist auch beynahe in allen Europäischen Sprachen nur mit einer gerin-

41) Gesner p. 80. Willughb. l. c. §. VI. t. c. f. 4. Ray p. 67. Johnst. p. 151. C. V. t. 28. f. 6. Klein Enchelyop n. 13. t. 15. f. 2.

1) Artedi Gen. p. 39. n. 1. Synon. p. 66. n. 1. Species p. 74. n. 1. Klein Miss. V. p. 36. Kramer Elench. Veget. et Anim. p. 384. n. 1. Richter Ichth. p. 773. Zückert Mat. Alim. p. 269. Birkholz öcon. Gesch. S. 6. n. 4. Schwenkfeld Ther. Siles. p. 441. Wulff p. 27. n. 33. Gronov. Mus. 1. p. 42. n. 96. Zooph. p. 91. No. 301. Marsili Danub. 4. T. p. 65. Acta Helvet. t. IV. p. 264. n. 151. Schafer Pisc. Ratisb. p. 1. Blasii Anat. p. 284. Perca fluviatilis Rondel. tom. 2. p. 142. Gesner p. 302. Willugh. p. 291. Raji p. 97. Perca major Schoenef. p. 55. Johnst. p. 146. Perca fluviatilis major Aldrov. p. 622.

geringen Abänderung übertragen [2]). Der Barsch ist einer der schönsten Fische von Teutschland, besonders derjenige, den man aus einem klaren Wasser erhält. Die blaue oder schwarze Querstreifen stechen sehr gut áuf den weißen Silbergrund ab; die durchsichtige weiße Rückenfloßen mit dem dicken rothen Bauch und Schwanzfloße, geben dem Fisch ein reizendes Ansehen, welche Schönheit durch die blaue Augen, die mit einen goldenen Ring eingefaßt, und einer rothen Regenbogenhaut umgeben sind, erhoben wird. Seine Schuppen werden wegen ihrer schönen Zeichnung und Perlglanz, gewöhnlich zu den microscopischen Objekten genommen. So groß seine äußerlichen Vorzüge sind, eben so groß ist auch sein innerer Werth, denn er hat ein schönes wohlschmeckendes Fleisch [3]), welches man, da es nicht sonderlich mit kleinen Gräten durchwebt ist, dreist essen kann. Da sein Fleisch weder fett noch schleimicht ist; so giebt es auch für den Kranken eine gesunde Speise ab. Warum es aber **Zückert** [4]) in der Laichzeit für ungesund erklährt,

2) In der Mark Stockbarsch; in Pommern Bars, **Richter**. In Schlesien Perske, Beersing, Beesisch, Pars, Eyle, Ringel Persing; in manchen Gegenden heißt er auch Buntbarsch; wenn er jährig ist Heuerling, im 2ten Jahr wird er Stichling, und im 3ten Jahr Egling genannt, und wenn er älter wird, nennt man ihn Rehling; **Schwenkfeld**. In Oesterreich Perschling, Warschieger, und wenn er gelb ist, Goldpersche; **Kramer** In Preussen Bersche; **Wulff**. Franz. Perche; in Holland Baars; Englisch Peark; Schwedisch Abborre; Dänisch Abora; Norwegisch Tryde, Skibbo; Italienisch Persego; in Bayern Bürstel; **Schäffer**.

3) Auch die Römer wußten es zu schätzen; daher **Ausonius** diese Fische deliciae Mensarum nennt.

4) Mater. Alim. p. 269.

klährt, das kann ich nicht errathen. Die Fische sind um diese Zeit, oder vielmehr gleich nachher mager, und daher weniger schmackhaft: ob sie aber aus diesem Grunde für einen Kranken weniger zuträglich seyn sollten, daran ist mit Recht zu zweifeln. Wir finden diesen Fisch nicht nur in allen Gegenden von Europa, sondern auch in den übrigen Welttheilen, wie aus dem **Catesby** und dem Pater **Plümier**, dessen letztere vortrefliche Handzeichnungen und M. S. ich besitze, erhellet. **Marsili** sagt, er wäre im rothen Meere befindlich; und **Gmelin** hat ihn in Sibirien bemerkt [5]). Ich halte daher eine genaue Beschreibung für überflüßig, besonders da ihn **Blasius** [6]), **Artedi** [7]) und **Schäffer** [8]) bereits genau zergliedert haben: jedoch will ich selbige, der Vollständigkeit wegen, am Ende in einer Note liefern. Dieser Fisch kömmt zwar in allen stehenden und fließenden Wassern fort, allein sein Geschmack und seine Farbe richten sich doch nach der Verschiedenheit derselben; so nimmt er z. B. in morastigen, einen modrigen Geschmack und eine grüne Farbe an. **Artedi** unterscheidet unsern Barsch von den übrigen durch folgende Kennzeichen: daß er auf jeder Seite 6 schwarze Querstreifen, und am Bauch rothe Floßen habe [9]): allein das letzte hat er mit sehr vielen andern Fischen gemein, und so gar sind bey einem jungen Barsch die Floßen noch weiß, bey einem dreyjährigen aber kaum einige rothe Flecke an den Floßen zu bemerken, das erste Kennzeichen aber ist unbe-

5) Richter. l. cit. S. 781.
6) l. c. p. 284. T. 52. f. 12.
7) Descr. Specier. Pisc. p. 74.
8) Pisc. Ratisb. Cap. 1.
9) Synonim. pag. 66. Perca lineis utrinque sex transversis nigris, pinnis ventralibus rubris.

unbeständig. **Schäffer** bemerkte an einem alten Barsch 8 Querstreifen [10]), **Geßner** hat einen dergleichen abgezeichnet [11]), und **Gronov** hat sie mit 6. 7. 8 und 9 gefunden [12]). **Aldrovand** [13]) und **Klein** [14]) hat seinen gleichfalls mit 9 Strahlen abgezeichnet, und **Blasius** [15]) und **Johnston** [16]) gar mit 12. **Richter** sagt, er habe in seinem Teiche Seebarsche eingesetzt, die gar keine Streifen hatten [17]). In des **Marsili** Zeichnung sind ebenfalls keine angezeigt [18]). Ich habe auch einen Barsch aus einem sumpfigten Graben gesehn, dem diese Streifen fehlten; und so eben, da ich dieses aufsetze, erhalte ich 2 Barsche, ein jeder von beynahe 3 Pfund, davon der eine zwey, und der andere nur fünf unvollständige Streifen aufzuweisen hatte. Eben so unsicher sind die vom Ritter angegebene Kennzeichen, nehmlich die 2 abgesonderten Rückenfloßen, in deren letztern 16 Strahlen befindlich sind: denn viele Fische aus diesem Geschlechte haben 2 besondere Rückenfloßen, und die Anzahl der Strahlen ist nach der Beobachtung des **Kramer** und **Gronov** verschieden. Ersterer hat sie von 12 bis 14 gefunden [19]), **Gronov** giebt 14 an [20]), und ich habe 14 bis 16 angetroffen. Die Unbeständigkeit

10) l. c.
11) l. c.
12) Zooph. p. 91. In der Note zu N. 301.
13) l. c.
14) Miss. V. T. 7. Fig. 2.
15) Lib. c. 52. f. 13.
16) Tab. 29. Fig. 8.
17) l. c. p. 780.
18) l. c. T. 23. f. 1.
19) Elench. p. 385.
20) Mus. Ichthyol. p. 42. N. 96.

digkeit der angegebenen Merkmale belehrt uns, daß es unmöglich sey, in der Naturgeschichte eben so wie in der Weltweißheit zu verfahren, da diese, bloß mit abstrakten Begriffen, jene aber mit einzelnen Körpern zu thun hat, die sich nicht durch wenig Worte bestimmen lassen, und man siehet daraus, wie nothwendig es sey, zu Beschreibungen und genauen Zeichnungen seine Zuflucht zu nehmen. Der Barsch gehört zu den Raubfischen: weil er aber niemals eine beträchtliche Größe erreicht, so wagt er sich nicht an große Fische, sondern sucht die kleinen Fischarten und die Brut der großen auf. Bey warmer Witterung kömmt er an die Oberfläche die Mücken zu erhaschen. Er schwimmt so schnell wie der Hecht, schont auch eben so wenig wie dieser, sein eigenes Geschlecht, ist aber bey seinem Raube nicht so vorsichtig wie jener. Der Hecht hascht nur, aus Mangel anderer Nahrung, den Barsch und Kaulbarsch, weil er sich vor ihren stachlichten Schuppen fürchtet: an den Stichling aber (Cyclopterus aculeatus L.) vergreift er sich nie. Der gierige Barsch hingegen, der nach allen, was er bezwingen kann, schnappt, muß zu Zeiten diese Raubbegierde mit seinem eigenen Leben büßen: denn der Stichling, der, so wie alle übrige Fische, so bald er sich gefangen sieht, sich sträubt, bringt dadurch seine Stacheln in den Mund des Barsches, dieser kann denselben nicht wieder verschließen, und muß daher mit der Beute im Munde verhungern. Geräth er nun in diesen Zustand den Fischern in ihre Netze, so ziehen sie ihm den Stichling heraus, und werfen ihn alsdenn, weil er sehr mager geworden ist, wieder ins Wasser; er verliert indessen die Fertigkeit, das Maul zuzumachen, denn wenn sie dergleichen Fische wieder fangen, so finden sie dasselbe allezeit offen. Der Barsch wird nicht sonderlich

derlich groß, und selten 2 Fuß lang und 4 Pfund schwer angetroffen; doch soll es in Siberien, wie Gmelin versichert, Barsche von vorzüglicher Größe geben. Er hält eine gewisse Höhe im Schwimmen, wenn man dahero darnach angeln will, so muß man auf dieselbe Rücksicht nehmen. Er wird mit einer Butterbrühe zubereitet, auch gebraten schmeckt er schön. Die Holländer lieben ihn vorzüglich auf Butterbrodt, wann er vorher aus Salzwasser und Petersilie gekocht worden. Sie finden den nicht sehr großen Milcher am schmackhaftesten. Sonst werden sie auch, (nachdem sie vorher aus Salzwasser gekocht) mit einer Sardellen- Kapern- oder Zitronenbrühe genoßen, und auch noch auf mancherley Art zurecht gemacht, wovon Herr D. Krünitz umständlichere Nachricht ertheil [21]). Marinirt sind sie ebenfalls eine sehr angenehme Speise; wie nicht weniger, wenn sie eingesalzen, geräuchert, und darnach mit einer Butterbrühe zurecht gemacht werden. Aus den Barschhäuten läßt sich auch ein Leim bereiten, der die Hausblase an Dauerhaftigkeit weit übertrift. Die Lappländer geben damit ihren Bogen, die sie aus Birken- und Dornholz zusammen leimen, eine große Festigkeit [22]). Da nun dieser Leim in manchen Fällen für die Oeconomie einen besondern Nutzen haben kann, so wird es nicht unschicklich seyn, dessen Bereitung hier mitzutheilen: besonders da es Fälle giebt, wo der Barsch nicht versilbert werden kann, als z. B. im Sommer, wenn der Ort des Fangs von großen Städten zu weit entfernt liegt, oder wenn das Gewitter in einen See schlägt,

21) Oeconom. Encyclop. 3 Th. S. 566.
22) Abhandl. der Schwed. Acad. 1 B. S. 262.

der Barsche enthält, als wovon sie erkranken, bald nachher abstehen und ans Vorland geschwommen kommen. In beyden Fällen würde der Barsch zum Leimmachen genutzt werden können. Die Lappländer bereiten ihn auf folgende Art. Sie ziehen die Haut von großen Bärschen ab, die sie nachher trocknen, und sodann im kalten Wasser einweichen, daß man die Suppen abschaben kann, die weggeworfen werden. Solcher vier bis fünf Stücke Barschhäute nehmen sie gemeiniglich zusammen, legen sie in eine Rennthierblase, oder wickeln sie in weiche Birken-Rinden ein, damit das Wasser sie nicht unmittelbar berühren könne. Diese also eingewickelte Fischhäute legen sie in einen Topf mit kochenden Wasser, und einen Stein oben drauf, um sie auf den Boden zu erhalten, und lassen es bey einer Stunde lang ordentlich kochen. Wenn sie nun weich und klebrig sind, so nehmen sie dieselbe aus der Blase oder Rinde heraus, und bestreichen damit die Hölzer zu ihren Bögen. Durch eine geringe Veränderung würde sich dieser Leim, wie der unsrige, leicht in Tafeln bereiten lassen. Der Barsch hat sehr viel Rogen; derjenige, den ich in einem der oben erwähnten Barsche fand, wog 14 Loth, und enthielt nach genauer Zählung eines sechszehntheil Loths, und der Berechnung des ganzen 268800 Eier: nach **Harmers** Zählung aber hat ein Barsch von ½ Pfund 281000 Eier [23]) gehabt. Eine ungeheure Menge Eier für ein Jahr! Lange konnte ich nicht begreifen, warum dieser Fisch, bey einer so großen Anzahl Eier, sich doch nicht mehr als andere Fische vermehrt. Es ist wahr, dieser Fisch hat viele Feinde, und er verzehrt sich unter einander selbst; allein

23) Oeconom. Encyclop. XIII. Th. S. 448.

allein ist dies nicht auch der Fall beim Hecht und andern Raubfischen? Beym genaueren Nachforschen fand ich, daß der Schöpfer diesen Fisch seine ungeheure Anzahl Eier nicht umsonst gegeben, weil eines theils nur eine sehr geringe Anzahl befruchtet wird, und andern theils der ganze Rogen leicht umkommt. Der Barsch giebt nicht, wie andere Fische, seinen Laich in mehreren Tagen Theilweise von sich, sondern entledigt sich desselben mit einmahl, in Form eines Netzförmigen Gewebes, welches 2 bis 3 Ellen lang ist. Dieses Netz hat auch viele Falten, welche bey dem Reiben des Fisches an den Kräutern entstehen; daher geschiehet es, daß, da der Milcher, der auch bey andern Fischen nur einen Theil des Rogens bedeckt, hier einen um so viel kleinern Theil treffen und befruchten könne. Hierzu kömmt noch, daß der Aal und die Stürme diesen Rogen ungleich mehr Schaden zufügen als andere. Ersterer verschluckt ihn, da er zusammen hängt, gänzlich; und letztere werfen aus eben diesem Grunde nicht einen Theil, sondern das ganze ans Ufer, wo er alsdenn vertrocknet. Da auch dieser Fisch seinen Rogen tief unter das Wasser an den Pflanzen absetzt, so wird er bey einfallender stürmischen Witterung, nicht selten vom Sande beschüttet. Seine Laichzeit fällt in flachen Seen im April, und in tiefen im May. Wann er den Rogen von sich läßt, so wird dadurch ein Netzförmiges Gewebe gebildet, welches hohl wie ein Darm gestaltet, und 2 bis 3 Ellen lang und 2 Zoll breit ist. Betrachtet man es mit einem Suchglase, so findet man in einem jeden Ey 4 Ringe, und in der Mitte ein klahres Bläschen; wo die Eier zusammen stoßen, da bekommen sie gerade Flächen, so daß ein solches Ey in einer fünfeckigen Gestalt erscheint. Schäffer hat es gut vorge-

 stellt.

stellt [24]). Es ist 2 bis 3 Ellen lang, und 2 Zoll breit. Beim Laichen reibt er sich an Sandhügel, Holz oder andere harte Körper. Er laicht schon im zweyten, oder auch im 3ten Jahr, wie der Hecht: zu der Streichzeit gehet er gerne, wenn er Gelegenheit hat, in die Bäche und Flüsse. Der Barsch wird auf mancherley Art gefangen, als mit der **Angel**, mit dem **Netze**, und im Winter mit dem großen **Garn**. Ein besonderer Umstand ist bey seinem Fang mit dem **Netze** oder großen **Garn** merkwürdig. So bald er da herein geräth, so verfängt er sich, wie es die Fischer nennen, das ist, er schwimmt auf den Rücken, und scheint todt zu seyn: jedoch erholt er sich bald wieder. Vermuthlich rührt dieses von der Erschütterung her, die er erleidet, indem er durch seinen schnellen Schuß gegen das Netz fährt, als wodurch er in eine Betäubung versetzt wird. Er ist auch noch einer besondern Krankheit, bey der Fischerey unter dem Eise unterworfen, welche unter dem Namen der Windsucht (tympanitis) bekannt ist. In diesem Zustande ist der Leib aufgetrieben, und wenn er aus tiefen Seen gefischt wird, so tritt ihm auch eine keilförmige Blase aus dem Munde hervor: wenn man ihn aber aus weniger tiefen Seen fängt, so zeigt sich eine eben dergleichen Blase am Nabel. Ich untersuchte einige dergleichen Fische, welche aus dem Maduisee beim Maränenfang mit aufgefischt worden, und die hervor getriebene Blase war nichts anders, als die innere heraus getriebene Haut des Mundes. Es ist daher das Vorgeben der Fischer, daß die Schwimmblase hervortrete, unrichtig, weil diese Fische keine eigentliche Schwimmblase, sondern statt derselben, eine ausgespannte Haut haben,

24) Pisc. Ratisb. Tab. 1.

haben, welche von der einen bis zur andern Seite der Ribben gehet. In der Streichzeit wird er mit einem besondern Netze, das **Barschnetz** [25]) genannt, genannt, gefangen; auch mit Reusen, wenn die Kehlen mit Kiehn- Tanger- oder Heidekraut bestochen sind, die er aufsucht, um sich daran zu reiben.

Der Barsch hat ein hartes Leben, läßt sich daher zum Versetzen gut verfahren: allein man muß sich hüten, ihn bey andere Fische zu bringen, weil er ihrer Brut so sehr nachtheilig ist; am besten ist es, wenn man sie in ein eigenes Wasser bringt, und ihnen Stinte oder andere Fische zu ihrem Unterhalte mit einsetzt. Zeichnungen davon finden wir im Holzschnitt beim **Rondelet** [26]), **Geßner** [27]), **Aldrovand** [28]); in Kupfer beim **Johnston** [29]), **Blasius** [30]), **Willughby** [31]) und **Marsilli** [32]), welche aber schlecht sind. **Johnston**, ein treuer Sammler alles desjenigen, was er bey seinen Vorgängern fand, nahm unter dem, was sie gutes hatten, auch ihre Fehler mit. **Blasius** stellte beyde Rückenfloßen als eine einzige vor. **Willughby** ließ beyde, und **Marsilli** die Querstreifen weg. Die beste

 Zeichnung

25) Dieses wird von fein gesponnenen Flachse verfertiget, und auf einem pferdeha rnen Reifen aufgezogen. Die Maschen sind viereckigt und 2 Zoll weit, durch bleyerne Knoten wird das Netz im Grunde, und durch Schilf übers Wasser erhalten. In diese Maschen läuft er von selbst und verwickelt sich darin.

26) p. 143.

27) L. 2 Pars IV. p. 302.

28) p 622.

29) Tab. 28. Fig. 14. und 29. f. 8.

30) Tab. 52. f 13.

31) Tab. S. 13. f. 1.

32) Tab. 23. f. 1.

Zeichnung liefert Klein [33]). Ausgemahlt finden wir ihn beim Schäffer [34]), allein mit einen zu breiten und nicht mondförmig genug gebildeten Schwanze. Meyer [35]) aber stellte ihn recht nach dem Leben vor.

Zergliederung.

Die Länge des Barsches den ich beschreibe, beträgt 14, und seine stärkste Breite 4 Zoll. Der Kopf ist klein und läuft spitz zu; die Lippen werden durch eine dünne Haut an die Kinnladen befestiget, und beide Kiefer sind mit einer Raspel versehen; an beiden Seiten des Gaums sitzen noch zwey dergleichen; die Zunge ist frey und dick; zwischen der Nase und den Augen sind 4 Oefnungen befindlich, davon die vorderste rund, und die hinterste länglicht sind; die Pupilla ist blau, die Iris weiß und spielt ins gelbe; die Backen sind stark, und in der Kiemenhaut 7 knöcherne Strahlen befindlich; die obere leimichte Schuppe des Kiemendeckels endigt sich in eine Spitze; das Genick ist schwarz; auf dem Körper sind 5 dergleichen Streifen zu sehen; die Seitenlinie ist grade, und nahe am Rücken und auf den Seiten hat er eine weiße mit blau vermischte Farbe. Der Bauch ist weiß; die Brustfloßen ebenfalls; die Bauchafter und Schwanzfloße aber Zinnoberroth; am Rücken sitzen 2 Floßen, davon die oberste 14, und die unterste 16 knöcherne Finnen enthält: erstere werden durch eine dünne Haut mit einander verbunden; am Ende dieser Finne nimmt man 2 schwarze Flecken wahr. In der Brustfloße sind 11, und in der Schwanzfloße

33) Miss V. Tab. 7. f. 2.
34) Pisc. Ratisb. T. 1. f. 1.
35) Thiere, 1 Th. T. 73.

floße 18 Finnen befindlich; in der Bauchfloße hat er 6, und in der Afterfloße 11 Strahlen, wovon bey ersterer eine, bey letzterer aber 2 stachlicht sind: diese Strahlen endigen sich in verschiedene Zweige. Die Schuppen sind gezähnelt und der Länge nach gefurcht; ihre Bildung ist am Rücken, Bauch und After verschieden [36]). Die Leber bestehet aus zween Lappen von verschiedener Größe, und der Rogen aus einem einzigen Sack; die Eier sind so stark wie Mohnsaamen. Die Schwimmblase bestehet nicht, wie gewöhnlich, aus einem oder 2 runden Schläuchen, sondern aus einer von einer Seite zur andern ausgespannten dünnen Haut [37]). Der Darmkanal ist 12 Zoll lang, und hatte 2 Beugungen, 3 Blinddärme und einen sackförmigen Magen. Die Blinddärme sind ½ Zoll lang, und sitzen eben so weit vom Magen entfernt; der Schlund ist weit, und wie bey allen Raubfischen, faltig.

2) Der Zander.

Perca, Lucioperca L. n. 3.

Der Zander hat einen zugespitzten Kiemendeckel, und 2 hervorstehende Zähne in jeder Kinnlade. In der untern Rückenfloße sind drey bis vier und zwanzig Strahlen befindlich. Es hat dieser Fisch, wie die mehresten seines gleichen, in den verschiedenen Provinzen von Teutschland verschiedene Namen erhalten. In der Mark heißt er Santer; in Pommern

36) Diese hat Schäffer im angeführten Buche auf der 4ten Tafel abgebildet.

37) Sollte wohl hierinn die Ursache seines schnellen Schwimmens liegen?

mern und an der Oder Xant; im Bruche, Sandbarsch; im Mecklenburg- und Holsteinschen, Sandat; in Preussen, ein Zand oder Zander; in Schlesien, Zant, Zehend; in Beyern, Nagmaul; in Augspurg, Schindel; in Oesterreich, Schielen, in Ungarn, Schmul; in Schweden, Giös. Es ist dieser Fisch bey weiten nicht so gemein als der vorhergehende, und noch zweifelhaft, ob er den alten bekannt gewesen. **Geßner** [1]) gedenkt seiner zuerst unter den Namen Lucio perca, Hechtbarsch, weil er beiden ähnlich ist; denn in Absicht der harten Schuppen und der beiden Rückenfloßen, gleicht er den Barsch: in Ansehung des gestreckten Körpers, der Flecken und der starken Zähne, aber dem Hechte. Unter eben diesem Namen finden wir ihn auch beim **Schwenkfeldt** [2]), **Schönefeldt** [3]), **Willughby** [4]), **Ray** [5]), **Linne'** [6]), **Marsilli** [7]) und **Wulff** [8]). Beim **Aldrovand** [9]), **Johnston** [10]) und **Charlet** [11]) kommt er unter den Namen Schillus und Nagemulus vor. **Artedi** [12]) unterscheidet diese Barschart von den übrigen durch die blasse Flecken, und die 2 scharfe Zähne an jeder Kinn-

1) T. 2. P. IV Ordo. 1. p. 316.
2) Theriotroph. Siles. p. 433.
3) Ichthyol. p. 43.
4) Ichthyol. p 293.
5) Sinop Ichth. p 98. N. 241.
6) S N T. 1. p 481 Faun. Suec. p. 118. N. 334.
7) Danub T. IV p. 69
8) Ichthyol. Boruss. p 27 n. 37.
9) de Piscib Lib. V cap 59 p. 667.
10) Lib. 3. tit. 4. C 7. p. 174.
11) Onomat p. 164.
12) Genus 30. n. 2. Perca pallide maculosa duobus dentibus maxillaribus utrinque maioribus.

Kinnlade; Linne' [13]) aber, durch 2 unterschiedene Rückenfloßen, und den 23 Strahlen in der Letztern. Der Zander ist einer mit der schönsten unserer Landesfische. Seine reizende silberfarbene Schuppen, und die mit unter spielende Goldfarbe, das große hervorstehende himmelblaue und weiße Auge, und die schön ausgespannte Rückenflossen, die aus knöchernen Strahlen und einer dünnen durchsichtigen mit schwarzen Punkten besprengten Haut bestehet, geben dem Fisch ein herrliches Ansehen. Sein schönes, weisses, wohlschmeckendes Fleisch aber hat ihm das Recht verschaft, auf vornehmen Tafeln erscheinen zu dürfen. Er wird sowol von hier aus, als auch aus Preussen in weit entfernte Länder frisch, und eingesalzen verschickt. Gewöhnlich kocht man ihn aus dem Salzwasser und genießt ihn alsdenn mit brauner Butter und Petersilie, oder mit einer Senf- und Sardellenbrühe: sonst wird er auch wie der Hecht mit einer Butterbrühe oder mit Milch abgelöscht gegessen: gebraten aber schmeckt er nicht gut. Einige finden daran Geschmack ihn roh zu verzehren [14]). Nachdem er geschuppt ist, wird das abgepflückte und klein gehackte Fleisch eingesalzen, und wenn es eine Stunde lang so gestanden hat, mit guten Provenceröl, Kapern, und Pfeffer zurecht gemacht. Geräuchert schätzt man ihn dem Schnäpel gleich. Er kömmt nur in reinen und weichen Wassern, und selten in andern Seen fort, als in solchen, die mit Flüßen in Verbindung stehen; wird er in ein hartes mineralisches oder unreines Wasser gebracht, so legt er sich auf den Rücken und stehet bald ab. Da unser Fisch

sehr

13) L. C. Perca pinnis dorsalibus distinctis secunda radiis XXIII.

14) Birckholz Fische der Churmark, S. 24.

sehr weichlich ist, so muß man ihm beym Versetzen aus den nächsten Seen aufsuchen, behutsam angreifen, und nur langsam fahren: am sichersten aber ist es, ihn tragend fortzuschaffen. Er hält sich gewöhnlich in der Tiefe auf, zur Leichzeit aber, welche im April und Anfangs des Mayes fällt, kömmt er ans Vorland, und reibt sich wie der Barsch an Sandhügel und harte Körper. Er hat zwey Rogensäcke und sehr kleine Eier; In einem Zander, welcher drey Pfund schwer war, wog der Rogen am Ende des Decembers 9¾ Loth; im 64zigsten Theil eines Loths waren 6 0 Eier, folglich hatte dieser Fisch dreyhundert achtzigtausend sechs hundert und vierzig, eine erstaunende Menge! Demohngeachtet findet man nicht, daß sich der Zander sehr vermehre. Die Ursachen hiervon lassen sich sehr leicht erklären: denn er ist eines theils an und für sich ein sehr weichlicher Fisch, besonders wenn er noch klein ist, andern theils suchen ihn nicht allein andere Raubfische und Vögel, sondern sie reiben sich auch unter einander selbst auf. Hiezu kömmt noch, daß er in seiner Leichzeit sehr sorglos ist, und daher leicht in der Fischer Hände geräth. Hätte ihn der Schöpfer also nicht mit einem so reichlichen Eierstock versehen; so würde diese Art Fische bald ausgehen. Er wird bey guter Nahrung sehr fett, besonders im Herbst und Winter, wächst so schnell wie der Hecht, doch wird er nie über vier bis fünf Fuß lang. Eben da ich dieses schreibe, zeigte mir ein hiesiger Fischer einen dergleichen, aus dem Schwulowschen See von den Gräflich Podewilsschen Gütern in Sachsen, welcher 22 Pfund am Gewicht hielt. Unter den Zandern giebt es auch zuweilen bucklichte, wie ich denn einen dergleichen, dessen Rückgrad eine geschlängelte Gestalt hat, habe ausstopfen lassen [15]. Wir finden diesen Fisch in der Oder, Warthe, Spree, Havelfluß, und in den mehresten unserer Landseen; vorzüglich liefert, nach **Beckmanns** Bericht, der Fahrlander See in der Mittelmark sehr schöne Zander [16]. Dieser Fisch wird auf mancherley Art gefangen, als mit dem **Garn**, **Tabbe** [17] und dem **Netze**, auch am **Schnur** und **Flosse** [18]. In seiner Gefangenschaft frißt er eben so wenig wie der Hecht, und muß daher, wenn er nichts von seinen guten Geschmack verlieren soll, nicht lange im Fischbehälter stehen.

Zeichnungen von ihm finden wir im Holzschnitt beym **Geßner** [19], **Aldrovand** [20]: in Kupfer aber schlecht beym **Johnston** [21] und **Willughby** [22], und gut beym **Marsilli** [23] und **Klein** [24].

Zergliederung.

Der Fisch, den ich jetzt beschreibe, war 1 Fuß 9½ Zoll lang, 4 Zoll breit und 2 Zoll dick: seine Breite verhält sich also zur Länge wie eins zu drey. Der Kopf ist lang, und läuft spitz zu; in beyden Kiefern hat er 44 Zähne, und außer diesen auch eine Raspel im Gaumen; die Regenbogenhaut ist schwarz,

15) **Linne'** hat in den stehenden Wassern um Fahlun häufig dergleichen mißgestalte Barsche wahrgenommen.
16) **Beckmann** 1. B S 1090.
17) Siehe oben Quappe am Ende.
18) Siehe Aal am Ende.
19) L. c. f. 317.
20) Loc alleg. f. 668.
21) L. C. v. Tab 30 fig. 15.
22) L C. Tab. S. 14
23) L. alleg. Tab 22. fig. 2.
24) Miss. Pisc. V. Tab. VII. fig. 3.

schwarz, mit einer goldgelben Linie eingefaßt. Die Kiemendeckel bestehen aus drey beinernen Schuppen, davon die unterste sägeförmig und so scharf ist, daß man sich sehr leicht daran verwunden kann. In der Kiemenhaut sind sieben knöcherne Strahlen; an den Backen ist er mit vielen und sehr harten Fleisch versehen. Im Genick ist ein schwarzer Fleck mit einer Vertiefung sichtbar; der Körper ist mit kleinen harten und rauhen Schuppen besetzt. Zwischen den Schuppen siehet man vertiefte Linien, und da diese sich in schiefer Richtung kreuzen, so bilden sie lauter Rautenförmige Erhöhungen oder schiefe Vierecke. Die Seitenlinie ist schwärzlich breit und gerade, stehet mehr nach den Rücken zu; der Bauch ist weiß und breit. Am Rücken, welcher rund ist, hat er zwey Flossen, davon in der obersten 14, und in der untern 24 Strahlen befindlich sind; in der Brustflosse sind 16, und der Bauchflosse sechs harte Strahlen, davon die erste spitzig und einfach, die übrigen aber in sechs Zweige getheilt sind. In der Afterflosse sind 14, und in der Schwanzflosse, welche mondförmig ist, 17 Strahlen befindlich; die Flossen insgesammt sind blaßgelb, an den Spitzen röthlich, und die Brustflossen ausgenommen, mit länglichen braunen Flecken besprengt. Die Zunge ist weiß, frey und glänzend. Der Schlund ist, wie bey den Raubfischen, weit und mit vielen Falten versehen. Der Magen weicht bey diesem und bey dem Barsch von allen übrigen Fischen die ich zergliedert habe merklich ab: denn anstatt daß er bey jenem wie ein Trichter mit dem Darmkanal in eins fortgehet, oder durch einen Pförtner mit ihm verbunden wird, so bildet er hier einen Sack, an dessen obern Theil der Darmkanal seinen Anfang nimmt. Dieser ist bey den Raubfischen kurz, hat

zwey

zwey Krümmungen und 14 Zoll Länge: an diesen sitzen sechs Blinddärme von einen Zoll. Auch hierin sind diese beyden Fische von den übrigen mit Blinddärmen versehenen Fischen verschieden; denn so sitzen sie bey dem Lachs, Lump, Quappe u. s. w. dichte am Pförtner; bey den unsrigen aber einen Zoll unterhalb denselben. Die Leber ist groß und röthlich, sitzt mehr auf der linken Seite und hat drey spitze Lappen. Die Gallenblase ist groß, die Galle gelb und durchsichtig; die Milz dunkelroth und bildet ein längliches Dreyeck. Die Schwimmblase liegt längst dem Rückgrad, und hat sehr starke Häute; hinter ihr sind die großen Gefäße befindlich, welche ein hochrothes Blut enthalten. Der Ruckgrad bestehet aus 46 Wirbelbeinen, und hat außer den 20 Ribben nur sehr wenig kleine Gräten.

3) Der Kaulbarsch.

Perca Cernua L. n. 30.

Dieser Fisch unterscheidet sich leicht von den beyden vorhergehenden durch die einzige Ruckenflosse, und die kleinen braunen Flecke, womit der ganze Körper besprengt ist. Er wird gewöhnlich nur drey bis vier Zoll lang, wächst aber auch in manchen Seen zu sechs Zoll heran. Es hat dieses Fischgen ebenfalls verschiedene Namen erhalten, als Kamperfing, Goldbarsch, Stuer-Stüer-Barsch, Wolf, im Oesterreichischen Ratzwolf und Pfaffenlaus, und in Bayern Schwoll oder Pfaffenlaus. Von den Holländern wird er Posch, Pos, Post; von den Engländern, Raug oder Ruffe, von den Schweden Hiers, und von den Dänen, Horke, Farike, Stibling; in Norwegen Kulbars Aber uden Flos genennet.

Eben so verschieden sind auch dessen Benennungen bey den Schriftstellern. So kömmt er beym **Geßner** [1]), **Aldrovand** [2]), **Johnston** [3]) und **Willugby** [4]) unter den Namen des kleinen Flußbarsches vor. **Schwenckfeld** [5]) nennt ihn den runden Barsch, und **Trogi** [6]) den Goldfisch. **Artedi** unterscheidet ihn von den übrigen dieses weitläuftigen Geschlechts durch die einzige Rückenflosse und den hohlen Kopf [7]). Zu den Kennzeichen des Ritters aber gehören 27 Finnen in der Rückenflosse, davon die ersten 15 stachlicht sind: nach **Gronow** [8]) Beobachtung hat diese Flosse 28, und nach dem **Kramer** [9]) nur 26 Strahlen, die ich gleichfalls bey verschiedenen gefunden habe. Dieser Fisch hat ein weisses, wohlschmeckendes und leicht zu verdauendes Fleisch: man kann ihn daher schwächlichen und kränklichen Personen vor allen andern Fischen empfehlen, doch ist er aus manchen Seen von vorzüglichern Geschmack. So ist z. B. in unserer Gegend der Golizische See wegen seiner vortreflichen Kaulbarsche berühmt, wovon auch jährlich welche auf die königliche Tafel kommen [10]). Er wird mit einer Butterbrühe oder mit Milch zurecht gemacht, gewöhnlich aber gebraten verzehrt. Seine Streichzeit gehet mit dem März an, und endigt sich erst

1) Perca fluviatilis minor Nomencl. aquat. lib. 2. P. I. p. 287.
2) - - - - Lib. V. Cap. 34. p. 624.
3) - - - - Lib 3. Cap. 2 p. 157.
4) - - - - Cap. 42. p. 334.
5) Perca rotundus Theriotr. Siles. p. 441.
6) Aurata Fluviatilis in einem Brief beym Geßner p. 70.
7) l. c. Perca dorso Monopterigio Capite cavernoso.
8) Mus. Ichthyol. p. 41. n. 94. Zoophyl. p. 86. N. 288.
9) Elench p. 386. No. 4.
10) Beckmanns Gesch. der Churmark, 1 B. S. 1091.

erst im April; weil er seinen Rogen nicht auf einmal, sondern nach und nach von sich giebt. Er reibt sich wie der Barsch an Sandhügel oder Berge, die er drey bis vier Mann tief unterm Wasser antrift. Der Rogen bestehet aus zwey Säcken, und enthält außerordentlich kleine Eier: er wog drey Quentchen und hatte 75600 Eier. Er vermehrt sich stark, wächst aber nur langsam. Im Herbst zieht er sich aus den Flüssen in die große Seen, aus welchen er im Frühjahr wieder in die Flüße zurückkömmt, und wird daher in dieser Zeit am häufigsten gefangen. Er lebt von Würmern und Wasserinsecten, und da er ein allgemein beliebter Fisch ist, so thut ein guter Landwirth wohl, ihn in seine Seen und Teiche einzusetzen, die beste Zeit dazu ist das Frühjahr und der Herbst. Ob er gleich ein zähes Leben hat, so kömmt er doch nur in reinem Wasser fort. Zum Versetzen muß man ihn aus flachen Seen nehmen, weil die Erfahrung gelehret hat, daß diejenigen, die man aus acht bis 10 Klafter tiefen Seen fischt, sich im Netz so sehr ermatten, daß sie davon auf den Rücken schwimmen, und in kurzer Zeit abstehen: ein Zufall welchen sie nicht unterworfen sind, wenn sie aus flachen Seen gefangen werden. Dieser Fisch wird mit der Zure 11) und auch mit einen feinen Flachsnetze, das Kaulbarsch

11) Zure ist ein sackförmiges Netz, welches auf beyden Seiten an einem ohngefehr 40 Klafter langen Reif befestiget ist. Dieser Reif wird aus Rüstern- oder bindenbast gemacht; an den Enden werden kleine Bündel Stroh durchgezogen, und an den Aehren Schleifen gemacht, welche Zur-Knoten genennt werden: das Netz wird alsdenn durch verschiedene angebundene Steine im Grunde erhalten.

barschnetz [12]) genannt, gefangen. Seine Feinde sind der Hecht, Aal und die Wasservögel: letzteren, welche ihn im Frühjahr und Herbst aus flachen Wassern und Strömen aufsuchen, zu entkommen, gehet er in die Tiefe. **Geßner** [13]) und **Aldrovand** [14]) haben ein jeder drey schlechte Zeichnungen in Holzschnitt von ihm geliefert. In Kupfer aber finden wir ihn schlecht beym **Marsilli** [15]), **Willughby** [16]) und **Valentin** [17]), und illuminirt schlecht beym **Renard** [18]), gut beym **Schäffer** [19]). Beym **Johnston** finde ich diesen Fisch nicht, er führt zwar in seinen Texte [20]) die achte Figur auf der 24sten Tafel an, allein ich finde sie eben so wenig auf dieser, als auf der 28sten, auf welche sich gleichwohl **Artedi** [21]) und **Linne'** [22]) berufen.

Zergliederung.

Der ganze Körper unseres Fisches ist länglichtrund, und von grünlich-schwarzer Farbe, mit eben solchen Punkten, welche reihenweise stehen besetzt, und mit einem zähen Schleim dergestalt überzogen, daß er

12) Es ist dieses Netz nichts anderes, als das oben beschriebene Barschnetz: nur daß bey diesem engere Maschen sind.
13) l c. p. 282 et 288.
14) l c p. 636.
15) tab. 23. fig. 2.
16) tab Lit. X. 14. fig. 2.
17) Index veter, et nov Vol. 3. fig. 170.
18) Poiss. t. 1. tab. 39. fig. 99.
19) Pisc Ratisb. tab. 2. fig. 1.
20) l c p. 57
21) Synonim. p. 68. n. 4.
22) Faun. Suec. p. 118. n. 335.

er leicht aus der Hand schlupft. Der Bauch ist weiß, die Schuppen sind klein, hart und sägeförmig; der Kopf groß und vorne keilförmig; die Kiefern sind gleich lang und mit vielen scharfen kleinen Zähnen besetzt. Der Körper länglichrund, die Augen groß hervorstehend, und neben ihnen die Nasenlöcher, welche länglich sind. In der Kiemenhaut hat er sieben Strahlen, der Backenknochen ist mit 8 bis 10 krummen scharfen Haaken besetzt, womit er, wenn er sich sträubt, leicht verwunden kann; im Genick befindet sich eine Vertiefung mit einem schwarzen Fleck, außerdem bemerkt man noch verschiedene kleine Vertiefungen am Kopfe, davon die an der Nase die beträchtlichste ist. Die Seitenlinie gehet nahe am Rücken fort, ist grade und mit schwarzen Punkten besetzt; die Flossen sind gelblicht und gegen der Leichzeit röthlich. In der Rückenflosse, die gleich hinter dem Kopfe anfängt, und sich erst beynahe am Schwanze endigt, sind 26 Strahlen, davon die ersten 14 sich in scharfe Spitzen endigen, deren Zwischenhaut mit schwarzen Punkten besetzt ist. In der Brustflosse hat er 13, und in der Bauchflosse sechs Strahlen, davon eine jede sich in acht Zweige theilt, die erste ausgenommen, welche einfach und spitzig ist; die Afterflosse enthält sieben Strahlen, davon die erste zwey sich in eine Spitze endigen. Die Schwanzflosse, welche gabelförmig ist, hat 20 Strahlen. Was die innern Theile dieses Fisches anlangt, so kommen sie mit den vorhergehenden überein, nur mit dem Unterschied, daß sie verhältnißmäßig kleiner, und daß er wie der Barsch nur drey Blinddärme hat. Er hat auf jeder Seite 15 Ribben und 35 Wirbelknochen im Rückgrad. Ehe ich dieses Geschlecht verlasse, will ich erst eine kleine Vertheidigung des **Gmelin** übernehmen. Dieser Naturkündiger giebt nur drey Strahlen in der Kiemenhaut an 23). Da nun nach Uebereinstimmung aller neuer Ichthyologen alle Fische, die zu diesem Geschlecht gehören, sieben Strahlen haben; so glaubt **Gronov** 24) **Gmelin** müsse die Knochen in den Kiemendeckel darunter verstanden haben: allein ein so guter Naturkündiger als **Gmelin** war, hat unstreitig die Kiemenhaut vom Kiemendeckel zu unterscheiden gewußt. Er beschreibt nicht nur die drey Barscharten, den gemeinen, den Zander und Kaulbarsch sehr genau, und vergleicht sie mit einander: sondern er hält auch die verschiedene Bildung der Knochen in dem Kiemendeckel für charakteristisch, um den Barsch von dem Zander zu unterscheiden 25). Selbst die Art, wie er sich ausdrückt, läßt keinen Zweifel übrig, indem er die Knochen der Kiemenhaut (ossicula membranae branchiostegae), und die andere die Knochen des Kiemendeckels (ossicula operculoram branchialium) nennt. Ohnstreitig liegt hier ein Schreibfehler in dem Gmelinschen Briefe zum Grunde, auf welchen **Klein** um so viel weniger geachtet hat, weil er bey seiner Eintheilung der Fische auf die Anzahl der Strahlen keine Rücksicht nimmt.

Naturgeschichte des Stichlings.

(Gastrosteus aculeatus L. n. 1.)

Die Stichling ist ein kleines gepanzertes Fischgen, mit drey Stacheln auf den Rücken und kömmt bey

23) In einem Briefe an **Klein**, der in einer Note in Miss Pisc V p 33 — 35. befindlich ist.
24) Zooph. p. 91. n. 298. in der Note.
25) loc. alleg.

bey den Schriftstellern unter verschiedenen Namen vor [1]). So geringe auch der Nutzen immer seyn mag, den man in der Oeconomie davon ziehet, so merkwürdig ist er gleichwohl für die Naturgeschichte. Er weicht sehr ab von unsern übrigen Landesfischen, sein Körper ist nicht mit Schuppen, sondern mit Schildern belegt, davon auf jede Seite 15 und am Bauche sechs befindlich sind. Er ist das unter den Fischen, was die Ephemera unter den Insecten. Wenn andere Fische Jahrhunderte erreichen, so endigt er seine Laufbahn in einem einzigen, und nur selten erlebt er das zweyte Jahr. Der Stichling vermehrt sich erstaunend geschwinde, und wo er sich einmal eingefunden, da ist er zum großen Verdruß der Fischer nicht wieder zu vertilgen: denn er wird wegen seiner harten Stacheln fast gar nicht gegessen, und da er

1) Spinachia, centriscus, Pisciculus pungitivus, Sticherling, Scharfling Stachelfisch, Wolf. Schwenckfeld Theriotroph. Siles. p. 445 In Preußen heißt er Stechbüttel. Wulff Ichtyol. p. 30 n. 37. Pungitius Alberti, Johnston. lib 3 tit. 3. C. 3. p. 146. et Aldrov lib. V. c 36. p 628. Pisciculus aculeatus Gesn. Nomencl. p 284. Ray p. 145. Franz l'epinoche ou epinoche. Rondel. t 2. N. 27 p 150 centriscus duobus in dorse arcuato aculeis totidem in ventre. Klein Miss Pisc. IV. p. 48 n 2. Müll L. S. Th. 4 S. 247. In Engeland kömmt er unter den Namen Stickleback, Banstickel und Scharpling vor. Willughby p. 341. Schwedisch, Skittspigg, Skittbår den Större. Arted. Syn. p. 80. n. 1. Dänisch, Hunde-Steyle, Gandstickel, Hundstigel, Tind Oret; Norweaisch, Stikling, Hornsille, Lille Tind oure Müll. Zoolog Dan S 47. N. 393 Hornfisk Linn. Faun Suec p. 119. n. 336. In Holland Steckelbaars Gronov Mus. Ichthyol. p. 50. n. 111. Gasterosteus Spinis dorsalibus tribus.

auch der Fischerey großen Schaden zufügt, indem er den Rogen und die ganz zarte Brut verzehret, so sehn ihn die Fischer nicht gern. Er wird bey Gelegenheit anderer Fischereyen gefangen und weggeworfen: der Landmann aber nimmt ihn wieder auf, und führt ihn auf seinen Acker, weil er einen guten Dünger abgiebt. Indessen könnte man ihn weit vortheilhafter zur Futterung der jungen Enten [2]) und Schweine gebrauchen, wenn man ihn mit Kleye vermischte [3]), oder auch bey einem reichen Vorrath zum Thranbrennen nutzen. An der Nährung, wo jährlich sehr viel davon gefangen werden, bereitet man einen sehr guten Thran daraus [4]). Dieser Fisch kommt in Seen, Flüssen und Teichen fort. Im Sommer erscheint er bey warmer Witterung häufig an der Oberfläche des Wassers, um daselbst Insecten zu fangen. Sein einziger wahrer Feind ist die Krähe, und nur selten der Barsch. Auch dieses kleine Fischchen wird nicht selten, wie der Herr Doctor d'Anone [5]) angemerkt hat, mit von Würmern geplagt. Ich habe in den Unterleib eines nicht viel über zwey Zoll langen Fischgens dieser Art einen vier Zoll langen Fieck angetroffen [6]). **Artedus** [7]) und **Linne'** [8]) unterscheiden den Stichling von den übrigen dieses Geschlechts durch die drey Stacheln am Rücken.

2) Onomat. Piscat. t. 3. p. 496.
3) Birckholtz Fische der Churmark, S. 20.
4) Klein Thiss. Pisc. IV. p. 48.
5) Acta Helvet. beym Müller L. S. 4ter Theil, S. 248.
6) Beschäftig. der G. Nat. Fr. 4. B. S. 549.
7) Gen. Pisc. p. 52. n. 1. Gasterosteus aculeis tribus.
8) Syst. Nat. T. I. p. 489. Gasterosteus spinis dorsalibus tribus.

Rücken. **Klein** [9]) und **Richter** [10]) haben auch welche nur mit zwey Stacheln bemerkt. Man findet ihn allenthalben in unsern Gewässern als einen ungebetenen Gast: da aber so wenig **Marsilli** als **Kramer** seiner erwähnen, so scheint daraus zu folgern, daß er weder in der Donau, noch in den Nieder-Oesterreichischen Gewässern anzutreffen sey. Weil also dieser Fisch nicht allgemein bekannt ist, so wird eine umständliche Beschreibung davon nicht ganz überflüßig seyn. Der ganze Fisch hat viel Aehnlichkeit mit dem Stöhr, wird nicht leicht über zwey bis zwey ½ Zoll lang, ohngefehr ½ Zoll breit; es wäre denn, daß er den Fiek hätte, alsdenn ist der Bauch breit und aufgetrieben. Der Körper hat einen schönen Silberglanz, der Kopf und Rücken aber ist schwärzlicht, die Seitenlinie etwas gekrümmt, der Kopf groß, lang, und vorne zusammengedrückt. Das Maul ist groß, die Unterkinnlade hervorstehend, beyde sind mit kleine Zähne besetzt, die Nasenlöcher sind klein, desto größer aber die Augen. Diese haben eine blaue Farbe, und sind mit einem silberfarbenen Ring umgeben. Der Kiemendeckel bestehet aus zwey beinigten Schuppen, und in der Kiemenhaut sind drey Strahlen befindlich; die Rückenflosse hat zwölf Strahlen, ohne die zwey oder drey hervorstehende einzelne Stacheln. Die Brustflosse hat 10, die Bauchflosse zwey, und die Afterflosse neun Finnen; bey den beyden letztern ist die erste stachlicht; im Schwanz, welcher gerade ist, sind zwölf Finnen befindlich. Der Magen ist groß, und der Darm-

9) Miss. Pisc. IV. p. 48. t. 13. f. 4.
10) Ichthyol. S. 908.

kanal kurz, wie bey den übrigen Raubfischen. Die Leber hat drey Spitzen, die Gallenblase ist klein, die Schwimmblase ungetheilt. Er hat 15 Ribben auf jeder Seite, und 30 Wirbelknochen im Rückgrad. Abbildungen davon finden wir in Holzschnitt beym Rondelet [11]), Geßner [12]), Aldrovand [13]), und in Kupfer beym Johnston [14]), Willughby [15]), nur schlecht und gut beym Klein [16]).

11) Poiss. de Riviere. c. 27. p. 157.
12) Nomencl. t. 2. p. 284.
13) Lib V. Cap. 36. p 628.
14) Tab 28. die unterste Figur.
15) Tab. X. 14. fig. 1.
19) Miss. IV. t. 13. fig. 4 et 5.

XIII.

Etwas von der Naturgeschichte der Phalaena Fimbria Lin.

von dem Professor

Joh. Andr. Benign. Bergsträßer

zu Hanau.

Tab. VIII.

Im neunten Stücke des Naturforschers hat Herr Doctor **Kühn** einen schönen Nachtvogel beschrieben, und da er ihn selbst aus der Raupe erzogen hatte, so gab er uns auch von dieser eine Beschreibung, aber ohne Zeichnung. Allerdings aber muß sie die nämliche gewesen seyn, die ich hier in der ersten Figur habe abbilden lassen. Das merkwürdigste, was er von derselben sagt, ist ohngefähr dieses: „Sie ist glatt und hellgrau, hat ein eckelhaftes Ansehen, weil ihr Körper mehr breit als rund ist, und viele Runzeln hat. Ihr grauer sehr großer glänzender Kopf, hat über der Stirne herunter drei dunkelbraune Streifen. Ueber den Rücken läuft eine kaum sichtbare dunkelgraue Linie, und einige dunkelgraue sehr kleine Punkte entdeckt

entdeckt man auf den Einschnitten. In der Größe hielt sie anderthalb Zoll. Gegen das Ende des Octobers fand ich auf einem Felde, wo Kartoffeln ausgehackt wurden, verschiedene einen halben Schuh tief in der Erde. Sie zernagten türkisches Korn, Kartoffeln und Bohnen, die ich ihnen vorlegte. Im April fand ich wieder eine dieser Erdraupen bey dem Umgraben eines Betes. Diese biß weiter nichts mehr an, sondern verwandelte sich in der Erde in eine gewöhnliche braune Puppe, und zu Ende des Mays in eine überaus schöne Phaläne. Jene, die ich im October fand, lagen während ihres Winterschlafs immer gekrümmt tief in der Erde verborgen. Sie wurden, ihrer Erstarrung ohngeachtet, so gleich munter, und krochen aus der Erde heraus, wenn ich sie in die warme Stube setzte; fraßen aber dennoch gar nichts mehr. Die Phaläne dieser Raupen unterscheidet sich durch ihre prächtigen olivengrüne Oberflügel, und durch die breite dunkle indigblaue Binde der Unterflügel. — So weit Herr **Kühn**.

Wo diese Raupe ins System hingehört, das will ich nicht entscheidend sagen. Mich dünkt aber, daß man sie am bequemsten unter die Erdraupen zählen könne; so wie sie die berühmten Wienerischen Entomologen beschrieben haben. Unterdessen glaube ich doch, daß eben die angeführten Schriftsteller, die Eule, welche aus unster Raupe auskommt, unter ihre gewässerten gezählt, und mit dem Namen der grünlichtbraunen grau gemischten Eule, der *Noctuä strigosä*, wovon ihnen die Raupe noch nicht bekannt war, ausgezeichnet haben. In diesem Falle gehörte sie zu ihren Mordraupen, **Larvicidis**, welche andere schwächere Raupen; ja im Mangel des frischen und tauglichen Futters, Raupen ihres eigenen Geschlechschlechtes auffressen. Dies thut unstreitig, wie ich aus Erfahrung weiß, auch unsre Raupe, und Herr Kühn sagt ausdrücklich von einer der seinigen: „ich warf ihr einige kleine glatte Raupen in ihren Behälter, welche sie grausam zerbiß und aussaugte; rauhe Raupen aber und Dornraupen fiel sie nicht an.“ Ferner hatte man ihm gemeldet, daß sich ihrer sechs die in einem Glase beysammen lagen, nach und nach bis auf eine einzige aufgefressen hätten. Von dieser Seite scheint es also gewiß zu seyn, daß sie unter die Mordraupen gehöret. Nur will ich nicht entscheiden, da mir die übrigen Larvenmörderinnen allerdings noch zu wenig für die Vergleichung mit dieser bekannt sind.

Unsre hiesigen Raupen sind noch immer vom Anfange des Märzes an, bis zu Ende des Aprils ausser der Erde gefunden worden, und diejenigen, welche wir dieses Jahr erhalten haben, sind bis jetzt in den ersten vierzehn Tagen *) des Junius, aus ihren Puppen, in die sie sich verwandelt haben, noch nicht ausgekrochen. Die Pflanze, auf der man sie gefunden, und womit man sie auch bis zur Verwandlung gefüttert und erhalten hat, ist das bekannte Mutterkraut.

Ihre Puppe in Fig. 2. hat nichts besonders. Anfänglich ist ihre Farbe rothbraun; aber in der Folge wird sie dunkler. Von denen herausgekommenen Eulen habe ich 2 Arten.

Die

*) Nachdem dieser Aufsatz schon zur Versendung bereit lag, kam der Falter endlich am 18ten Junius aus der Puppe. Er glich völlig der dritten Figur, nur daß er etwas heller war.

Die Eulen habe ich nach zweien wohl aufbewahrten Exemplarien zeichnen lassen. Die eine trift genau mit der Kühnischen Beschreibung, und eben so genau mit der Natur; aber nicht mit der Ausmahlung im Naturforscher überein. Hier fehlt das Olivenfarbige, und die Abbildung stimmt mehr mit Fig. 3. überein. Von der letzten Eule weiß ich, weil sie hier gelegt hat, mit Gewißheit, daß sie das Weibchen ist. Aber unterscheiden darum nun die Farben das Geschlecht, und ist die erste das Männchen? Dies will ich ohne weitere Beobachtung nicht behaupten, ob es gleich einige Wahrscheinlichkeit hat. Genug wir lernen wenigstens so viel mit Gewißheit, daß es Stücke giebt, welche das Olivengrüne in keinem so starken Auftrage haben.

Fürs System würde ich diese Eule also charakterisiren: Phalaena Noctua Parthenii alis deflexis, anticis griseo, fusco, viridique undatis, binisque in disco maculis, altera reniformi; posticis aurantiis, fascia nigra submarginali et latiore.

XIV.

Entomologische Beyträge

von

Franz von Paula Schrank.

Tab. VIII.

§. 1.

Ich habe es hundertmal gesagt, und ich kann es niemals zu oft sagen, daß keine Wissenschaft, diejenigen, die sich ihr widmen, besser und richtiger belohne, als die Naturgeschichte. Die Natur trägt die deutlichsten Spuren, nicht nur der anbetenswürdigsten Weißheit, sondern auch der gränzenlosen Allmacht ihres Schöpfers. Bey allen unsern Bemühungen, ihr ihre Geheimnisse abzulauren, bey allen den Kunstgriffen, mit denen man zu Werke geht, um sie in ihrer geheimsten Werkstätte zu belauren — alle ihre Erzeugnisse auseinander zu setzen, sind wir doch ganz wahrscheinlich nichts weiter, als bloße Anfänger der Naturgeschichte. Die täglichen Entdeckungen, die wir gleichsam wider unsern Willen machen, und die sich den Naturforschern oft ordentlich aufdringen, mögen Beweise davon seyn.

Darf ich mich wohl unter diejenigen Naturforscher zählen, die die Natur in glücklichen Stunden ihres Vertrauens gewürdiget hat? Ich glaube, diejenigen

nigen Wahrnehmungen, die ich bey verschiedenen Gelegenheiten dem Publikum vor Augen geleget habe, geben mir einiges Recht, in Rücksicht auf diese Frage ein schmeichelhaftes Ja zu erwarten. Gegenwärtiger Aufsatz soll neue Beweise der, ihre Beobachter belohnenden Natur enthalten.

Es war im Augustmonathe 1777, als ich von Passau einen Spaziergang nach dem nächst über der Donau gelegenen Oberhauserberge anstellte. Ich hatte damals nichts weniger im Sinne, als Naturalien zu suchen; ein Buch in der Hand war mein Begleiter. Unter denen Wegen, die nach dem Bergschlosse führen, hatte ich denjenigen gewählet, der über eine steinerne Treppe dahin führet. Hier traf ich ohngefähr an dem Geländer der Treppe ein Insekt an, das ich Anfangs für eine Wespe hielt, dessen Zeichnung mich aber eine Art vermuthen ließ, die ich noch nicht kennte. Die Begierde, es zu besitzen, und die Furcht vor seinem Stachel, weil ich es aus Mangel des gehörigen Werkzeuges, mit den Händen fangen mußte, kämpften eine Weile in mir, unterdessen ich das Insekt immer genauer betrachtete. Endlich siegte die erste; und wie erstaunte ich, als ich das Insekt äußerst träge fand, und nach dem Durchstechen mit einer Nadel, diejenigen lebhaften Bemühungen der Wespen nicht gewahr ward, die sie in ähnlichen Umständen äußern, um sich mittelst ihres Stachels an ihren Feinden zu rächen!

Jedoch hier war der Ort nicht, mich um die Eigenschaften dieses merkwürdigen Insektes genauer umzusehen. Ich gieng meinen Weg weiter, und, weil ich erst zur Zeit der Dämmerung nach Hause kam, so ward die fernere Beobachtung bis auf den andern Tag aufgeschoben.

Immer noch in der Meinung, ich hatte eine Wespe vor mir, suchte ich ihre Art im Natursysteme des Linnäus auf. Man kann sichs leicht einfallen lassen, daß diese Mühe sehr vergeblich gewesen seyn müsse, weil das Insekt nichts weniger als eine Wespe war. Vielmehr fand ich, daß es eine ganz neue Gattung ausmache, von der ich glaube, daß man ihr den deutschen Namen **Hohlbauch**, und den griechisch-lateinischen Coelogaster, welches eben so viel bedeutet, beylegen dürfte. Man wird die Ursache dieser Benennung aus folgender Beschreibung einsehen.

§. 2.

Das Insekt, von dem gegenwärtig die Rede ist, hat einen **Kopf**, der einer eingedrückten Halbkugel ähnlich sieht, wie der Kopf der Fliegen und der Wespen ihrer gemeiniglich ist. Er ist über und über mit den kleinsten eingegrabenen Punkten ganz übersäet. Die herrschende Farbe dieses Theiles, so wie des ganzen Insektes, ist die stärkste, aber zugleich sehr angenehme Schwärze. Vorne an der Stirne sind die **Fühlhörner** befestiget, die ziemlich enge an einander stehen. Sie sind nicht länger, als der Rücken (Thorax), und werden von ihrem Grunde an, bis zur Spitze hin, immer gemählich dicker. Wenn man sie mit bloßen Augen ansieht, so sollte man glauben, sie bestünden nur aus einem Stücke; allein die Lupe entdecket uns, daß sie paternosterförmig seyn, jedoch sind die Glieder, derer ich eilfe gezählet habe, sehr enge an einander. Nach dem Tode rollet das Insekt seine Fühlhörner nicht auswärts ein, wie es viele Afterraupentödter (Spheges) thun; auch beugt es dieselben nicht nach den Seiten, wie es bey den Zellenwespen (Vespa) gewöhnlich ist, sondern

strecket

strecket sie gerade vorwärts. Sie sind so wenig haarig, daß man kaum mit der Lupe etwas rauhes entdecket. Etwas mehr Haare entdecket man an der Stirne, aber auch dies nur mit Hülfe eines guten Suchglases. Die Farbe der Fühlhörner ist schwarz, aber nicht glänzend; am Grunde allein haben sie zwo halb erloschene schmale goldgelbe Binden. Die eyförmigen **Augen**, die an beiden Seiten sitzen, sind, wie bey den allermeisten Insekten, schwarz, und in Facetten geschnitten; allein diese Facetten sind so klein, daß man sie kümmerlich mit der Lupe zu sehen bekömmt. Die **drey kleinern Augen** (Stemmata), welche über den eigentlichen Augen, und ganz oben am Kopfe stehen, bilden mittelst ihrer Lage, ein stumpfwinklichtes Dreyeck. Außer dem Zangengebisse, und den Freßspitzen hat das Insekt keinen absonderlichen Theil an seinem Munde, dergleichen man doch an den Bienen und einigen Afterraupentödtern wahrnimmt, von welchen letztern ich ein andermal Gelegenheit haben werde zu reden.

Der **Rücken** ist eyförmig und etwas weniges mehr ausgebogen, als sonst bey den Wespen Sitte ist. Er ist unbehärt, sehr schwarz, und durchaus mit eingegrabenen Punkten besäet. Diese Punkte, ob sie schon sehr klein sind, sind dennoch größer, als die des Kopfes. An diesem Theile des Leibes ist hin und wieder ein angenehmes Gelb angebracht. Gerade um die Gegend des Grundes ist ein schmales Querstreifchen von dieser Farbe angebracht; ein anderes nicht breiteres, aber längeres, sitzt neben demselben. Am Orte des Schildchens befindet sich gleichfalls eines, das die Größe des ersten hat. Beyderseits findet man zwischen dem größern und kleinern Flügel ein schiefes Querstreifchen von eben der Farbe.

Die

Die vier Flügel sind ungefaltet (ein wesentlicher Charakter nach Linne', der das gegenwärtige Insekt von den Wespen entfernet); bräunlicht, und eben nicht gar breit. Die Vorderflügel sind etwas länger als der Hinterleib; und um ein merkliches übertreffen sie die Hinterflügel, sowohl an Länge als Breite. Die sechs Füsse, die an der Brust befestiget sind, haben die herrschende Farbe des Insekts, das ist, die schwarze. Sie sind auch allenthalben mit kleinen eingegrabenen Punkten besetzt. Die äußere Seite der vier vordern Schenkel (Tibiae) ist gelb; beym hintersten Paare sind die Schenkel ganz gelb; und die Hüften (femora) sind es am obern Rande. Diese Hüften des letzten Paares unterscheiden sich sehr vorzüglich von den übrigen dadurch, daß sie verhältnißmäßig sehr groß, zusammengedrückt, und eyförmig sind.

Der Hinterleib (Abdomen) ist länglicht, an den Seiten zusammengedrückt, sehr stark schwarz, und durchaus mit eingegrabenen Punkten übersäet. Diese Punkte sind größer als die des Rückens. Er schien mir aus drey Ringen zu bestehen, davon der letzte etwas höher als die übrigen, und zugerundet ist. Unten hat er die Länge hin einen Einschnitt, der vom Grunde des Hinterleibes bis an seine Spitze hin läuft, dann sich über dieselbe aufwärts zieht, und dann erst daselbst aufhöret, wo sich der letzte Ring in den vorhergehenden schliesset. In diesem Einschnitte kann das Insekt seinen Stachel, von dem wir bald reden werden, so verbergen, daß man ihn gar nicht gewahr wird. Die schwarze Farbe des Hinterleibes wird von zwoen schwefelgelben Binden, und einem gleichfärbigen Fleck unterbrochen. Eine dieser zwo Binden läuft unweit vom Grunde des ersten Ringes nach der Quere, und ist in der Mitte unterbrochen;

die zweyte aber giebt ihren Schenkeln auf dem zweyten Ringe eine nach dem After gerichtete schiefe Richtung. Keine von beyden Binden schliesset sich unten. Der dritte Ring hat an seiner runden Spitze einen schwefelgelben Fleck.

Das sonderbarste an diesem Insekte ist der **Legestachel**. Unten am Grunde des Hinterleibes ist eine kleine dreyseitige Pyramide befestiget, die aus der Castanienfarbe ins Gelbe zieht, auch im Alter die Schildkrötenfarbe annimmt. Hinter dieser Pyramide, die genau am Leibe anliegt, kömmt der Legestachel mit seinen zwo Scheiden hervor. Er leget sich genau in die Auskerbung des Bauches hinein, der sich über ihn zuschließt, und ihn verdecket; er krümmet sich über den After nach der obern Seite des Hinterleibes, und läuft auf dieser Oberseite, immer fest an den Körper angedrückt, bis an den Rücken (Thorax) hin. Die Farbe dieses Stachels ist, die diesen Gliedern eigene, die Schildkrötenfarbe. Die Scheiden sind schwarz. Ich habe nicht gesehen, daß das Thier die geringste Bewegung mit dem Stachel gemacht hätte; es war ein zufälliger Gedanke von mir, daß ich ihn mit einer Stecknadel aufhob, und so lange zurückbog, als mirs möglich war. Umsonst war mein Bemühen, mich von demselben stechen zu lassen; alle Reize, die ich anwendete, waren vergebens. Wenn man den Stachel selber genau betrachtet, so scheint er selbst noch zusammengesetzet zu seyn. Allein dieses konnte ich nicht weiter untersuchen, ohne mein Insekt, das vielleicht bis jetzt noch das einzige bekannte in seiner Art ist, zu verstümmeln, dazu ich mich unmöglich entschließen konnte.

§. 4.

§. 4.

Ein eben so seltsames Insekt ist dasjenige, das ich im gegenwärtigen Absatze beschreiben werde. Da es sich zu keiner der Linnäischen Gattungen recht schickt, so könnte man es

Serphus *brachypterus*, niger, tibiis, abdomine aculeoque saturate testaceis; abdominis segmento primo maximo; alis thoracis longitudine: anticis puncto marginali.

Die Länge des Insekts, vom Kopfe bis zum Stachel, macht 4 Linien Wienermaaß aus; der Rücken allein ist 1 $\frac{1}{2}$, und der Hinterleib 1 $\frac{3}{4}$ Linien lang, da hingegen die längern Flügel kaum 1 $\frac{1}{3}$ Linie erreichen. Diese Flügel sind, wie bey den Schlupfwespen (Cynip) ohne Adern, nur die vordern haben am Rande einen schwarzen Punkt. Die Fühlhörner sind fadenförmig, dünne, wie bey vielen Raupentödtern. Der schwarze Rücken ist höckerig, und gleichsam in zweene getheilet, ohne Glanz. Der Hinterleib sehr glänzend, eyförmig, und von einer sehr dunkeln Schildkrötenfarbe. Er sitzet auf einem ungemein kurzen Stielchen, und läuft zuletzt in eine Art eines abwärts gebogenen Schwanzes aus, der besonders dünne, und so lang, als der ganze Hinterleib ist. Dieser Schwanz sieht gewisser maßen dem Rüssel des Rüsselkäfers ähnlich, der die Haselnüsse ausfrißt (Curc. Nucum Lin.). Der Hinterleib hat übrigens noch das Besondere, daß sein erster Ring von ungemeiner Größe ist; denn er geht fast bis an die Spitze. Nimmt man aber die Lupe zu Hülfe, so glaubet man, an der Spitze noch die Enden dreyer anderer Ringe zu sehen.

Ich habe dieses Insekt bey Passau 1777 im Sommer auf einem sandigen Berge angetroffen, als es eben über den Weg lief. Es scheint zum Fluge sehr ungeschickt zu seyn, aber dafür ist es im Laufe desto behender.

§. 5.

Endlich muß ich noch kürzlich eines kleinen ungeflügelten Raupentödters gedenkeu. Ich fand ihn im Sommer 1778 zu Amberg in der obern Pfalz. Es ist nichts neues mehr, daß es Raupentödter ohne Flügel gebe. Geoffroy macht deren einige nahmhaft; aber immer waren diese nur Weibchen: da hingegen der meinige höchst wahrscheinlich ein Männchen ist, wenigstens konnte ich auf keine Weise nur eine Spur eines Legestachels wahrnehmen. Wenn ich seinen charakteristischen Namen hersetze, so habe ich von ihm alles gesagt, was genauern Naturkennern nothwendig ist; für bloße Dilettanten aber hat das Insekt wenig anzügliches.

Ichnevmon *Cursor*, ater, apterus; antennarum basi, perlibus longis, petioli et segmenti primi apice testaceis; abdomine subpetiolato.

Erklärung der Figuren.

Fig. 4. Der Hohlbauch in seiner natürlichen Größe vorgestellet. Man hat den Stachel, der sich über die Oberseite des Hinterleibes hinbiegt, weggelassen, um die Gestalt der Binden destö besser vorstellen zu können.

Fig. 5. Der Hinterleib vergrößert; a, das erste Glied; b, das zweyte Glied; c, das dritte Glied.

Man

Man hat den Stachel, der allenthalben feste am Insekte anliegt, von dem Leibe entfernt, und aus seinen Hüllen hervorgezogen.

d. Die pyramidenförmige Platte.

e. Der Stachel.

h. Die doppelte Scheide, davon man bey

f und g die beyden Theile sieht.

Fig. 6. Ein Hinterfuß vergrössert.

Fig. 7. Ein Serphus in natürlicher Größe.

Fig. 8. Der Hinterleib vergrössert.

XV.

Botanische Bemerkungen

von

D. Johann Jakob Reichard,
zu Frankfurt am Mayn.

Tab. IX. Fig. 1 — 5.

I.

Acer saccharinus Lin. S. Tab. I. fig. 1. 2. 3.

Der Zukkerahorn, Zukkerbaum, Zukkermaßholder.

Dieser Baum ist zwar schon längst in verschiedenen Gärten bekannt genug, seine Blumen aber sind, so viel mir wissend, noch nicht hinlänglich beschrieben. Mein Freund, Herr D. du Roi zu Braunschweig sagt *), er habe in dem von Münchhausischen Garten zu Schwöbber einen schon zwanzigjährigen Baum gesehen, der auf vierzig Fuß hoch, und unten am Stamm im Durchschnitte acht Zoll dick gewesen, und noch niemals geblühet hätte.

Da

*) Die Harbkesche wilde Baumzucht. B. 1. S. 15.

Da ich nun Gelegenheit hatte, einen Zuckerbaum etlichemal in der Blüthe zu sehen: so glaube ich etwas Nützliches zu unternehmen, wenn ich diejenigen Theile, die zur Befruchtung nothwendig sind, etwas vollständig beschreibe, und in einer Abbildung hiemit vorlege.

In dem mit seltnen Pflanzen besetzten schönen Garten des hiesigen Apothekers, Herrn **Salzwedels**, befindet sich derjenige Zuckerahorn, von dem diese Beschreibung seiner Fruchtwerkzeuge genommen worden. Er ist vielleicht der erste in Deutschland, der seine Blumen gezeiget, und wirklich reifen Saamen reichlich angesetzt hat. Er hat jetzt ein Alter von achtzehen bis zwanzig Jahren, ist 26 Fuß hoch, und unten am Stamm im Umfang gemessen ein Schuh, eilf und ein viertel Zoll weit. Im Jahr 1776 hat man ihn zuerst in der Blüthe gesehen, vielleicht hat er auch schon vorher geblühet, ohne daß man darauf Acht gehabt. Im Jahr 1778 hat er nicht geblühet, vermuthlich weil seine Knospen, die bey den warmen Tagen im Monat März und Anfang des Aprils stark getrieben hatten, durch den zwischen dem 16ten und 17ten April eingefallenen Nachtfrost Noth gelitten. In diesem 1779sten Jahr aber hat er wiederum sehr häufig geblühet und reifen Saamen angesetzt.

Die **Blumen** kommen im April zwischen zwey Paar gegen einander überstehenden Blättern, aus einer mit den Blättern gemeinschaftlichen braunen Knospe (Fig. 1. c.) hervor. Sie bilden einen kurzen **zusammengesetzten Trauben** (racemum compositum). Der kurze gemeinschaftliche Stiel theilet sich nemlich bey seiner Basis in etliche Aeste, an welchen zwey, drey, vier und mehrere Blumen, besonders aber die Zwitterblumen befestiget sind. An dem obersten Theil des gemeinschaftlichen Stieles sitzen die Blumen, die blos männliche sind, einzeln fest. Ein jeder Traube trägt zwanzig und mehrere Blumen, davon die meiste männliche, die wenigsten aber Zwitterblumen ausmachen.

Die **Stielchen** (pedicelli) der Blumen (Fig. 1. aabb) sind von Farbe gelbgrün, ein und einen halben, bis zween Zoll lang, fadenförmig und ganz schwach, so daß also die Blumen abwärts hängen; sie sind ohngefehr von der Mitte bis an den Kelch hin (wo die Haare häufiger beysammenstehen) mit Haaren besetzt, die endlich abfallen. Die Stielchen der Zwitterblumen (Fig. 1. bb) sind nur darin von denjenigen der männlichen Blumen verschieden, daß sie etwas grüner und kürzer sind; daher denn auch die Zwitterblumen sich nicht so stark nach abwärts hängen.

Die **Blumendecke** ist einblättrig, glockenförmig, etwas zusammengedruckt, gefaltet, und gemeiniglich in fünf ungleiche, nicht gar tiefe Einschnitte getheilet. Diese Lappen der Blumendecke sind mit Haaren gezieret. Die Farbe der Blumendecke ist die gelbgrüne; doch haben die Blumendecken der männlichen Blumen mehr gelbes in ihrer Mischung, und scheinen in der Ferne ganz gelb zu seyn.

Die **Blumenkrone** (corolla) fehlet.

Die **Zwitterblumen** haben bald mehr, bald weniger als acht, gemeiniglich aber acht, in dem Boden der Blume festsizzende, pfriemenförmige **Staubfäden**, die so lang sind, als die Blumendecke; auf denselben stehen längliche, gedoppelte (didymae) **Staubbeutel**, die aber keinen **Mehlstaub** enthalten.

Eben

Eben so sind die Staubfäden der männlichen Blumen (Fig. 1. aa) beschaffen, ausgenommen daß sie länger sind, als diejenigen, welche die Blumendekke und Staubbeutel auf sich sitzen haben, welche einen gelblichen befruchtenden Mehlstaub von sich werfen.

Der Fruchtknoten der Zwitterblumen, welcher auf dem Boden der Blume liegt, ist rundlicht, zusammengedruckt, etwas wolligt und auf beyden Seiten mit dem Anfang der künftigen Flügeln versehen. Auf dem Fruchtknoten sitzen zween Griffel, die linienförmig, rückwärts gebogen, und kaum etwas länger sind, als die Blumendecke. Die Narben sind nach einwärts gekrümmet. In den männlichen Blumen bemerket man weder Fruchtknoten, noch Griffel, noch Narben.

Das Saamenbehältniß (Fig. 2.) bestehet aus zwoen glatten, runden, unter einander verwachsenen Kapseln, davon eine jede sich oberwärts in einen grossen, aufwärts stehenden Flügel endiget. Die Kapseln nebst Flügeln sind anfänglich grün, wenn sie aber reif sind, welches im September und October zu seyn pfleget; haben sie eine braune Farbe. Die meisten Kapseln sind taub und enthalten kein Saamenkorn, andere aber schliessen ein rundliches braunes Saamenkorn in sich. Durch Versuche ist dargethan, daß der Saame in diesem Jahr völlig reif geworden und aufkeimet.

Die Blätter (Fig. 3.) sind wellenförmig gebogen, und meistens fünffach, zuweilen aber auch nur dreyfach eingeschnitten.

II.

Salix babylonica Lin.

Die babylonische Weide.

Ich weiß nicht, ob die **Blumenkäzchen** dieser Weide beschrieben sind, wenigstens hat sie Herr D. du Roi *) noch nie blühend gesehen, auch erinnert er nicht, daß ihre Käpchen irgendwo beschrieben stünden. Da ich in diesem 1779sten Jahre in dem hiesigen Salzwedelischen Garten an einem Baum die **weibliche Blumenkäzchen** bemerkt habe: so will ich solche in einer genauen Beschreibung hiemit darlegen.

Sie kamen im April mit den Blättern aus einer Knospe hervor, und wurden von drey, vier bis fünf Blättern eingefaßt. So wie die Aeste dieser Weide nach der Erde herabhängen, so richten sich hingegen die Käpchen nach aufwärts in die Höhe. Sie sind ein bis anderthalb Zoll lang, cylindrisch und dünne, eben wie die Blumenkäpchen der Buschweide. (Salix triandra Lin.)

Die **Spindel** (rachis) ist mit weissen Haaren oder mit einer Wolle bedecket.

Die **Schuppen** sind etwas über eine Linie lang, gelblichgrün, lanzetförmig und ebenfalls mit weissen Haaren, besonders um den Rand herum besetzt.

Der **Fruchtknoten** ist etwas kürzer als die Schuppe, und gleichfalls haarig.

Da keine Weide männlichen Geschlechts in der Nachbarschaft stund, die diese weibliche Blumenkäzchen

*) Am angef. Orte. B. 2. S. 398.

käzchen befruchten konnte; so fielen sie alle unbefruchtet ab.

Noch dieses will ich anmerken, daß die jungen Blätter dieser Weide allerdings auf der untern Seite mit aufliegenden Haaren bedeckt sind, die aber mit der Zeit abfallen.

III.

Clauaria phacorhiza *Mihi.*

Der Keulenschwamm mit Linsen-ähnlicher Wurzel.

S. Tab. I. Fig. 4. 5.

Clauaria simplicissima, tenuissima, fusca; claua subulata, albida; radice lenticulari.

An diesem merkwürdigen Keulenschwamm, dessen Beschreibung und Abbildung ich hier liefere, muß ich, um ihn deutlich beschreiben zu können, vier Theile unterscheiden, nemlich die Wurzel, die Wurzelfaser, den Stiel und die Keule.

Die Wurzel ist rundlicht (Fig. 4. a.), zuweilen länglicht (Fig. 5. b), zusammengedruckt und auf beyden Flächen runzelicht, oder mit Vertiefungen versehen. Manchmal ist eine Fläche erhaben und die andere vertieft, je nachdem die Wurzel mehr oder weniger Feuchtigkeiten angezogen hat. Sie ist hohl und inwendig auf den Seiten mit einer weißlichten Substanz überzogen. Sie hat eine braune Farbe. Wenn man eine Wurzel von der rundlichen Gestalt, einige Zeit ins Wasser leget; so sauget sie so viel Wasser in sich, daß beyde Flächen erhaben werden; alsdenn hat sie der Farbe nach so wohl, als auch der Gestalt nach, eine

eine solche Aehnlichkeit mit einer Linse, daß jemand, der es nicht weiß, schwören sollte, sie sey eine wirkliche Linse.

Die **Wurzelfaser** (Fig. 5. c. d.) entspringet gemeiniglich aus dem Rande, zuweilen aber auch aus einer der Flächen der Wurzel. Sie erhebt sich nicht gerade, sondern schlänglicht nach der Oberfläche der Erde hin, ist sehr dünne, und hat die Farbe der Wurzel. Die Länge dieser Faser richtet sich nach der Lage der Wurzel, die in einem lockern Boden, ein bis zween Zoll tief, in einem festen Boden aber kaum einige Linien tief unter der Erde liegen kann; daher denn auch die Faser wohl ein bis zwey Zoll, zuweilen aber auch nur einige Linien lang gefunden wird.

Der **Stiel** (Fig. 5. d. e.) ist drey bis sechs Linien lang, gerade, rund und von Farbe heller, als die Wurzel. Er stehet zum Theil noch in der Erde, und erhält also dadurch den Schwamm aufrecht.

Die **Keule** (Fig. 5. e. f.) ist rund, länger als der Stiel, wird nach oben hin immer dünner, und verliert sich endlich in eine zarte Spitze. Sie unterscheidet sich von dem Stiel theils dadurch, daß sie etwas dicker ist, theils durch ihre Farbe, die immer heller ist, als jene des Stiels, und bey feuchtem Wetter ins wäßricht braune, bey trockenem Wetter aber oder bey zunehmendem Alter des Schwammes, ins weißlichte fällt. Doch behält die Spitze gemeiniglich immer eine bräunliche Farbe.

Alle Theile meines Keulenschwamms, sind ohne Haare, von zäher Beschaffenheit, und fast durchsichtig. Die Keule hat eine mehrere Durchsichtigkeit, als die übrigen Theile; welches daher kömmt, weil dieselbe hohl zu seyn scheinet. Der größte Keulenschwamm, den ich gemessen, stund drey Zoll hoch

über

über der Erde. Wenn man ihn aus der Erde nimmt, und zum trocknen hinlegt: so verliert er seine runde Gestalt, wird dünner, und die Oberfläche der Keule erscheint zum Theil ganz weiß. Legt man ihn, nachdem er vertrocknet, wieder ins Wasser: so erlanget er bald seine natürliche Gestalt wieder.

Das Merkwürdigste an diesem Schwamm ist wohl derjenige hohle linsenförmige Körper, den ich die Wurzel nenne. Ist das denn auch die Wurzel? oder soll man jene zarte Faser die Wurzel nennen? Man gebe diesem hohlen runden Körper einen Namen, welchen man will: so scheint er doch das Amt einer Wurzel zu verrichten, und dazu bestimmt zu seyn, Nahrungssäfte in sich zu nehmen, und solche der Wurzelfaser und übrigen Theilen des Schwammes zu zuführen.

Ich will bey dieser Gelegenheit die Botaniker ermahnen, auf die Wurzeln der Schwämme mehrere Aufmerksamkeit zu verwenden. Vielleicht läßt sich daher ein helleres Licht über die bisher noch dunkle Entstehung der Schwämme verbreiten.

Mein Keulenschwamm blühet zu Ende des Octobers, und im November an schattigten Oertern. Mein Freund, Herr **Salzwedel**, hat ihn schon etliche Jahre häufig in seinem Garten angetroffen, und zwar auf denjenigen Rabatten, die auf der Morgenseite seines Gartens der Länge nach hinunterlaufen. In diesem Jahr habe ich ihn auch in dem hiesigen botanischen Garten auf einer Rabatte gefunden, die ebenfalls an derjenigen Seite des Gartens angebracht ist, welche am Morgen die Sonne zuerst bescheinet.

Ich irre mich wohl nicht, wenn ich behaupte, daß dieser Schwamm noch nirgends beschrieben stehet;

het; wenigstens habe ich ihn bey **Micheli**, **Linne'**, **Gleditsch**, **von Haller**, **Jacquin**, in der **Flora danica**, bey **Schäffer** und mehreren Botanikern vergebens aufgesuchet.

IV.

Clutia pulchella Lin.

Die schöne Clutie.

Daß die 21ste, 22ste und 23ste Klasse des Linneischen Pflanzensystems noch vielen Schwierigkeiten und Veränderungen unterworfen, wird wohl Niemand leicht in Zweifel ziehen, wenn er die Beobachtungen der neuern Botaniker mit Aufmerksamkeit durchliest. Ich will jezzo ein Beyspiel anführen, welches hieher gehöret.

Der seel. Ritter von **Linne'** sezzet die **schöne Clutie** in die zwei und zwanzigste Klasse seines Sexualsystems, wo die Pflanzen mit ganz getrennten Geschlechtern (plantae dioeciae) vorkommen. Ich habe aber mit meinem Freund, Herrn **Salzwedel**, auf einer Pflanze, die wir immer für eine blos weibliche hielten, im Jahr 1777 gegen den Herbst hin, **männliche** und **weibliche Blumen** zugleich ganz deutlich gesehen. Der **Fruchtknoten** wurde damals auch dicker, als es sonsten geschahe, und schien befruchtet zu seyn. Aus Vergessenheit wurde nicht nachgesehen, ob die weibliche Blumen wirklich reifen Saamen angesetzt. Nach jener Zeit habe ich auf der nemlichen Pflanze wiederum blos weibliche Blüthen bemerkt; und da ich dieses schreibe, finde ich nichts als weibliche Blumen auf derselben. Ob die Kultur oder

Witte-

Witterung hiebey einen Einfluß habe? weiß ich vorjetzo mit Gewißheit nicht zu bestimmen.

Es gehöret also zufolge dieser Bemerkung die schöne Clutie zur Polygamie, oder in die 23ste Klasse des Linneischen Pflanzensystems.

Herr Houttuyn, der von dieser Staude eine männliche sowohl, als weibliche Pflanze gesehen, und von jeder einen Zweig mit Blumen abbilden lassen *), merket dabey an, daß die Blumen nicht an den Seiten der Zweige, wie Linne' angiebt, festsitzen, sondern aus den Winkeln der Blätter entspringen. Und dieses stimmt auch allerdings mit meiner Erfahrung überein; indem an meiner Pflanze öfters mehr als eine, nemlich zwey, auch drey Blumen aus den Winkeln der Blätter entstehen.

Frankfurt am Mayn, im November.

*) S. von Linne' deutsches Pflanzensystem. B. 4. S. 634. Tab. 36. Fig. 1 und 2.

XVI.

Fortgesetzter Beytrag zur Geschichte merkwürdiger Versteinerungen

von

J. Chr. Fuchs.

Potsdam, am 26sten Februar 1780.

Als ich, kurz vor der Ostermesse 1779, unter mehr wirklichen Proben, daß Versteinerungen im Jaspis nicht so unmöglich und so selten wären, als man bisher geglaubt hätte, auch denjenigen, bey Potsdam gefundenen Jaspis und Jaspachat, mit Kalkspatartig versteinerten Trochiten und Entrochiten, wovon ich im Jahr 1776 dem Herrn Hofrath Walch Platten geschickt hatte, nebst dessen Antwort, der Gesellschaft rc. vorlegte und bekandt machte, konnte ich wohl nichts weniger erwarten, als daß ich noch von diesem, schon im Jahr 1778 verstorbenen, großen Steinkenner diejenige Beschreibung jener merkwürdigen Versteinerungen der Potsdamschen Gegend lesen würde, welche dennoch im 13ten Stück des Naturforschers, S. 100 u. f. f., mit meinem im 4ten Bande der Beschäftigungen rc. angefangenen Beytrage rc. zu gleicher Zeit ans Licht getreten ist.

Es

Es hat also dem Herrn **Walch**, noch vor seinem Abschiede aus der Welt, gefallen, ein schrifrliches Denkmal öffentlich zu hinterlassen, daß er den Potsdamschen Entrochiten-Jaspis ꝛc. in mehr als einer Absicht seiner Aufmerksamkeit und einer nähern Bekandtmachung würdig geschätzt habe.

Die **Walchischen** Beobachtungen über diesen Gegenstand schildern denselben in der That aus mehr Gesichtspunkten, und von einigen Seiten genauer und weitläuftiger, als mir solches damals, zu meinem Zweck, nöthig zu seyn schien. Sie können daher meinen obgedachten Nachrichten als Ergäuzungen und weitere Aufklärungen sehr wohl zur Seite stehen. Ohne unser Vorhaben, oder unsere Gedanken, vorher einander mitgetheilt zu haben, treffen unsere Bemerkungen über diese von mir bey Potsdam gemachten Entdeckungen mit einander, und mit ihrem Gegenstande, sehr wohl zusammen. Die Farben der, dem Herrn **Walch** geschickten, Platten sind zwar etwas anders ausgefallen, als ich dieselben an den für mich zurückbehaltenen wahrnehme und beschrieben habe: diese Verschiedenheit ist aber bey dergleichen Steinart, auch in kleinen Stücken, gar nichts ungewöhnliches. Daß ich an eben dem Orte, wo ich bey Potsdam, den im 4ten B. der **Beschäftigungen** ꝛc. bekandt gemachten Entrochiten-Jaspis ꝛc. gefunden, eben dieselben kalkspatartig versteinerten Trochiten und Entrochiten, wie in jenem Jaspis, in vielen weichern, theils thonartigen, theils kalkartigen, und mit Scheidewasser stark aufbrausenden, aber eben so, wie der rothe Jaspis, gefärbten Steinen sehr oft und zahlreich angetroffen hatte, (S. **Beschäftigungen** 4. B. S. 527.) dies konnte unser verstorbener Freund unmöglich wissen, weil ich ihm die Entrochiten in dieser, erst später gefundenen Mutter, eben so wenig mitgetheilt, als ihm sonst etwas davon gemeldet hatte. Diese Unwissenheit ist also kein Widerspruch gegen mich. Auch über die Entstehungsart der sogenannten Schraubensteine hat uns die Betrachtung des Potsdamschen Entrochiten-Jaspis auf einerley Gedanken gebracht: und wenn Herr **Walch** den im Sommer 1778 bey Berlin von mir gefundenen gelben und rothbunten Jaspachat gesehen hätte; so würde der Unterschied, welchen er zwischen den bey Hüttenrode, und den bey Potsdam, gefundenen Schraubensteinen anmerkt, zum Theil auch weggefallen seyn. Denn der erstgedachte Jaspachat zeiget sehr deutlich eine ziemliche Menge, in eben dieselbe Steinart verwandelter Schrauben, von unterschiedener Länge und Dicke, in denjenigen Höhlen, worin die Formen dieser Schrauben, die Entrochiten, vor ihrer Verwitterung, oder Vertilgung, durch ein ätzendes martialisches Wesen, von welchem der Stein selbst, ohne Zweifel, seine Farbe bekam, gelegen hatten. Ich habe noch im Sommer des Jahrs 1779 ein Stück Jaspis, das ich bald beschreiben werde, bey Potsdam gefunden, worin, nebst wenigen, noch erhaltenen Trochiten, eine ziemliche Anzahl, wie die bey Hüttegrode, gebildeter Schraubensteine in ihren Höhlen auf allen Seiten der Oberfläche sichtbar, uud durch den ganzen Stein verwebet ist. Ich muß also, zur Berichtigung und Ergänzung der **Walchischen** Wahrnehmungen an dem Potsdamschen Entrochiten-Jaspis, hier anmerken, daß, bey den darin gebildeten Schrauben beyde Fälle Statt finden. Die mehresten dieser Schrauben sind allerdings, zumal in einigen Steinen, mit ihren kalkspatartigen Hülsen, als Müttern umgeben, und man erblickt sie in denselben, wenn solche der Länge nach gespal-

gespalten oder durchschnitten werden, als in ihren Formen deutlich und augenscheinlich, in die inwendig concaven Glieder derselben eingedrungen. In andern Jaspissteinen aber, wovon ich noch mehr, als gedachte zwey Stücke anführen könnte, ist der Entrochit gänzlich verloren gegangen; und der dadurch entblößte, aber vorher in ihn, da er noch weich war, eingedrungene, und dadurch Schraubenähnlich gebildete, und hernach verhärtete, Steinkern ist in der, durch diesen Verlust entstandenen Höhle nackend zurück geblieben.

Daß die Entrochiten und Trochiten im Potsdamschen Steinreiche überhaupt, und besonders die in dem rothen Jaspis ꝛc., und im rothen, dem **Calmarschen** Marmor ähnlichen, Kalkstein von mir gefundenen, mit den **Gothländischen** und **Schwedischen** Entrochiten ꝛc. die größte und vollkommenste Aehnlichkeit zeigen, ist mir schon seit einigen Jahren, seitdem ich diese Vergleichung zu machen anfieng, sehr merkwürdig vorgekommen. Und ich habe schon lange selbst, wie Herr **Walch**, am gedachten Orte, S. 107, schreibt, „kein Bedenken getragen, unsern Potsdamschen Entrochiten-Jaspis aus Schweden herüber zu „holen, und zu glauben, daß er ehedem durch große „und gewaltige Ueberschwemmungen, aus dieser Provinz in die Meklenburgischen Gegenden, und von da „auch in die Potsdamschen, gebracht worden.“

Ich hatte aus dieser Bemerkung, und mehr andern Gründen, in der Handschrift meines **Beytrags** ꝛc. im mehrgedachten 4ten B. der **Beschäftigungen** ꝛc. die Behauptung wirklich schon niedergeschrieben, daß die jetzt bis zu den Pommerschen und Meklenburgschen ꝛc. Küsten von uns zurückgewichene Ostsee in den alleraltesten Zeiten durch eine zwar **große**, aber dennoch **nur partikulare**, Ueberschwemmung, wovon gewiß, vor Entstehung der deutschen Geschichte, und vor der Bewohnung jener Gegenden von Menschen, nichts aufgezeichnet werden konnte, wovon aber diese steinerne Denkmäler, unverwerfliche Zeugen sind, jene Trochiten und Entrochiten, nebst mehr andern Produkten, welche nur den nordischen Ländern, oder den sie begränzenden Meeren eigen sind, über einen Theil des nördlichen Deutschlandes, bis in unsere Gegenden, und vielleicht noch weiter, gebracht und abgesetzt haben müsse. Um aber damals nicht zu weitläuftig zu werden, wenn ich die Gründe dieser großen Naturbegebenheit bis zu demjenigen Grade der Wahrscheinlichkeit hätte entwickeln wollen, der in solchen Fällen möglich ist, ließ ich, diesen Schluß meiner Abhandlung aufs künftige ausgesetzt. Jetzt bediene ich mich der vom Herrn **Walch** mir gegebenen Veranlassung die Gründe meiner Behauptung unpartheyisch und kurz anzuführen.

1) Sollten etwa überhaupt große partikular Ueberschwemmungen einzelner und besonderer Meere, nach der allgemeinen Sündfluth, die ich als entschieden voraussetze, ein Widerspruch seyn, oder giebt uns nicht vielmehr die älteste Geschichte Griechenlandes, und einiger andern Länder, von dergleichen wirklichen Vorfällen Nachricht? Die besten Kenner der Geschichte des Erdbodens haben niemals die einzige allgemeine Sündfluth für zureichend gehalten, alle die großen Veränderungen, welche die jetzigen Wohnplätze der Menschen ehemals gelitten haben müssen, vollständig zu erklären. Aus vielen will ich nur jetzt unsern in dieser Sache sehr erfahrnen ehemaligen Bergrath **Lehmann** anführen, welcher ausdrücklich in seinem **Versuch einer Geschichte von Flözgebürgen,**

bürgen, S. 83. 88 u. f. f., außer jener allgemeinen Sündfluth, noch die Veränderungen des Meeres, welche nach und nach geschehen sind, unter die Ursachen zählt, von denen auf der Oberfläche unsers Erdbodens so vieles bewirkt wäre, daß wir sonst nicht würden erklären können.

2) Die hiesigen Trochiten und Entrochiten, welche mit den **Meklenburgischen** und **Pommerschen**, besonders den **Stargardschen**, übereinstimmen, und wovon ich auch ein Paar ganz klare, in der **Ukermark**, bey **Prenzlow**, gefundene Proben erhalten habe, sind, nach allen Originalen und Zeichnungen, so ich davon gesehen habe, den **Gothländischen** und **Schwedischen** so ähnlich, wie ein Ey dem andern. Dies ist ein Erfahrungssatz, den der Augenschein allemal beweisen kann, und der mir jederzeit einleuchtet, wenn ich meine **Braunschweigischen**, von **Königslutter** mitgebrachten, und anderer Gegenden Entrochiten-Steine mit den hiesigen und Schwedischen vergleiche. Und wie konnte daher Herr **Walch** jene Aehnlichkeit verkennen?

3) Außerdem finde ich die mehresten übrigen Versteinerungen der Potsdamschen Gegend, die ich nun schon viele Jahre hindurch sehr fleißig durchsucht habe, unter den Versteinerungen der gedachten nördlichen Länder, oder unter den Originalen der an dieselben gränzenden Meere, welches wir jetzt mit Einem Namen die Ostsee nennen. Ich will mich hierbey, der Kürze wegen, nur auf die beyden gemeinsten und bekanntesten Gewährsmänner, auf den **von Bromel**, und auf den schon oft angeführten **Fougt**, berufen, ohne mehr und größere Werke anzuführen. Selbst Steinkenner aus den dortigen Gegenden haben diese Aehnlichkeit der Potsdamschen Versteinerungen mit

jenen ihres Vaterlandes bewundert, wenn ich Gelegenheit gehabt habe, ihnen meine Steinsammlung zu zeigen.

Freylich finden wir bey **Potsdam**, außer den behaupteten nordischen Versteinerungen, auch versteinerte Körper und Schaalen der Indischen rc. Meere, und anderer Welttheile. Von der letztern Art sind die im 3ten B. d. **Beschäftigungen** rc. bekandt gemachten Elephantenzähne unläugbare Beweise. Darum sage ich ausdrücklich, daß jene nordischen Versteinerungen durch eine zwar **große**, aber dennoch **nicht allgemeine** Ueberschwemmung der jetzt sogenandten Ostsee zu uns gebracht seyn müssen. Und ich behaupte dennoch, aus Gründen, die hier anzuführen unnöthig ist, daß die **allgemeine Sündfluth**, die ich niemals läugnen werde, schon lange vor jenen partikular Ueberschwemmungen, ein grosses Antheil zu unsern Versteinerungen beygetragen haben muß. Und wenn ich denn auch annehmen wollte, daß alle diese steinerne Urkunden ehemals vorgefallener großen Revolutionen unsers Erdbodens einzig und allein entweder von dem ersten ursprünglich chaotischen Zustande desselben, oder von jener allgemeinen Sündfluth, zurückgeblieben wären: so ists doch immer sehr auffallend und sonderbar, daß **Schwedische** und **Nordische** Versteinerungen nur in denjenigen Ländern sich finden, welche an dasjenige Meer zunächst angränzen, das diese Länder umfasset, oder man müßte, nach so vielen, auch von andern, gefundenen Proben **Nordischer** und besonders **Schwedischer** Versteinerungen in gedachten Ländern, die augenscheinliche Aehnlichkeit derselben mit den unsrigen in Zweifel ziehen, oder gar läugnen wollen.

4) Der

4) Der Herr Hoffaktor Danz hat mir vor einigen Jahren, nebst einigen andern nordischen Versteinerungen ein ziemliches Stück zerstreut durch einanderliegender versteinerter Madeporiten-Zweige, die bey **Drontheim** gefunden waren, aus Kopenhagen mitgebracht, von der Art, welche **Fougt** Fig. XIII. abgeschildert hat. Diese Art von Madeporen finde ich vorzüglich in unserer Gegend, außer den übrigen durch den **von Bromel**, und andere, abgebildeten und beschriebenen nordischen Hippuriten 2c. und zwar in ähnlicher Steinart, wie in jenen Ländern. Wie sehr wünschte ich von Kennern die Versteinerungen jener Länder gegen hiesige eintauschen zu können, und dadurch eine Prüfung, die ich eben so sehr wünsche, als der verstorbenene Herr Walch solche empfahl, allgemeiner zu machen!

Wie viel ich nun endlich bey dieser Behauptung gewinne, das will ich gleich durch eine neue Probe zeigen, wenn ich

5) noch einige im Sommer 1779 an den Ufern unsrer Havel gefundene, und wegen ihrer Schwere, und glaskopfartigen sogleich äußerlich sichtbaren und merkwürdigen Struktur zu Hause mitgenommene Eisensteine anführe. Ich zeigte solche vor ein Paar Monathen dem Herrn Hoffaktor **Danz**, diesem Kenner der Bergarten so vieler Länder; und er ließ das angenehmste Erstaunen blicken, als er bey ihrer Zerstuffung den sogenannten **Trappstein**, und zwar eine solche Art desselben, die, seiner Versichrung nach, nur in Schweden zu Hause wäre, in seiner Vollkommenheit darin fand. Man muß sich hier diejenige Art dieses Steins denken, welche im ersten Bande des verdeutschten Linneischen Mineralreichs, S. 606, unter dem Buchstaben c) von Aehren-ähn-

lichen Theilchen, als **Westgothland**, und Schweden, ganz eigen geschildert wird. Diese Erscheinung ist meiner Behauptung eben so vortheilhaft, als meine Behauptung mir vortheilhaft wird, diese Erscheinung bey Potsdam zu erklären: und ich erfülle, bey dieser Gelegenheit, das dem Herrn Hoffaktor gegebene Wort, diese nicht unwichtig scheinende Entdeckung nicht unbekannt und ungenutzt zu lassen.

Ohngeachtet ich nun zwar nicht im Stande bin, wenn ich auch, wie mir sehr wohl möglich wäre, noch mehr Gründe anführen wollte, eine so sehr entfernte, und in die Dunkelheit der ältesten Zeiten verhüllete Naturbegebenheit zur völligen Klarheit und Gewißheit zu bringen: so finde ich dennoch meine angezeigten Gründe stärker, als alle bisher von nicht wenigen Schriftstellern gegen meine Behauptnng überhaupt gemachten Einwendungen, welche alle unsere Versteinerungen auf die Rechnung der einzigen allgemeinen Sündfluth setzen. Und ich scheue mich daher nicht, bey dem hohen Grade der Wahrscheinlichkeit, welchen man in einer solchen Sache, ohne etwas Unmögliches zu fodern, erreichen kann, da ich übrigens bey dem Erfolg ganz unpartheyisch bin, allen Naturforschern, besonders der mehrgedachten Länder und Gegenden, wo diese Art, die Naturgeschichte unsers Erdbodens aus Urkunden zu prüfen, bisher vielleicht auf uns keine Beziehung gehabt haben mag, die Untersuchung meiner Behauptung recht angelegentlich und fortgesetzt zu empfehlen.

Diese Behauptung mag alsdenn stehen oder fallen: so wird in beyden Fällen die Wahrheit siegen. Und bey diesem Siege werde auch ich, sogar im Verlieren, gewinnen, weil der Wahrheit Preis bey mir über alles geht.

Nach

Nach diesen vorläufigen Erklärungen und Zusätzen zum vorigen Stücke meines Beytrags, wozu mir Herr Walch die Gelegenheit gab, eile ich nun die neuesten nnd merkwürdigsten Entdeckungen im Potsdamschen Steinreiche so kurz, als möglich mitzutheilen.

Außer dem im 13ten Stück des **Naturforschers** wiederholten eigenem **Walchischen** Geständniß, daß nunmehr die Versteinerungen im Jaspis nicht mehr so zweifelhaft sind', wie ehemals, wird mein davon bisher geführter Beweis durch mehr als einen im Sommer 1779 bey Potsdam gefundenen Jaspis, mit unterschiedenen Versteinerungen, aufs neue unterstützt und fortgesetzt. Zwey Stücke von diesem Jaspis enthalten eine Menge der aus obiger Beschreibung bekannten Trochiten und Entrochiten. Das eine ist ein blaßgelber, an einigen Stellen ins Braune und Rothe übergehender Jaspis, mit einigen kleinen weißen Flecken, 3 Zoll lang, zwischen 2 und $1\frac{1}{2}$ Zoll breit, und eben so dick. Er war aus einem hohen sandigen Ufer der Havel zwischen Potsdam und Kaput zu Tage gekommen. Ich habe dieses Steines schon oben erwähnt, und ihn zum Beweise angeführt, daß die Potsdamschen Schraubensteine nicht allemal in unserm Jaspis mit den kalkspathartig versteinerten Entrochiten umgeben, sondern auch oft ganz nackend, und von diesen Formen entblösset, gefunden würden. Und in der That kann man kaum was reizenders, wenn man auch nur ein Steinliebhaber ist, sehen, als die große Anzahl der Schrauben von allerhand Größe bis zur äußersten Feinheit, welche von der ganzen Oberfläche durch diesen Stein durchsetzen. Das andere ist ein nicht so großer grauer Jaspachat, der zwar wenigere und kleinere, noch nicht verwitterte Entrochiten enthält, aber deswegen dennoch, so unansehnlich er übrigens ist, mir vorzüglich merkwürdig zu seyn scheint, weil mehr als die Hälfte desselben noch thonartige Mutter ist, wo man auf der klaren Grenzlinie des weichern und harten Steines, den allmähligen Uebergang des erstern in den letztern kenntlich wahrnehmen kann, mit eben den Entrochiten durchknetet. Ein schmutzig weißes, länglich rundes, über $2\frac{1}{2}$ Zoll langes, und 2 Zoll breites, zu einer $\frac{1}{8}$ Zoll dicken Platte geschnittenes und polirtes Stück Jaspisartigen Steines schliesset, wie der Augenschein lehret, eine Versteinerung in sich, welche mir ein Seeschwamm von derjenigen Art der Alcyonien, die man Seebeutel nennet, zu seyn scheinet. In einem kleinern Stück eines grauen Jaspis fand ich abermals diejenige Art korallinischer Röhren versteinert, welche **Fougt** in der XXII Fig. vorgestellet hat.

Von Achatartigen Versteinerungen sind, meines Wissens, seit meiner letztern Anzeige, nur 3 Stück in der Potsdamschen Gegend zum Vorschein gekommen. 1) Ein rothbrauner, hin und wieder ins blaue spielender, an seiner äußerlichen Struktur noch sehr kenntlicher Fungit. Diesen hat der Herr Major von **Geusau** auf dem Bornstädtschen Felde gefunden, und mir einen Theil davon abschneiden lassen. 2) Ein schwarzbrauner, aus koncentrischen Zirkelbogen bestehender blättriger Fungit, in welchem man eine Menge mikroscopischer Röhrchen erblicket. 3) Ein halbes Dutzend in einem braunen Jaspis liegender und achatisirter Fungiten, von derjenigen kleinen, runden, strahlichten, und an ihrem äußersten Umkreise zackigten Art, die von **Bromel** S. 70. als Seltenheiten

der

der Gothländischen Seeküsten beschreibt. Diese beyden letztern Stücke habe ich selbst gefunden.

In unserm gemeinen Hornstein oder Feuerstein, habe ich, oben aufliegend, ein Stück von einer stark gefurchten Kammmuschel, in eben dieselbe Steinart verwandelt, beynahe 2 Zoll lang und 1½ Zoll breit, angetroffen. Dazu kam noch ein über 2 Zoll langes Fragment von der so genannten Seenelke, mit zween, beynahe noch ganzen blättrigen und oben Becherförmig geöfneten Aesten; und in einem dritten Steine dieser Art ein Zirkelrundes, über ein ½ Zoll dickes, und beynahe 1½ Zoll langes Bündel korallinischer Röhren.

Unter den in Chalcedon verwandelten Seltenheiten der Potsdamschen Gegend, kann ich mit Grunde einer im vorigen Sommer gefundenen, und sehr gut erhaltenen Baumauster, nebst einer mittelmäßigen, ebenfalls sehr kenntlichen Patelle, die ersten Stellen einräumen. An jener sind noch alle diejenigen blättrigen Ansätze und Zacken zu sehen, womit sie an den ins Wasser herunter hängenden Baumästen in ihrem natürlichen Zustande befestiget gewesen ist. Und auf jener erblickt man sehr viele von denjenigen kleinen koncentrischen Ringen und Schnörkeln, womit die versteinerten Austern rc. sonst geziert zu seyn pflegen. Sie ist mit kalkartigen Gestein ausgefüllet. Außerdem hat mir die vorjährige Steinerndte noch zween Chalcedonartige Ostraciten geliefert, deren einer insonderheit mir deswege schätzbar ist, weil er, ohne Streit, zur feinsten Sorte der Astroiten gehört, auf der einen Seite seine merkwürdige natürliche Bauart noch deutlich sehen lässet; und auf der andern Seite sein feines inneres Gewebe, vermittelst der angebrachten Politur, zeiget. Er ist von Pholaden am Rande vielfältig durchbohret, und es stecken nebst denselben, auch versteinerte

steinerte Wurmröhren darinn. Die vom Fougt Fig. XXI. abgebildeten korallinischen Röhren habe ich auch in zween unterschiedenen Steinen in Chalcedon verwandelt gefunden. In einem, beynahe 1½ Zoll langen Hippuriten, von der Dicke eines mäßigen Fingers, bestehen die Schalen, oder die Wände derjenigen Röhren, woraus dieser Seekörper zusammengesetzt zu seyn pflegt, insgesammt aus Chalcedon, mit ein paar untermischten Karneolartigen Stellen, und geben am Stahl häufige Funken. Die Ausfüllung dieser Röhren aber ist Kalkspat, welches aus dem starken Aufbrausen mit Scheidewasser klar wird.

Eigentliche und wirkliche Versteinerungen im Quarz hat Herr Walch niemals zugeben wollen. Ich will, um nicht weitläuftig zu werden, aus der Naturgeschichte der Versteinerungen, 1 Th. S. 17. nur den Schluß seiner Erklärung über diesen Punkt anführen. „Alle diese quarzigte und kristallinische Kör„per, sagt er daselbst, sind keine ächte Versteinerun„gen, sondern sie sind entweder Ausfüllungen hohler „Körper, oder ein Anflug an wirklich petrificirte Kör„per, an denen sie jedoch selbst nicht den geringsten „Antheil haben.“ Ich weiß nicht, ob andere Steinkenner bisher Ausnahmen von dieser Regel gemacht haben. Ich finde vielmehr, daß die mir bekannt gewordenen Schriftsteller über diese Materie, derselben gefolget sind. Ich habe allerdings, seitdem ich aufmerksam auf diese Sache geworden bin, nicht wenig versteinerte Körper mit Quarzigten Ausfüllungen angetroffen. Aber ich habe dennoch niemals gänzlich daran gezweifelt, daß ich noch bey Potsdam wirkliche und eigentliche Versteinerungen im Quarz entdecken würde. Diese Entdeckung ist mir im vorigen Sommer dergestalt geglücket, daß ich meinen Herren Collegen

gen unterschiedene augenscheinliche Proben davon habe vor Augen legen können, die ich mich für schuldig erkenne, nun auch andern Naturkennern bekannt zu machen.

Ein Stück schwarz und weiß gefärbter Quarz, der alle Merkmale dieser Steinart hat, die ich hier bey meinen Lesern, als bekannt, voraussetze, umfasset eine viel größere Menge, nicht bloß mit Quarz ausgefülleter, sondern wirklich und wahrhaftig in eben denselben, und gleichgefärbten Quarz verwandelter Entrochiten der hiesigen Gegend, als nöthig sind, jeden Kenner von der Richtigkeit meiner Behauptung zu überzeugen. Dieses höchst merkwürdige und seltene, aber nicht gar große Stück hat der Herr Major von **Geusau** mit mir zu gleichem Theile. Den zweyten Rang verdient ein schmutzig gelber Quarz, meist vier Zoll lang, und zwischen drey Zoll und etwas weniger breit, aber nur einen starken Zoll dick, worinn sehr viel große und kleine Muscheln, und Trümmern derselben, in wirklichen Quarz verwandelt zu sehen sind. Drey etwas kleinere Stücke von denen beym **Fougt** Fig. XXI. vorgestellten korallinischen Röhren, sind ebenfalls bis auf einige von dem übrigen Theil des Steins, durch die Vertiefung vom Scheidewasser, kenntlich ausgezeichnete Kalkspathartige Stellen, ächter und wahrer Quarz, nach den damit gemachten Proben. Endlich hat der Herr Hof-Faktor **Danz** ein Stück körnigen weißen Quarz, worinn noch recht kenntliche Stücke von Holzkohlen auf der einen Seite in einer Menge von Löchern, als so vielen Behältnissen, eingedrückt oder eingesteint liegen, als sehr merkwürdig und selten, ungemein bewundert. Es ist über 2 Zoll lang, nicht völlig so breit, und mehrentheils überall etwas höher als 1 Zoll.

Ich

Ich wünsche recht sehr, daß auch dieser fortgesetzte Beytrag das Reich der Wahrheit erweitern und befestigen helfen, und daß er insonderheit zur nähern Aufklärung, Berichtigung und Ergänzung der noch nicht lange recht pragmatisch bearbeiteten Naturgeschichte, besonders der Steine und Versteinerungen, und unsers Erdbodens überhaupt, wenigstens Veranlassung geben, und daß ich in der Zukunft noch oft Gelegenheit finden möge, das angefangene fortzusetzen.

XVII.

XVII.

Beytrag zur Naturgeschichte der Blasenwürmer.

von

D. Bloch.

S. Tab. X. Fig. 1 bis 8.

Erster Abschnitt.

Der Blasenwurm ist eines der wunderbarsten Geschöpfe: er bestehet aus einer mit Wasser angefüllten Blase, und aus einem verengerten Theil oder Halse: diesen kann man, weil die Saugeöfnung darinn befindlich ist, den Kopf; erstere aber, wegen der verhältnißmäßigen Größe, den Körper nennen. Der letztere bestehet aus einer dünnen weißen durchsichtigen Blase, welche nach der Waagerechten Lage des darinn befindlichen Wassers, bald eine Birnförmige, bald eine platt gedrückte Kugel, oder einen flachen Cylinder bildet. Wenn der Körper ganz angefüllt ist, so ist er glatt; hat er aber etwas von seiner Feuchtigkeit verlohren, so bemerkt man kleine Falten oder Streifen an denselben. Der Kopf, oder vielmehr der Blasenhals ist

ist weiß, cylindrisch, dichte, und mit einer erhabenen Linie umwunden. Vorne sieht man eine runde Oefnung: drückt man an einen noch frischen Hals, so kömmt der bewaffnete Kopf hervor; an diesen nimmt man erstlich 4 gegen einander über stehende Saugeblasen wahr; zweytens, am Ende einen doppelten Kreis von krummen Häckchen, davon in jeden 16 befindlich sind. Die Häckchen passen in kleine Scheiden, welche an der Oberfläche des Kopfes sitzen: stirbt nun der Wurm mit eingezogenen Häckchen, so bleiben sie nachhero unsichtbar. Drückt man auf den Körper, so spritzt die darinn enthaltene Feuchtigkeit in einem zarten bogenförmigen Strahl aus der mittlern Oefnung, nicht aber aus den Saugeblasen heraus. Leget man einen solchen Wurm in warmes Wasser, so bewegt sich so wohl der Körper als der Hals; ersterer nimmt verschiedene Gestalten an, wird bald lang, bald rund u. s. w. und letzterer zieht sich zusammen und dehnet sich wieder aus. Die in dem Thier enthaltene Feuchtigkeit ist klar wie Wasser: ich konnte in derselben weiter nichts, als verschiedene weiße herumschwimmende Flocken wahrnehmen: ob nun diese den Unrath, den Eyerstock, oder ob sie nur die niedergesunkenen festeren Theile, welche im Wasser vorhanden waren, vorstellen, davon läßt sich nichts mit Gewißheit behaupten. Die Feuchtigkeit selbst hielt ich anfänglich für ein Blutwasser (Lympha), allein folgende Versuche zeigen, daß sie die Eigenschaft desselben nicht an sich habe. Im kochenden Wasser geschüttet, bildet es kein häutiges Wesen; ich goß den stärksten Weingeist (alcahol) hinzu, allein hierdurch gerann es eben so wenig, als von der Beymischung der mineralischen Säuren. Von 2 und ½ Loth dieser Feuchtigkeit, welche ich abdistilliren ließ, erhielt ich weiter nichts,

als

als 6 Gran eines ranzigten Oehls, und 2 Gran Kohle. Man findet den Blasenwurm von der Größe des Mohnsamens bis zur Größe eines kleinen Kinderkopfes. Er wird in den Eingeweiden verschiedener vierfüßigen Thiere angetroffen, als beym Reh, Hirsch, Rennthier, der Ziege, Gazelle, dem Kalbe, Mäusen, Fledermäusen und Ratzen, am häufigsten aber im Unterleibe der Schweine, Schafe und Hasen; am zahlreichsten sitzen sie bey letztern an der Leber. Auch beym Menschen gehören diese Würmer zu Hause, wie aus der hiernächst folgenden merkwürdigen Krankheitsgeschichte des Herrn Prof. Kölpin erhellet. Kürzlich erhielt ich einen Blasenwurm, der in der Lunge eines Schweins gesessen hatte, und einen andern von der Größe eines Kinderkopfes in der Milze eben dieses Thieres; und Herr Leske fand sie beym Schafe zwischen dem Herzbeutel und dem Brustfell [1]). Es machen diese Würmer unter der Klasse von Eingeweidewürmern ein eigenes Geschlecht aus, welches man mit den Namen Blasenwurm (Vermis vesicularis) am schicklichsten belegen kann. Mir sind bereits drey Arten bekannt, und ich zweifle nicht, daß man, wenn erst die Aerzte und mehrere Naturkündiger auf diese in aller Betrachtung sonderbare Geschöpfe aufmerksam seyn werden, nicht noch mehrere entdecken sollte. Die erste Art könnte man den Einsiedler Vermis vesicularis eremita nennen, weil allezeit nur ein einziger in einer Blase wohnt; die andere den Bandartigen Blasenwurm (vermis vesicularis taeniaeformis), und die dritte Art den geselligen (socialis) nennen. Die Blase, worinn der Einsiedler wohnt, ist durchsichtig, und man kann ihn

1) S. dessen Abhandlung von der Drehekrankheit der Schafe.

ihn daher mit leichter Mühe von außen erkennen. Wenn man eine solche Blase vorsichtig öffnet, so kömmt der Einwohner ohnbeschädigt zum Vorschein. Beym Eröfnen einer solchen Blase bald nach dem Tode des Thieres, nahm ich nur sehr wenig Wasser zwischen der Blase und dem Wurm wahr; wenn ich aber einige Zeit darüber verstreichen ließ, so fand ich viel Wasser. Dieses giebt der Wurm entweder durch seine Saugeöfnung von sich, oder es dünstet durch seine Haut aus. Ob nun diese Ausleerung durch die Kälte bewirkt wird, oder ob der Wurm dieses Wasser von Zeit zu Zeit von sich lasse, und wieder einsauge, um durch den beständigen Umlauf es vor der Fäulniß zu schützen, darüber kann ich nichts gewisses entscheiden. Die Gestalt der Blase ist nicht immer eben dieselbe: an der Leber ist sie rund und prall, sitzet sie aber am zelligten Gewebe (cellulola), am Gekröse (mesenterium), am Netze (omentum) oder im Fett; so nimmt sie mancherley Figuren an, nachdem sie an einer oder mehrere Stellen anhängt.

Eine Abänderung ist diejenige Art, welche man an der Hasenleber findet. Sie wird nicht leicht grösser als eine Erbse, und könnte daher pisiformis genennet werden. Es sind ihrer gewöhnlich mehrere beysammen; sie sitzen in der Substanz der Leber selbst, ein jeder aber ist in seiner eigenen Haut eingeschlossen. Die zwote Art, oder der Bandartige, ist gleichfalls wie der vorhergehende, in einer Blase eingeschlossen, und am Kopfe mit 4 Saugeblasen und einen doppelten Hakenkranz versehen. Man findet ihn bald einzeln, bald mit mehreren in Gesellschaft an der Leber der Ratze, der Haus- Feld- und Fledermaus sitzen. Wenn man eine solche Blase öfnet; so siehet man einen flach zusammen gedrückten Wurm mit einer kleinen Wasserblase. Leget man einen noch lebenden Wurm ins warme

Wasser;

Wasser; so dehnet er sich nach und nach zur Länge von 3 bis 4 Zoll aus, und die schmale bandförmige Glieder werden sichtbar; das Schwanzende oder das letzte Glied bestehet aus einer mit Wasser angefüllten Blase von der Größe eines Hanfsamens bis zur Grösse einer Erbse. Man muß sich aber bey der Oefnung der äußeren Blase hüten, daß man diese nicht zugleich mit entzwey schneide. Dieser Wurm macht den Uebergang zwischen den Blasen- und Bandwürmern.

Die dritte Art, oder der Gesellige, hat seinen Sitz im Gehirn derjenigen Schafe, welche die Drehekrankheit haben. Wenn man die Hirnschale, und die darunter liegende Haut eines solchen Schafes behutsam öfnet, so findet man in der Substanz des Gehirns eine klare mit Wasser angefüllete Blase, an welcher 3 bis 400 kleine weiße Körperchen, in der Größe des Hirsesamens sitzen, davon ein jedes, wie die Vergrösserungsgläser lehren, wie die oben beschriebene Blasenwürmer gebildet ist; ihr Körper wird durch zwey kleine Bänder an der gemeinschaftlichen Blase befestiget [2]), und mit dem Kopfe sitzen sie im Gehirne feste. Diese Blasen findet man ebenfalls von verschiedener Größe, und mehrentheils ist nur eine, zu Zeiten aber sind mehrere vorhanden. Diese Würmer sitzen entweder nahe an der Oberfläche des Gehirns, oder nahe am Rückenmark. Im ersten Fall verursachen sie ein Drehen, und im letzten ein Springen. Ein Dreher gehet in die Runde, und ein Springer springet und fällt auf derselben Seite wo die Blase mit den Würmern befindlich ist. Dieses haben mich der Herr von Rochow und Herr Götze versichert. Da man an jeder Blase 3 bis 400 Würmer antrift, davon ein jeder mit seiner Saugöfnung und seinen 32 Häckchen

Y 2 im

2) Vid. Leske l. c. tab. 1. Fig. 2. 3.

im Gehirn festsitzt; so zerren im mindesten Falle 300 Sauger und 9600 Häckchen am Gehirne eines solchen Schafes. Ist es daher Wunder, wenn das Schaf davon erkrankt, und durch das Drehen und Springen, Zeichen seiner schmerzhaften Empfindung von sich giebt? Den Schäfern und Schlächtern in hiesiger Gegend, wo die Schafzucht stark getrieben wird, ist es längst bekannt, daß diese Krankheit von Würmern herrühren; sie sagen: wenn die Würmer sich rühren, so machen sie das Schaf schwindlich. Ein erfahrner Amtmann versichert mich, daß er einen Schäfer gekannt habe, welcher den Schafen den Wurm zu benehmen gewußt, indem er ihnen den Kopf geöfnet; allein es wäre ihm diese Operation nur selten gelungen. Es verdient indessen diese Nachricht die Aufmerksamkeit der Landwirthe: denn ohne Zweifel würde diese Operation unter der Anleitung eines geschickten Arztes oder Wundarztes weit öfter gelingen; und **Kanstler** hat, wie er versichert, mit gutem Erfolg, einige Schafe trepaniren, die Blase durchstechen, und das Wasser auslaufen lassen [3]). Sollte nicht auch beym Menschen mancher hartnäckige Schwindel von dieser Ursach herrühren? Wenigstens findet man sehr oft bey den Leichenöfnungen, Wasser im Gehirn: allein, welchem Arzt ist es je eingefallen, an einer dünnen mit Wasser angefüllten Haut, 3 bis 400 kleine Würmer zu suchen.

Außer diesen dreyen Arten von Blasenwürmern findet man auch Blasen, in welchen verschiedene andere Würmer eingeschlossen sind. So fand **Hartmann** in der Niere eines Hundes einen sehr großen Spulwurm [4]), und einen andern mit einem Mondförmi-

3) S. die Anzeige der Leipziger öconom. Gesellsch. vom Jahr 1776. S 20.

4) Miscell. Nat. cur. Dec. II. Ann. 4. p. 149 F. 18 und 21.

förmigen Kopfe, am Zwergfell, nahe an der obern Oefnung des Magens bey einer Maus, den er lumbricus capite lunato nennt [7]). Ich habe gleichfalls an der Hechtleber eine Blase, in welcher ein Bandwurm befindlich war, bemerkt [8]); allein, da diese keine eigentliche Blasenwürmer, sondern andere Arten, die nur in einer Blase eingeschlossen waren, sind, so gehören sie auch nicht hieher.

Zweyter Abschnitt.
Entdeckungsgeschichte.

Meines Erachtens war der Königsberger Arzt **Hartmann** der erste, welcher die erste Art der Blasenwürmer entdeckte. **Pallas** [9]) erweiset zwar diese Ehre dem englischen Arzt **Eduard Thyson**, vermuthlich, weil der Theil von den philosophischen Transactionen, worinn die Thysonische Nachricht stehet, bereits 1691, der Band aber von den Ephemeriden, worinn die Hartmannsche befindlich, erst 1705 erschienen ist: allein da die Unterschrift des Hartmannschen Aufsatzes vom 15ten Octbr. 1685 lautet, so scheint diesen, zum wenigsten für uns Deutschen, die Ehre dieser Entdeckung zu gebühren. Es kann indessen seyn, daß beyde Gelehrte, wie es sonst wohl zu geschehen pflegt, zu gleicher Zeit bey ihren anatomischen Untersuchungen, das Leben dieser Würmer entdeckt haben. **Hartmann** hat diese Würmer unter den schicklichen Namen Blasenwürmer (Vermes vesiculares) beschrieben [10]) und davon, wiewohl nur schlecht

7) l. c. Dec. 3. ann. 2. Obs. 193.
8) Besch. 4 B. S. 541.
9) Miscell. Zoolog. p. 157.
10) Misc. Nat. cur. Decad. 2 ann. 4. obs. 73. p. 152. Fig. XXV-XXVIII.

schlecht gerathene Zeichnungen geliefert, denn der Hals siehet aus, als wenn er aus 4 Kugeln zusammengesetzt wäre. Er fand sie im Netze einiger mageren Ziegen von verschiedener Größe. Die stärkste war wie ein Hünerey; er sah sie im warmen Wasser sich nach allen Seiten bewegen. In der Feuchtigkeit fand er ein Stückchen Fett schwimmen, auch waren bey ihm nicht alle diese Würmer mit klaren Wasser, sondern mit Feuchtigkeiten von verschiedener Farbe angefüllt; eine sahe so gar röthlich oder wie mit Blut vermischt aus. Eduard Thyson sahe eben diese Art Blasenwürmer in einer Gazelle. Er fand sie in der Größe eines Taubeneyes, im Netze innerhalb des Darmfells: am häufigsten aber zwischen der Blase und den Mastdarm; auch in den kranken und wassersüchtigen Schafen nahm er sie wahr. Er hat sie sowohl in ihrer natürlichen Gestalt, als auch vergrößert, vorgestellt: jedoch hat die Saugeöfnung nicht diejenige eyförmige Gestalt, welche er ihr in seiner Abbildung giebt, denn sie ist rund; jene Figur bekommt sie nur, wenn der Hals zusammen fällt. Auch habe ich die 2 Bänder, welche innerhalb befindlich seyn sollen, und die er unter Figur 4 abgezeichnet, nicht finden können. Ich habe nur eine Scheide wahrgenommen, worein der Rüssel liegt. Er rechnet dieses Thier zu den Spulwürmern, und nennt ihn den wassersüchtigen (lumbricus Hydropicus); allein es sieht ein jeder leicht ein, daß es so wenig in seinen Bau, als in der Lebensart, einige Aehnlichkeit mit den Spulwürmern habe. Vor Hartmann und Thyson haben zwar verschiedene Gelehrte diese Blasenwürmer beschrieben, aber sie haben sie nicht für lebendige Geschöpfe erkannt. So fand sie Redi im Gekröse eines Hasens [11]).

Har-

11) Opusc. p. 196. beym Pallas Miscell. Zool. p. 158.

Harder im Netze eines Hirschkalbes [12]). Bartholin im Gekröse und an der Leber eines Rehes [13]). Peyer in der Pfordader eines Schweins [14]), und Stenon im Netze des Rennthiers [15]). Ungeachtet daß Hartmann und Thyson deutlich gezeigt haben, daß diese Blasen lebendige Geschöpfe sind, so haben sich doch nachher weder die Aerzte noch die Naturkündiger weiter darum bekümmert, und sie würden ihren Rang im Thierreiche gänzlich verlohren haben, wenn nicht unser aufmerksamer Pallas sich ihrer angenommen hätte [16]). Dieser berühmte Schriftsteller bringt sie unter die Bandwürmer; allein da man bey der ersten und dritten Art nichts weniger, als in einander geschobene Gelenke wahrnimmt; so können sie auch nicht füglich zu diesem Geschlecht gezählt werden. Der Ritter gedenkt ihrer allererst in der zwölften Ausgabe seines Natursystems unter dem Namen Blasenpolype (Hydra Hydatula) [17]): allein, hat man je eine Eigenschaft der Polypen an ihnen wahrgenommen? Es verdienen diese merkwürdige Geschöpfe in mehr als einer Absicht unsere ganze Aufmerksamkeit, denn ich glaube, es wird sich nicht nur zeigen, daß die Wasserblasen (Hydatides) [18]), die wir bey den Men-

12) Apiar obs. 3. Beym Pall. l. c.

13) Hist. nat cent. 1-49. am Ende des ersten Bandes der Act. Haf. stehen Blasen abgezeichnet in der Größe einer Pflaume, welche in der Lunge eines Affen sind gefunden worden, allein diese gehören nicht hieher.

14) Miscell. Nat cur. Dec. 1. ann. 7. obs. 206.

15) Acta Haffniens. Vol. 1. n. 36. p. 68.

16) Diss. de inf. viv. p. 50 n. 6. Taenia Hydatoidea Elench. Zoophit. p. 413 n. 5. Taenia Hydatigena, und unter eben diesem Namen in den Miscell. Zool. n. XIII. p. 157.

17) Vid. in seq pagina.

18) t. 1. p. 1220. n. 5. Der Uebersetzer des Linne' 6 Th. S. 891. nennt sie die Wasserblase: alle diese Benennung ist der Sache nicht angemessen.

Menschen so häufig finden, größtentheils Blasenwürmer seyn; sondern auch in Rücksicht ihrer Erzeugung, mit den Intestinalwürmern ein gleiches Schicksal haben, indem sie eben so, wie jene, nur in den Körpern anderer Thiere zu leben bestimmt sind, und daß ihre Eyer mit unsern Säften cirkuliren, und nur alsdenn entwickelt werden, wenn sich eine schickliche Gelegenheit darbietet, wo sie ihren Unterhalt finden. Die zwote Art oder den Bandartigen, hat **Hartmann** a) zu erst bemerkt, nachhero haben **Ruysch** b), **Frisch** c), **Haller** d) und **Daubenton** e), ihrer gleichfalls Erwähnung gethan: allein sie haben sie alle für einen Bandwurm angesehen; weil sie die Blase am letzten Gliede beym Eröfnen der äußern Blase mit zerschnitten haben. Dem aufmerksamen **Pallas** aber ist sie nicht entgangen f). Was die dritte Art betrift, so waren die Blasen im Gehirn der drehenden Schafe, den Schäfern, wie oben erwähnet, schon längst bekannt. Es haben auch **Geutebrück** [21]) **Kanstler** [22]) und **Hastfer** [23]) diese Krankheit von denen im Gehirn befindlichen Blasen hergeleitet, **Kanstler** hat zuerst die kleine Körperchen bemerkt, und vermuthet, daß Würmer daraus entstehen würden. Allein, daß diese Körperchen würkliche Blasenwürmer sind,

a) Miscellan. not. cur. Dec. III. ann. 2. Obs. 193.
b) Opera omn. Vol. I. p. 17.
c) Miscel Berolin. t. VI. par. I. p. 121.
d) Opusc. Patholog. p 81.
e) Büff. Allg. Gesch. der Nat. in der Uebers. in 4to. 4 Th 1 B. S. 179. tab. 40.
f) Miscel. Zoolog p. 168. tab. XII. Fig. 12. 13.
21) Gesammleter Unterricht von Schaafen und Schäfereyen, Leipzig 1766.
22) Unterricht von der Zucht und Wartung der Schafe, ibid. 1776.
23) In der Anzeige der Leipziger öconom. Societät 1776.

sind, haben Leske 24) und Götze 25) zu gleicher Zeit beobachtet: ersterer auch sehr vollständig beschrieben, und eine genaue Zeichnung davon geliefert. Er zählt sie gleichfalls zu den Bandwürmern, wohin sie aber aus dem oben angeführten Grunde, nicht füglich gerechnet werden können.

Bevor ich diesen Aufsatz schließe, will ich noch einige Fragen hersetzen, deren Beantwortung zwar nicht so leicht seyn möchte, die ich aber gleichwol hier anzuführen nicht für überflüßig halte, weil manche Naturkündiger dadurch desto eher auf eine schickliche Erklärung gebracht werden könnten.

Auf welche Art pflanzen sich diese Thiere fort? Ist ihr Leben von langer Dauer? Und was wird aus der Blase in der die Würmer wohnen, wenn diese sterben? Sollten wohl die Wasserblasen (Hydatides), und die Sackwassersucht (Hydrops Saccatus) die wir bey den Menschen sehr oft antreffen, nicht von diesen Thieren herrühren? Denn daß die Blase von den Einwohnern hervorgebracht werde, scheint mir so gut als erwiesen zu seyn. Ein Wurm, der die Gelegenheit zu seiner Entwickelung gefunden, dehnet, eben so wie das Gallinsekt, die Haut, unter welcher das Eychen gelegen hat, nach und nach in eben dem Verhältniß, in welchem er an Größe zunimmt, aus; sitzt er nun in dem zellichten Gewebe, welches leicht nachgiebt, so dehnet er sich nach den Seiten hin, wo er einen leeren Raum findet, und daher sind diese Blasen nicht prall und nehmen allerhand Gestalten an. Sitzen sie aber an der Leber, welche vom Darmfell (Peritoneum) das eine feste Haut ist, überzogen wird, so findet man sie allezeit rund

24) In der angeführten Schrift.
25) S. Prof. Eberts Anmerkung im Martinetschen Catechismo der Natur 2 Th. S. 98.

rund gespannt und prall. Es läßt sich ferner wahrscheinlich daraus erklären, warum D'aubenton und einige andere, die Würmer in der Substanz der Leber gefunden haben; dieses waren Blasenbandwürmer, welche, weil sie flach sind, die feste Haut der Leber nicht so leicht ausdehnen können, als ein runder Blasenwurm, der von allen Seiten gleich stark drückt; sie schaffen sich daher Raum zu ihren Aufenthalt in der weichern Substanz der Leber. Die beyden wichtigsten Fragen aber wären wohl diese: Woraus läßt sich erkennen, daß ein Mensch oder Thier eine große Anzahl von diesen Würmern (denn nur diese macht Krankheit) bey sich führen *)? und wodurch wären sie zu vernichten? Das letztere ist zwar nicht so leicht zu hoffen: allein auch das erste wäre von Wichtigkeit, damit man nicht durch unnütze Arzneymittel den Kranken schwäche, und sein Leben auf eine unangenehme Art verkürze [19]). Der hier folgende Aufsatz würde eigentlich als eine Krankheitsgeschichte und Leichenöfnung für unsere Schriften nicht gehören; da sie aber eine Nachricht von Blasenwürmer enthielt, ihrer aber nur mit wenigen Worten gedacht wird, und die Kenntniß dieser Thiere noch lange nicht so allgemein ist, als sie es verdie-

*) Der Kranke, dessen Krankheitsgeschichte gleich folgt, hatte bey seinem harten Leibe ein gesundes Ansehen, wie mir einer seiner Aerzte versichert. Könnte wohl die gesunde Gesichtsfarbe, wenn sie sich bey verschiedenen ungleichen Erhöhungen am Unterleibe erhält, als ein Kennzeichen vorhandener Blasenwürmer angesehen, und diese vermittelst des Troicar zernichtet werden? Fernere Beobachtungen werden es entscheiden.

19) Es wäre zu wünschen, daß man durch sichere Kennzeichen diejenige Krankheiten bestimmte, welche über das Vermögen der Kunst giengen, damit nicht ein ohnehin sieches Leben durch den unfruchtbaren Gebrauch der Heilmittel, das Leben noch mehr verbitterte, und wie gewöhnlich, verkürzt werde.

verdienen; so habe ich diesen Beytrag, um die Naturkündiger und Aerzte desto aufmerksamer zu machen, voraus geschickt. Ich habe eine von diesen Blasen untersucht, sowohl die äußere Haut, als der Körper des Thieres selbst, waren feste, fast Pergamentartig; diese Härte rührt vermuthlich vom Weingeist her, worinn die Blase einige Monath vor der Untersuchung gelegen hat, und aus eben diesem Grunde konnte ich auch vom Kopf nicht mehr als die 4 Saugeblasen zu Gesichte bekommen.

Erklärung der Kupfertafel.

Fig. 1. Die aufgeschnittene und zurück geschlagene Wasserblase, worinn der Blasenwurm eingeschlossen ist.

a) Der Kopf des Blasenwurms, welcher weiß durchscheint.

Fig. 2. Der Blasenwurm.

a) Die Reifen am Kopfende.

Fig. 3. Der Blasenwurm mit hervorstehendem Kopfe.

Fig. 4. Das Kopfende mit der hervorstehenden Scheide.

Fig. 5. Der Kopf durch eine starke Lupe vergrößert.

a) Der Hakenkranz.

b) Die Saugeblasen.

Fig. 6. Der kleine Blasenwurm in der der Blase.

Fig. 7. Der kleine Blasenwurm mit dem Kopfe.

Fig. 8. Dessen Kopfende mit Tub. a. Linse n. 4. vergrössert.

Fig. 9. Der bandartige Blasenwurm.

a) Das Kopfende.

b) Die Schwanzblase.

c. c. c. Die bandartige Glieder.

XVIII.

XVIII.

Merkwürdige Krankheitsgeschichte und Leichenöfnung.

vom Herrn

Professor Kölpin.

Herr M** war bis ins 20ste Jahr seines Alters völlig gesund. In diesem Jahre glaubte er durch Aufheben einer zu schweren Last, sich Schaden gethan zu haben, als in der Herzgrube zuerst eine Verhärtung erschien, die sich schieben ließ, und unter dem Finger etwas nachgab. Auf Anrathen eines Königl. Pensionair-Chirurgi in Berlin, legte er eine Bleyplatte hier auf, etwa 8 Tage nach einander. Nun wandte er sich zum Herrn Pr. F** der ihn 3 Monathe hindurch mit innerlichen Medicamenten, ohne die geringste Veränderung wahrzunehmen, besorgte. Hierauf verschwand in einer Nacht diese Erhabenheit plötzlich. Etwa 8 bis 14 Tage nachher klagte er über einen brennenden Schmerz in regione inguinali dextra. Bald nachher gieng er nach Frankfurth an der Oder, woselbst er sich ohngefähr neun Monathe aufgehalgehalten hatte, ohne sich zu beklagen. Nach dieser Zeit merkte er, daß sich der Unterleib mit reissenden Schmerzen ausdehnte, und diese Ausdehnung nahm geschwinde überhand. Alle von dem Herrn Prof. **Cartheuser** innerlich und äußerlich angewandte Mittel waren vergeblich. Vor 3 Jahren kam er nach Berlin zurück, und holete sich Raths bey den besten Aerzten nach einander. Nachdem er solchergestalt ohngefähr 4 Wochen zugebracht hatte, gieng er, auf Anrathen eines berühmten Arztes, welcher den Schaden für eine Verstopfung im Gekröse hielt, im Jahr 1775 nach dem Carlsbade. Er kam aber mit grössern Beschwerden zurück, und spürete beym Gehen einen außerordentlichen Schmerz in den Oberschenkeln (femoribus). Wenn er fuhr, fühlete er, jedoch nicht allemal, einen reissenden Schmerz im Unterleibe, der ihm so gar Ohnmachten zuwege brachte. Zugleich fand sich eine gelbe Farbe im Gesichte ein. Er wurde mit heftigen Blähungen geplagt. Im Frühjahr 1776 bediente er sich der Ailhaudschen Pulver, wonach er eine reine Farbe im Gesicht wieder bekam, und der Schmerz in den Oberschenkeln sich verlohr. Der Appetit stellete sich auch wieder ein. Nach dieser Zeit befand er sich, außer dem fortdaurenden Geschwulst des Unterleibes, wobey das Gesicht und die Extremitäten außerordentlich klein und mager waren, so wohl, daß er ohne Beschwerden gehen, reiten und fahren konnte. Im Sommer gieng er wieder nach Frankfurth, und machte von dort eine Reise von 12 Meilen zu Pferde, nach welcher sein Unterleib im Umfang ohngefähr einen Zoll abnahm. Im Junius 1777 kam er hieher, und befand sich, dem Anscheine und seiner eigenen Aussage nach, so wohl, daß er, bis kurz vor seinem Tode, beständig zu Fuße gieng, und

auch

auch die hiesigen Berge ohne anscheinende Mühe bestieg. Den 10ten Januar 1779 beklagte er sich zuerst über Geschwulst der Füsse und verdorbenen Magen, bis er sich endlich 3 Tage vor seinem Ende zu Bette legte, und den 24sten dieses Monaths, nach vorhergegangener sehr großen Engbrüstigkeit, im 29sten Jahr seines Alters, verschied.

Die Leichenöfnung zeigte viel besonderes und unerwartetes. Der Unterleib hatte von außen eine Menge ungewöhnlicher Erhabenheiten an sich von gar verschiedener Gestalt, länglicht, eyförmig, rund u. a. von eben so verschiedener Größe, und am Gefühl theils weich und nachgebend, theils äußerst hart. Die größte war weich anzufühlen, von der Größe eines neugebohrnen Kinderkopfes, lag in der obersten Gegend der rechten Weiche (in regione inguinali dextra) und hatte die breite Sehne (aponeurosin) des musculi oblique descendentis sehr in die Höhe getrieben und dünne aus einander gedehnet. Diese aponeurosis lag so fest auf dem Geschwulst, daß sie mit dessen äußerer Haut verwachsen war, welche von dem peritonaeo entstanden zu seyn schien, wenigstens zwischen die beyden laminas des peritonaei in der Mitte lag. Das helleste Wasser sprützte mit der größten Gewalt, bey dem Stich der mit dem Scalpell in die Geschwulst vorgenommen wurde, beynahe einen Fuß in die Höhe.

Die Haut des Unterleibes war außerordentlich dünne und ohne das geringste Fett. Der Nabel war heraus getrieben, und die Fasern der Bauchmuskeln waren dergestalt aus einander gedehnet, daß sie äusserst dünne waren.

Das Peritonaeum war allenthalben an die im Unterleibe enthaltene Theile aufs festeste angewachsen.

Beym

Beym Zurücklegen der Hautlappen erblickte man der ganzen Länge und Breite des Unterleibes nach, eine harte zusammenhängende Masse mit einer Menge von Erhabenheiten und kleinen dazwischen liegenden Vertiefungen, welche beym ersten Anblick, wie eine Menge dicht an einander gewachsener und verhärteter Gedärme aussahen. Die Nabelgefässe lagen ziemlich offenbar, ohne in Fett und Fachgewebe (tela cellulosa) verwickelt zu seyn, oben auf diese verhärtete Masse. An dem obersten Ende dieser Masse ragte der Magen hervor, der an beyden Seiten 2 große blasenähnliche mit Wasser angefüllte Körper liegen hatte. Am grossen Bogen des Magens (der nach der linken Seite hin gekehret war, so wie der kleine nach der rechten; der Grund (fundus) nach oben, und der Pförtner (pistorus) nach unten) hieng ein kleiner Rest des Netzes (omenti): der übrige höchst ausgezehrte Theil war mit der erwähnten großen Masse verwachsen. Da diese Masse nach oben zu frey war, ließ sie sich zurück schlagen, und man konnte hinter und unter ihr die Gedärme deutlich wahrnehmen, welche aber sehr zusammengedruckt, und außer ihrer gewöhnlichen Lage waren. Der Umfang derselben war äußerst verengert, so daß der Grimmdarm (colon) kaum über einen halben Zoll im Durchmesser hatte. Alle waren zusammen gefallen, und hatten, so wie der Magen, eine bläulichte Farbe, welche aber wol der anfangenden Fäulniß zuzuschreiben seyn mochte, da die Leichenöfnung erst den dritten Tag nach dem Tode vorgenommen wurde. Weil die erwähnte große Masse an die unten und neben liegende Theile nur durch ein zellichtes Gewebe verwachsen war, so suchten wir sie davon zu trennen, um die Masse vor sich, auch dem Gewichte nach, zu untersuchen. Sie ward, nachdem

sie

sie aus dem Körper herausgenommen war, 11 Pfund schwer befunden, und war nichts anders, als das bis zu einer außerordentlichen Größe, Dicke und Härte verwandelte Omentum, welches nebst einer Menge höchst verhärteter Drüsen, eine sehr große Anzahl Wasserblasen, von der Beschaffenheit der erwähnten äußerlichen enthielt: Alle diese Blasen haben äußerlich eine sehr harte fast sehnichte Haut, inwendig aber eine weiche, sich zusammenrollende, und mit kleinen Wärzchen besetzte, welche in der äußern frey schwimmet. Bey Eröffnung verschiedener dieser Wasserblasen zeigten sich nicht undeutliche Spuren eines organischen, dem vom Herrn **Pallas** Miscell. Zool. t. XII. und Stralsund. Magazin 1. St. t. 1. 2. **abgebildeten Blasenwurm, ähnlichen Körpers, dessen im Wasser seiner eigenen Blase einigermassen sichtbare Bewegung**, beym Zutritt der Luft, gleich verschwand. Ueberhaupt waren diese einzelne gar nicht mit einander zusammenhängende Wasserblasen denenjenigen vollkommen ähnlich, welche von erwähntem Herrn **Pallas** in seinen Miscell. Zoologicis S. 172. u. f. vom Morgagni de caus. & sed. morb. Epist. XXXVIII. 40, de Haen Rat. med. Part. VII. Cap. III. p. 125 seqq. und vom Morand Memoires de l'acad. R. des sciences 1722. t. 2. 3. beschrieben und abgebildet werden.

Die große verhärtete und mit dazwischen liegenden einzelnen Wasserblasen von verschiedener Größe angefüllte Masse hieng nach unten zu sehr fest mit der Harnblase zusammen. Diese Blase war von außerordentlicher Größe, etwa $\frac{3}{4}$ Fuß im Durchmesser der Länge und $\frac{1}{2}$ Fuß der Breite nach, ragte weit aus dem Becken hervor, und gab, als sie geöffnet wurde, einige hundert kleine Wasserblasen von verschiedener

Größe,

Größe, die alle durchsichtig waren, und zwischen sich eine zähe schleimigte Materie liegen hatten, vor sich. Der rechte Harngang (ureter) war bis über die Dicke eines Mannsdaumen aufgetrieben und von eben solchen kleinen Wasserblasen vollgepfropft, so wie die ganze Niere der rechten Seite, an welcher nichts als die äußerliche Form der natürlichen Gestalt noch ähnlich geblieben war, hingegen die ganze Substanz derselben in eine unzählige Menge kleiner loser durchsichtiger Wasserblasen sich verwandelt hatte.

Die linke Niere und der Harngang dieser Seite wichen nicht von der natürlichen Beschaffenheit ab, eben so auch nicht die Nebennieren beyder Seiten.

Die an beyden Seiten des Magens befindliche blasenähnliche große Körper zogen nunmehro unsere Aufmerksamkeit auf sich. Sie hatten das Zwergfell bis zur vierten Ribbe, von oben gezählt, nach vorne zu, in die Höhe getrieben.

Der an der linken Seite des Magens befindliche große blasenähnliche Körper zerplatzte, während daß der die Section verrichtende Wundarzt seine Gränzen und Ausdehnung mit den Händen, ohne ein Instrument darinn zu haben, untersuchte. Es quoll aus demselben eine unreine und etwas fauligt riechende Jauche hervor, worin eine unzählbare Menge loser, weisser, durchsichtiger Wasserblasen, von der Größe einer Erbse bis zu der von einer Wallnuß, schwammen. Die vasa brevia, welche von dem Magen zu diesen großen blasigten Körper hingiengen, und die hin und wieder noch übrig gebliebene braun=bläulichte Farbe, bewiesen, daß es die Milz sey, welche diese so besondere Veränderung erlitten hatte.

Der an der rechten Seite des Magens befindliche blasigte Sack war von anderer Beschaffenheit und in zwey besondere Blasen abgetheilet, wovon die eine gar keine Communication mit der andern hatte, und in der Substanz der Leber befindlich, welche mit dem Zwergfell hier bis über die vierte Ribbe in die Höhe gieng. Beyde Wasserblasen, wovon die eine etwa ½, die andere ¼ Fuß im Durchmesser hatte, waren von der Beschaffenheit der oben erwähnten einfachen, und hatten keine kleinere in sich. Auf der obern Fläche der Leber war in dem das Zwergfell bekleideten peritonaeo noch eine ähnliche Blase von der Größe eines Hünereyes befindlich, welche auf der Oberfläche der Leber, in der Substanz derselben, einen ihrer Größe und Gestalt gemässen sehr tiefen Eindruck gemacht hatte.

Die Gallenblase war klein und enthielt flüßige, etwas dunkler als gewöhnlich gefärbte, Galle. In der Gegend des Anodeni lag in der Duplicatur des mesocoli ein ähnlicher Sack, als die in der Leber befindlichen, über zwey geballte Fäuste groß.

Außer diesen erwähnten vorzüglich großen Wasserblasen, lagen allenthalben im Unterleibe, besonders gegen den Rückgrad zu, und um den Mastdarm herum, noch eine sehr große Menge kleinerer von gleicher Strucktur.

Im Gekröse (mesenterio) waren von diesen kleineren nur hin und wieder einzelne Stücke anzutreffen.

Die Gekrösdrüse (pancreas) war natürlich beschaffen.

In der, durch das in die Höhe getriebene Zwergfell, so sehr verengerten Brust, waren die Lungen zusammengedruckt. Die rechte war an dem Brustfell (pleura) angewachsen, die linke frey. In beyden war in der Mitte ihrer Substanz ein schäumigtes, eyterähnliches Wasser.

Im Herzbeutel war keine ungewöhnliche Menge Wasser. Das Herz selbst war von natürlicher Beschaffenheit.

In der ganzen Höhle der Brust war nicht die geringste Spur einer Wasserblase zu finden.

Der Kopf ward nicht geöffnet.

Stettin, den 29sten Januar
1779.

XIX.

Kurze Nachrichten und Auszüge aus Briefen unsrer Korrespondenten.

I. Auszug einiger merkwürdigen Umstände aus einer etwas unbekannt gewordenen akademischen Abhandlung des Herrn D. Henr. Nicol. Herbert, betreffend die Eigenschaft, Würkung und Würkungsart des ausgepreßten rohen Saftes aus der bittern Cassawurzel in Surinam, mit Anmerkungen.

Die natürlichen Pflanzengeschlechter *Hipponane* Linn. mit ihren 3, *Croton* Linn. mit 21. *Jatropha* Linn. 7, und *Ricinus* Linn. mit 3 bestimmten Gattungen sind wegen ihrer Schädlichkeit zum Theil bekannt, oder doch verdächtig; weil die meisten nach ihren Grundmischungen und dazu gehörigen medicinisch-praktischen Erfahrungen noch nicht hinreichend untersucht werden können. Daß indessen viele unter denselben, oder auch fast alle unter gewissen Bedingungen und nach allgemeinen Bemerkungen bald gewissen Ordnungen und Classen der Thiere bald den meisten oder allen Menschen schädlich auch tödtlich sind, braucht keiner neuen Erweise.

Eine

Eine Gattung des Geschlechtes der *Jatropha* LINN ziehet vor andern in den südlichen Kolonien von Amerika die Aufmerksamkeit der Einwohner und Fremden nach sich, deren **Wurzel** seit langen Zeiten **mehlreich, nahrhaft und wohlschmeckend** befunden worden, und sich seit dem in beständigen Gebrauche als ein Nahrungsmittel erhalten hat, so bald man deren schädlichen und gar tödtlichen Saft durch Auspressen und Kochen davon geschieden, oder doch durch Aufgähren und Braten in der Asche mildern, auch durch Trocknen den flüchtigen Antheil daraus verdampfen können.

Von der Geschichte dieser Pflanze kann man *C. Bauhin.* Pin. 90. et 12. *Johann Bauhin.* Hist. T. II. p. 794. *Plukn.* Almag. 241. tab. 205. fig. 1. *Merian.* Surinam. 4. fig. 4. 5. *Sloan.* Jamaic. 41. et Hist. p. 130. tab. 85. *Brown.* Jamaic. p. 349. **Gmelin** allgemeine Geschichte der Pflanzengifte pag. 160. *Fermin* Desc. de Surinam. Vol. I. 1765. *Bancroft* a. a. O. S. 41. *Rozier* obs. Phys. seqq. 1772. December. weiter nachsehen und mit den Nachrichten, welche *Piso*, *du Tertre*, *Labat*, *Barrere*, *Rochefort*, *Rajus* und andere von jenen mit einigen Veränderungen uusgeschrieben haben, vergleichen. Sie ist *Jatropha Manihot* LINN. Sp. Pl. ed. 2. T. II. pag. 1429, von welcher in vielen Erd- und Reisebeschreibungen unter den Namen *Manihot*, *Mandioca Cassada* und *Cassava* verschiedentlich gehandelt wird; wozu noch die Unterschiede *Cassava amara & dulcis* kommen.

Ein Arzt *Barrere* will zwar den ausgepreßten Saft der **Cassavawurzel** bey den Thieren, und besonders dem Zugvieh vor nicht tödtlich gehalten wissen, dagegen er behauptet, daß die rohe Wurzel von ihnen ohne Schaden genossen werde. Vielleicht daß dieses bey dieser bittern und narcotischen Pflanze, oder auch von der *Cassava dulci*, und nur in etlichen Gegenden bey gewisser Jahreszeit, Witterung, Alter und besondern Reifezeit dennoch von Hirschen und Schweinen geschehen kann! Die allgemeine und sichere Erfahrung besagt indessen das Gegentheil, und den abgekürzten, dunkeln und zweydeutigen Nachrichten kann man nicht immer trauen.

Herr Henr. Nicol. Herbert, ein öffentlicher Arzt in *Paramaribo* und *Surinam* hat in einer besondern 1753 zu Marburg von ihm selbst vertheidigten Abhandlung *de Cassavae Amarae Surinamensis radice*, vor allen aus eigenen darüber angestellten Versuchen fast die besten Nachrichten gegeben. Aus diesen gehet herfür, daß man in Surinam eine bekannte bittere und süsse Cassavawurzel habe, deren Pflanzen äußerlich sehr geringe Unterschiede, außer in der Größe des Saamens zeigen, wegen Beschaffenheit der Wurzel hingegen desto merklicher von einander abgehen. Wie denn die größere Wurzel der bittern auch zu ihrer Reife neun Monate, die kleinere, schwächere, süsse und sehr spät reifende aber nur sechs Monate braucht.

Die Eingebornen in Surinam betreiben den Anbau der bittern besonders, nicht aber der süssen, welche nur von den Fremden und Kolonisten erzogen wird, und gegen die erstere vor die schwarzen Sklaven, Pferde und Schaafe nicht so gefährlich gefunden wird, auch zeitiger zu ihrer Reife kömmt. Sie gebrauchen dieselbe Wurzel in der Asche gebraten und auf allerley Arten zubereitet, und finden diese süsse Wurzel und ihren Saft, besage der Herbertschen Nachricht durchaus unschädlich. Die bittere

tere **rohe Cassavawurzel** hingegen ist wie ihr roher und frischer Saft, ohne künstliche Zubereitung, den Menschen und vielen Thieren, ob sie schon nach der gemeinen Art nur obenhin gekocht oder gebraten wird, dennoch höchst gefährlich: wenn sie sich nicht durch hinreichendes Erbrechen davon befreyen können, sondern davon etwas bey sich behalten müssen. Die hierüber mit Fleiß angestellete, und oft bey Thieren und Menschen wiederholte Versuche beweisen zur Genüge, daß der Saft aus der rohen frisch zeriebenen bittern Wurzel gewisse Arten von vierfüßigen Thieren nach Verlauf von einer halben Stunde ohnfehlbar tödte; nicht aber das Federvieh. Sobald aber dieser Saft recht gekocht, oder durch die Gährung verändert worden ist, hat man wegen geschehener Verdünstung seiner höchst flüchtigen und schnell würksamsten Theilchen nichts übeles zu besorgen. Die damit gemachten Erfahrungen habe ich deshalben hier, statt anderer Beweise, als die triftigsten kurz beyzubringen nicht ermangeln wollen.

Herr D. Herbert gab einem Hunde von drey Wochen den rohen bittern **Cassavasaft**, etwa zu einem Quentgen, den er nicht wieder wegbrechen konnte, sondern bey sich behielte. Dieser Hund drehete sich beständig als tumelnd herum, fiel nieder und starb nach 22 Minuten mit heftigen Zuckungen. Einer jungen Katze, die durch Lecken ein halbes Loth zu sich genommen hatte, fiel sogleich vom Tische, auf welchen sie stand, und verreckte nach 12 Minuten. Es wurden einer alten Katze drey Quentgen von besagten Safte eingegeben, die sie durch das Eingießen bekam, und durch Erbrechen vergeblich los zu werden versuchte. Diese wurde sogleich mit einen starken Krampf in den vordern Füssen befallen, sie bekam daben einen häufigen und klaren Speichelfluß, große Beängstigung, ein schweres Athemholen, konnte den Kopf nicht mehr aufrecht halten, schwer aufstehen, und fiel endlich zu Boden: bis sie nach 22 Minuten mit einem starken und fürchterlichen Heulen unter den heftigsten Convulsionen starb.

Von eben diesem frischen Safte wurde einem großen Hunde eine halbe Unze eingegeben, der ihn aber mit einer außerordentlichen Beängstigung und Brechen los wurde, und sich so gleich besser befand: nachdem ihm aber zum andern mahle davon eben so viel wieder eingegossen wurde, und er den Saft ohne Würkung wegzubrechen bemühet war, so erfolgte ein starker Speichelfluß, ben welchen der Kopf taumelte, die Augen thränten, und die Füße wurden stark zusammen gezogen. Der Hund fiel also zur Erde, der Unterleib wurde aufgetrieben, er fieng an fürchterlich zu bellen und zu häulen, bis ihm das Athemholen zu schwer und kurz geworden, und er nach 30 Minuten starb.

Sämmtliche, durch die Würkung des **rohen bittern Cassavasaftes** verreckte Thiere, zeigten ben der nachfolgenden Eröfnung noch diesen Saft ohne die geringste merkliche Veränderung oder Verminderung an Farbe und Menge in den Magen, ohne daß derselbe, oder andere damit nächst verbundene Theile davon angegriffen worden wären. Alles, was man sonst ben ihnen wahrnahm, bestand in bloßen Folgen von Convulsionen.

Es hatte also dieser frisch ausgepreßte und eingegebene Saft, weil er im Magen zurücke geblieben, den Katzen und Hunden den schnellen Todt verursachet, ohne alles Anfressen dieses Theiles, und ohne Gerinnen der Blutmasse; vielmehr aber dadurch, daß

er

er die Nerven des Magens mit einer außerordentlichen Heftigkeit zu schnell angegriffen, dabey ein sehr schneller Nachlaß aller zur Bewegung und Leben gehörigen Kräfte erfolgte. Man mischte ihn auch einen warmen Blute bey, ohne daß es davon geronnen oder sonst verändert worden wäre.

Um dergleichen ähnliche Versuche mit einiger Veränderung weiter zu treiben, wurde von eben dem Safte einem magern und schwachen Hunde eine halbe Unze eingegeben, wovon er schwindlich wurde, ein starkes Aufstoßen und Brechen bekam, daß man gut fand, ihm von neuen so gleich noch eine halbe Unze Saft einzugiessen, welches mit großem Widersetzen geschehen mußte. Es fand sich alsbald der vorbesagte starke Speichelfluß ein, der Unterleib schwoll zusehens auf, der Hund wollte Brechen, fiel zu Boden, er krümmte sich zusammen, bekam kurzen Athem, Beklemmungen und Zittern in den Füssen: wobey ihm die Nase heiß und die Ohren kalt wurden, worauf er endlich einen weißen verdickten Saft ausbrach. Um weiter zu erfahren, wie sich der Hund bey fortgesetzten Versuchen mit dem Safte betragen würde, so zwang man ihm zum dritten male, noch eine halbe Unze davon hinter zu schlucken. Allein der Unterleib lief davon sehr stark auf, die Zunge hieng ihm sehr weit aus dem Halse, und er bemühete sich äusserst, diesen Saft durch Erbrechen heraus zu werfen. Dieses zu verhüten, wurde ihm der Kopf in die Höhe gehalten, und so gleich schloß der Hund die Augen, die Ohren waren abwechselnd steif und aufrecht, bald welk, kalt und hangend, und im Unterleibe entstand ein Rauschen. Die Glieder und ganze Körper zitterten, der Hund warf sich nieder, und die Konvulsionen stelleten sich mit einer solchen Heftigkeit ein, daß

 derselbe

derselbe dem Tode fast am nähesten zu seyn schien. Es erfolgte hierauf ein außerordentliches starkes Erbrechen, und der Hund befand sich sichtlich erleichteter und besser, er fieng an zu Purgieren und zu Harnen, und bey einem anhaltenden Speichelflusse kam er, nach einem nachkommenden dreymaligen Brechen, wieder völlig zu sich, lief davon, und erhielt seine vorige Kräfte.

Ein anderer alter, gesunder und starker **Hund** bekam von dem **Cassavawurzelsafte** zuerst ein Loth, und nachdem er sich unter vielen Convulsionen und Erbrechen davon befreyet hatte, goß man ihm zum andern male eben so viel Saft ein, er brach ihn aber weg; und erhielt zum dritten male einen solchen Einguß von einem Lothe. Er entledigte sich aber bald durch Brechen davon. Zuletzt brachte man ihm noch zwey Unzen davon durch einen Trichter bey, welches er unter den heftigsten Convulsionen und andern Zufällen gänzlich wegbrach, sich erholte, und völlig gesund wurde.

Wie diese mit **Hunden** angestellte Versuche beweisen, so haben sie jedesmal ihr Leben erhalten, und sind besser worden, wenn sie den **Cassavasaft** haben wegbrechen können: Die **Katzen** hingegen, welche von selbst nicht brechen oder brechen konnten, sind sämmtlich verreckt. Wenn man aber solchen **Katzen** das Brechen durch ein lauwarmes Oehl erleichtert und befördert hat, so sind sie gut davon gekommen. Man nahm in dieser letztern Absicht eine **Katze**, der man den Saft auf bekannte Art beybrachte, wovon sie in Zeit von drey Minuten sehr beängstiget zu werden schien; sie bekam indessen in einer viertel Stunde zwar Bewegungen zum Erbrechen, und wurde mit heftigen Krämpfen befallen, dabey der Magen stark aufschwoll,

und

und die Füße zurücke gezogen wurden, und ein stark anhaltender Speichelfluß die Zufälle dermaßen vermehrte, daß man dem Augenscheine nach, ihren Todt vermuthen konnte. Sie erhielt so gleich etwas vom Oehl, welches sie mit dem Safte in Gestalt einer weißlichen Feuchtigkeit wegbrach. Dieses Erbrechen fand sich noch dreymal, hernach ein starker Abgang von Unrath aus dem Gedärme, und Abfluß des Harns, wodurch sie sehr entkräftet worden zu seyn schiene. Nachdem man sie losgebunden, kroch sie langsam fort und erholte sich, aber nicht so bald.

Mit Hühnern, Enten, Puthühnern und anderm Federvieh, hat Herr D. **Herbert** ähnliche Versuche gemacht, welche Thiere den rohen frisch ausgepreßten Saft der **bittern Cassavawurzel** in größter Menge und ohne den geringsten Schaden vertragen haben, wie andere den Schierling und den **Saamen von Treßpen.**

Ob nun alle diese vorbesagte Umstände bey vielen Gelegenheiten ihren Hauptnutzen zeigen werden, um welcher willen, wie beym Schlusse zu melden seyn wird, sie hier insbesondere in Erinnerung gebracht worden sind; so ist doch ein Umstand übrig, der den Naturforschern und Aerzten eben nicht gleichgültig seyn kann, und zu Erläuterung mancher andern Aufgaben dienen muß. Dieser betrift **die Würkung dieses bittern, eckeln und narkotischen Cassavasaftes** auf die in dem **Speisekanal verschiedener Thiere und des Menschen selbst befindliche Würmer.** Denn Herr D. **Herbert** hat durch Versuche gefunden, daß auch dieser Saft die in **Hunden und Menschen lebendig gefundene Würmer** *(Lumbricos)* **weder angegriffen noch getödtet haben.** „Wie denn unter andern **ein ganzes von** dergleis

„dergleichen noch lebendigen, bey einem durch „den bittern rohen Cassavasaft getödteten Hunde „gefundenes Nest von ihm herausgenommen, und „in ein mit oft besagtem Safte gefülltes Gefäß gesetzet „worden ist. Dieses Nest hat sich darinnen nicht nur „etliche Tage lang lebendig erhalten, sondern, wie er „sagt, sich darinnen wohl befunden und fast zugenom„men. Von den aus Menschen genommenen „Würmern hat er angemerket, daß sie in dem „Safte vier Tage gelebt, und darinnen besser befunden, „als sie Anfangs waren, da er sie hinein setzte."

Noch ist das Beyspiel eines jungen Negersclavens, wegen der Kurart, der Bemerkung nicht unwerth; da es auf die mit den Katzen gemachten Versuche einige Beziehung hat. Es wurde nehmlich Herr D. Herbert zu einen Afrikanischen Knaben gerufen, welcher, ohne die bittere Cassavawurzel zu kennen, dieselbe in der Asche getrocknet, essen wollen. So bald dieser Knabe das erste Stück der Wurzel essen wollte, blieb ihm ein Stück davon in dem Schlunde stecken, und das andere hatte er nur verschluckt. Er fiel so gleich zur Erde, und klagte über große Beängstigung; der Arzt fand ihn in dieser Lage mit einem stark aufgeschwollenen Magen, Eis kalten Gliedern, geschlossenen Augen und starken Zuckungen. Dieser ließ ihm so gleich Oehl eingeben, und verordnete ein Klistier von Oehl, beydes in ziemlicher Menge. Bey erfolgender Erweichung und Schlüpfrigkeit des Magens und der Gedärme, fand sich ein Erbrechen und starker Abgang des Unrathes aus dem Speisekanal mit mehrern darinnen verborgen gewesenen Säften. So bald diesen elenden Knaben der ganze Speisekanal ausgeleeret worden war, schlug er die Augen auf, stützte den Kopf durch den Arm, holte noch sehr schwer

schwer Athem; er kam aber völlig wieder zu sich selbst, nachdem er eine Suppe von Bier, Eyer, Zucker und geröstetem Brodte zu sich genommen hatte, war aber doch bey dem Zufalle so außerordentlich mager worden, daß er bloß aus Haut und Knochen zu bestehen schien.

So weit gehen die vornehmsten mit dem aus der frisch zerriebenen bittern Cassavawurzel gepreßten rohen Safte gemachten Versuche: daß uns hier nur noch anzuführen übrig ist, wie sich eben derselbe durch Zubereitung oder Beymischung etwas veränderte Saft, bey der Anwendung erwiesen habe. Herr D. Herbert nahm zu diesem Ende acht Pfund von diesem Safte, den er aus einer gläsernen Kolbe gehörig distilliren ließ, wovon er zwölf Unzen einer klaren Feuchtigkeit erhielt, welche einen starken und eckeln Geruch hatte. Von diesen ließ er die Hälfte noch einmal abziehen, und erhielt zwey Unzen einer ziemlich verstärkten Flüßigkeit. Er versuchte von der letztern fünf Tropfen, und von der erstern nicht rektificirten Hälfte 10 Tropfen, die er bey vierfüßigen Thieren anwendete; aber diejenige Würkung von keinen von beyden verhältnißweise erhielte, die er sonst von zwey Quentchen des frischen Saftes selbst wahrzunehmen gewohnt war. Denn es starben zwar die Thiere davon, aber mit wenigern und gelindern Zufällen, als der Saft selbst macht, und das Erbrechen war nur sehr schwach. Beym Federvieh merkte man von einer schädlichen Würkung eben so wenig, als schon vorher von dem Safte selbst gesagt worden ist, und das in den Kolben befindliche Ueberbleibsel fraßen Hunde und Schweine ohne den allergeringsten Schaden. Zu anderer Zeit wurde der frische Saft an die freye Luft gesetzet, ohne daß man eine Veränderung daran wahrnehmen können: Die Gährung hingegen hat ihn allezeit

zeit so unschädlich gemacht, daß man einen weit bessern Gebrauch davon machen können.

Die schädliche und gar tödtliche Würkungsart des Saftes, von welcher sich dieser geschickte Arzt durch eine große Menge von Versuchen völlig zu überzeugen, alle Gelegenheit gehabt, gab ihm endlich neue Gedanken, zu Erfindung eines bewährten Mittels gegen dieselbe, daß er ihn mit etlichen andern Sachen versetzet, mäßigen, und Menschen und Thiere so gar mit gutem Erfolge eingeben konnte, wozu er den Grund in einigen Bemerkungen fand.

Aus der Aehnlichkeit einer Verbesserung, die man sonst nach physisch-chymischen Grundsätzen bey drastischen, eckeln, bittern, fressenden und flüchtigen narcotischen Arzeneyen anzuwenden gewohnt ist, vermischte er den Saft in gewissen Verhältnissen mit **distillirten Krausemünzenwasser** und **Wermuthsalze**, oder er ließ in einer Unze des **Krausemünzenwassers** etwa zwanzig Gran **Wermuthsalz** zergehen. Davon gab er allemal einen guten Eßlöffel voll, so oft er zwey Unzen des **bitter Cassavasaftes** hatte nehmen lassen.

Die Vortheile hiervon möchten einer Betrachtung nicht unwerth seyn, wenn wir auf die unglücklichen Zufälle von Vergiftung, durch die **Schwämme**, **Bilsensamen**, **Gichtrübe**, **Wasserschierlingswurzel** und mehrere Bedacht nehmen wollten. Dennn es lassen sich hieraus noch manche gute Schlüsse zu weitern Versuchen mit unsern verdächtigen Pflanzen ziehen, die hernach, bey erlangter Gewißheit, so wohl bey der Natur- und Arzeneykunde, als der Land- und Viehwirthschaft sehr wohl anzuwenden stünden: Bey denen allen es aber hauptsächlich darauf ankommen würde, daß man mehr werkthätig verführe,

verführe, als es auf einem bloßen Wünschen beruhen ließe.

---

2. Kurze Geschichte einer Zwergfamilie. Von D. Kühn.

Der hiesige Maurer H** ein robuster musculöser Mann, beynahe 6 Fuß hoch und 50 Jahr alt, hatte vor kurzem das Unglück, daß ihm im Steinbruche ein unvermuthet herunter stürzendes Felsenstück seinen Fuß völlig zerquetschte. Die Hülfe, die ich ihm dabey leisten mußte, war die Gelegenheit, daß ich seine Frau, seine Kinder und sein ganzes Hauswesen genau kennen lernte, und ernsthafte physiologische Betrachtungen darüber anstellen konnte. Mein erster dabey aufsteigender Gedanke mußte allemal dieser seyn: daß diese Familie in ihrer kleinen Hütte, auch ohne dieses grausame Verhängniß, doch schon vor höchst unglücklich wäre zu schätzen gewesen; denn bey dem ersten Besuche, nachdem der Band vollendet war, und meine Blicke nun auch auf die andern Gegenstände in der Stube fielen, glaubte ich mich beynahe unter Pygmäer und einfältigen lachenden Stammlern versetzt zu sehen. Sein zweyter Sohn, der zu gleicher Zeit mit ihm in den Steinbruch gearbeitet hatte; weil er der einzige war, den man unter den Haufen Kinder, keiner Zwerggestalt und Schwäche der Glieder beschuldigen konnte, war auch von dem Felsenstück am Kopf und Rücken beschädigt worden. Da ich ihn, um seine Contusiones recht zu untersuchen,

chen, ganz mußte entblößen lassen, so erstaunte ich gleich über die widernatürliche kleine und ganz unproportionirte Geburtstheile, welche man an ihm sahe, und ich setzte mir nun gleich vor, nähere Erkundigung über alle sonderbare Umstände dieser armen Familie einzuziehen. Der ganze Erfolg meiner Untersuchungen war dieser:

1) Dieses Ehepaar hatte zusammen 7 Kinder gezeugt, alle 3 Jahr eins, wovon noch 5 am Leben waren.

2) Das älteste war ein Sohn von 24 Jahren. Dieser hatte, nach Art solcher Leute, einen ziemlich offenen Kopf, und konnte sich im Reden gut aushelfen; daher ihn auch sein Vater unter allen seinen Kindern zum Verschicken in die Stadt, und zum Schreiben und Rechnen brauchen konnte. Seine Höhe hielt genau 3 Fuß 2 Zoll. Er hatte weder einen dicken Leib noch dicken Kopf. Seine Glieder waren alle gerade und sehr proportionirt. Seine Haut ohne Ausschlag, seine Zähne vollkommen und weiß. Sein Kopfhaar dunkelbraun und lang. Er hatte weder am Kinn, noch an andern geheimen Theilen, die ohnedem mehr als zu proportionirt vor seine Zwerggestalt waren, die geringsten Spuren der Mannbarkeit, und hatte noch nie Kennzeichen von sich gegeben, daß er fleischlicher Begierden fähig sey, so sehr ihm auch dazu war Gelegenheit gegeben worden. Außer den gewöhnlichen Kinderkrankheiten, die er alle leicht überstanden, hatte er bis in sein 14tes Jahr einen starken Hängbauch gehabt, ohne aber dabey andere Zeichen der englischen Krankheit oder verborgener Würmer an sich zu haben. Nach dem 14ten Jahre hat er ohne Gebrauch bewährter Arzney, oder der bey solchen Leuten gewöhnlichen Quacksalbereyen, seinen

dicken

dicken Bauch gänzlich verlohren. Er hat von Jugend auf nicht stark gegessen, aber desto mehr Wasser und Kovent getrunken, welches er auch jetzt noch fortsetzt. So bald nun sein dicker Bauch eingefallen, und wieder naturlich worden war, so hat er zwey wichtige Beschwerden an sich bekommen; theils kommt ihm manchmal plötzlich ein starker Krampf ins rechte dicke Bein, so daß er umsinkt; bald bekommt er an dessen Statt die Starrsucht, Catalepsin, woraus ihn der Vater, wenn er eben zugegen gewesen, durch Reibung und Erwärmung, in wenige Minuten zu sich selbst bringt. Man hat zu manchen Zeiten versucht, ihn mit Jalappe zu reinigen, er hat aber jederzeit darauf den Paroxysmum seiner Erstarrung bekommen, und so bald er wieder zu sich gekommen, öftere vomitus aber keinen sedem gehabt.

Seine ganze Stärke besteht im Kreutz und Rücken; denn ich habe ihn jetzo als einen 24 jährigen Menschen mit solchen schweren und großen Wellen aus dem Holze kommen sehen, woran ein natürlich erwachsener Mensch zu tragen gehabt hätte.

3) Das zweyte Kind war der Sohn, von welchen ich schon erzählt habe, daß er zu gleicher Zeit mit seinem Vater im Steinbruch beschädigt worden. Er ist jetzo 21 Jahr alt, so groß uud stark als sein Vater; aber mit einer sehr einfältigen Physionomie verbindet sich bey ihm ein trotziges, halsstarriges, boshaftes Gemüth, und ein großer Mangel an Verstandskräften. Seine Geschlechtstheile hätten sich eher vor einen zweyjährigen Knaben, als vor einen solchen robusten erwachsenen Menschen geschickt, und um dieselbe war er so glatt als um sein Kinn. Ich überzeugte mich von dem wirklichen Daseyn der Testickeln im Scortulo, die ohngefähr die Größe hatten wie bey

jungen Hünern. Seine Stimme war nicht zart und weibisch, sondern ziemlich männlich. So sehr ich auch seinen Handlungen habe nachforschen lassen, so wenig habe ich Spuren wollüstiger Reden, Geberden, Unternehmungen oder Excretionen entdecken können. Er ist dabey ein starker Esser und Trinker, und zeigt in schweren Arbeiten eine große Stärke.

4) Das dritte Kind ist ein Mädgen von 16 Jahren, sie ist sehr blödsinnig und hat fast thierische Gesichtsform, die durch die Blattern noch dazu sehr übel zugerichtet worden. Sie ist nicht größer als ihr ältester Bruder. Sie hat zwar bis jetzo weder ihre Reinigung noch andere Kennzeichen einer Mannbarkeit, noch das Vermögen alles deutlich zu reden, dabey aber doch das gehörige Ebenmaß der Glieder.

5) Nun sind noch zwey kleinere Kinder da, welche bey den härtesten Menschen Mitleid erregen müssen. Ein Mädgen von 10, und ein Junge von 7 Jahren. Jedes derselben ist zwey Schuh hoch. Ohnerachtet ihre Gesichtszüge viel leidlicher, als bey den ältern Geschwistern sind, und sie auch übrigens keinen verunstalteten Körper haben, so haben doch die Eltern das Unglück, an ihnen einfältige Stammler zu erziehen. So oft als man sie ansieht oder sie etwas frägt, so lachen sie mit Ungestüm, und ziehen dabey das Maul fast von einem Ohr zum andern. So sehr sich auch die Eltern seit verschiedenen Jahren Mühe gegeben, ihnen leichte Worte vorzusagen, so sind sie doch bis jetzo nicht im Stande, Worte auszusprechen, die sich mit einem Konsonante anfangen. Kaum daß sie in meinem Beiseyn die Worte: Allen und Amen herstammlen konnten. Sie sind also fast unter die Stummen zu rechnen. Der Vater hatte ihnen vor einiger Zeit das frenulum linguae nochmalen mit dem

Messer

Messer lösen lassen, aber ohne Würkung. Die Zungen waren unförmlich dick und groß, sie konnten sie nicht zum Maule heraus stecken, oder dünne und spitzig machen, hinter der Zunge konnte man darum die übrigen Sprachwerkzeuge nicht recht betrachten, weil sie sich so ungeberdig stellten.

6) Die Mutter ist 5 Fuß hoch, stark, gesund, gut gebildet, verständig und beredt. Sie hat in ihrem 25sten Jahre diesen Maurer geheirathet. Nach genauen Erkundigungen hat sie niemalen, weder vor, noch in ihrem Ehestande ein liederlich Leben geführt, noch eine venerische oder andere wichtige Krankheit gehabt. Alle Schwangerschaften und Kindbetten hat sie gut, ohne schwere, gewaltsame oder widernatürliche Geburten gehalten, ohne besonders dabey krank zu seyn, oder sich an was versehen zu haben. Sie hatte keinen Fehler an den Brüsten, und hat alle Kinder bis ins zweyte Jahr selbst gestillt. Nach den ersten zwey Jungen war es ihr durch einen unglücklichen Fall mit einer 6 monathlichen männlichen Frucht unrichtig gegangen, und nach dem ersten Mädgen hatte sie einige Jahre darauf wieder ein Mädgen gebohren, welches aber in der frühen Kindheit an den Blattern gestorben ist.

7) Der Vater hat immer, nach jedermanns Zeugniß, auch vor seinem Ehestande, einen unbescholtenen Wandel geführt, und hat jederzeit viel Einsicht und Verstand gezeigt. Er hat auch, so wie seine Frau, natürliche, gesunde und wohl proportionirte Genitalia, und beyde haben zur gewöhnlichen Zeit die Zeichen ihrer Mannbarkeit bekommen.

8) Sie haben niemalen eine ungewöhnliche oder elende Kost, weder bey ihren Kindern noch unter sich einzuführen Ursache gehabt, wie sie sich denn auch

 nicht

nicht erinnern können, daß durch Schläge, Fallen, oder zu früher Anstrengung zur Arbeit, die Kinder wären verwahrloset worden.

9) Keines von diesen Eheleuten wollte davon was wissen, daß sie sich in Trunkenheit, oder auf eine besondere unnatürliche Art, oder in den letzten Monaten der Schwangerschaft begattet hätten.

10) Keines von ihren Vorfahren, deren sie sich auch per traditionem nur erinnern konnten, hatte einen ungewöhnlichen Körperbau oder Mangel des Verstandes gehabt.

---

3. Auszug aus einem Schreiben des Herrn Garnisonprediger Chemniz zu Kopenhagen vom 4ten Febr. 1780. an die Gesellschaft.

Weil ich wegen der übernommenen Fortsetzung des vom sel. **Martini** angefangenen Konchilienwerks und andern überhäuften Amtsgeschäften, keine Abhandlung zum neuesten Theil der gesellschaftlichen Schriften einschicken kann; so will ich diesen Mangel durch einen desto reichern **Beytrag** zu Ihrer **Bibliothek** und **Naturalienkabinet** zu ersetzen bemühet seyn, und alles bey der ersten Schiffsgelegenheit in diesem Frühjahre über Stettin abgehen lassen.

In der Rede, welche **Paul Bernhardi**, ein gebohrner Isländer, bey Gelegenheit des Geburtstages König **Friedrich** des V. im Jahr 1757. zu Leipzig gehalten hat, werden sie außer andern sehr lesenswürdigen Nachrichten von Ißland, auch die Bestätigung vom **Schwanengesang**, dessen ich im 3ten Theile

Theile Ihrer Beschäftigungen S. 460. gedacht, antreffen; und mir deucht, daß ein so deutliches Zeugniß allen Glauben verdient. Sie werden es, meine schätzbarsten Freunde, künftig in dieser Rede selbst nachlesen, wo der Verfasser pag. 29 sagt: „In mea „patria sonoram illam et amoenam cygnorum vo„cem saepius non sine voluptate audivi, quare ut „testis oculatus et auritus hanc antiquissimam tradi„tionem de cantu cygnorum contra recentiorum du„bia confirmare possum.“

Ich werde Ihnen einige Thiere im Weingeist, andere aufgetrocknet, imgleichen einige merkwürdige aufgeschliffene Seeschnecken, und etwas von Versteinerung schicken; besonders aber werde ich dafür sorgen, daß die angefangene Sammlung von Zeolithen und Tropfchalzedonen, so vollständig wie möglich werde, und mit Freuden das meinige dazu beytragen. Vornemlich wird das sonderbare Ansehen eines großen in etwas verwitterten Zeolithen Ihre Aufmerksamkeit an sich ziehen.

Wie sehr wünschte ich, daß es der Gesellschaft gefallen möchte, weitere **chymische Untersuchungen der Zeolithen** zu veranlassen. Die Nachforschungen, welche der Herr Hofapotheker **Meyer** zu Stettin mit den Zeolithen in seinem Laboratorio angestellet, haben schon manches, so man vorhin nicht so eigentlich gewußt, ans Licht gebracht. Es ist ihm aber bisher nur am meisten darum zu thun gewesen, die eigentlichen Bestandtheile des Zeolithen zu erfahren. Ich wünschte sehr, daß folgendes näher bestimmt werden möchte: Ob nicht der Zeolith durch die Beymischung etwa von Quarz oder Flußspath, oder durch andere Zusätze im Fluß gebracht werden könne? Ob er würklich so nahe mit dem Chalcedon verwandt sey, als es fast vermutet werden muß? Ob es nicht möglich sey, den Zeolithen durch Feuer, durch Beymischung dazu dienlicher Materien, in einen Chalcedon zu verwandeln, und auf solche Weise zu veredlen? Hier bekommen wir vielmals von Ferroe solche Drusen, die halb Zeolithen und halb Chalzedone sind, dabey der Zeolith mit dem Chalzedon, und wiederum der Chalzedon mit dem Zeolithen sich so nahe vereiniget und verbunden hat, daß es schwer halten würde, die Grenzlinie zu bestimmen, wo der Chalzedon anfange, und der Zeolith aufhöre. — Ferner erhalten wir von Ferroe solche Chalzedonstücke, die offenbar ehemals Zeolithen gewesen und zu Chalzedon geworden. Ich habe eben in dem für Sie bestimmten Kasten ein Stück hineingeleget, davon ich diese Vermuthung habe. Sollte es aber, weil eben kein besseres vorhanden ist, die Erwartung nicht befriedigen, und gegen die Glaubwürdigkeit meiner Vermuthung noch zu starke Zweifel bey einigen Mitgliedern der Gesellschaft entstehen: so haben Sie mit mir nur noch eine kleine Geduld, ich hoffe, Ihnen solche Beweisstücke darzulegen, dadurch die Sache, daß aus Zeolithen Chalzedonen geworden, so augenscheinlich zu machen, daß auch der ungläubigste Zweifler überzeuget werden soll.

Prächtigere Schaustücke von Chalzedon-Drusen, Trauben und Tropfen, als sie hier unser Verdienstvoller Herr Apotheker **Cappel**, Assessor des Collegii Medici, in seiner, an Mineralien und Edelsteinen vorzüglich reichen Sammlung besitzet, werden nur wenige Kabinetter aufzuweisen haben. Er hat sie in ihrer natürlichen Größe sehr sauber in Kupfer stechen, und von verschiedenen Seiten abbilden lassen. Ich lege die Abdrücke davon diesem Briefe bey. Herr **Cappel** hat auch eine sehr lehrreiche und lesenswürdige

dige Abhandlung über ihre vermuthliche Entstehung in den Versammlungen der hiesigen Gesellschaft der Wissenschaften vorgelesen, die auch nebst den Kupfern davon, dem XII. Theile der gesellschaftlichen Schriften pag. 217. seq. einverleibet worden. Weil aber alles, wie Sie leicht vermuthen können, bey dieser Abhandlung in Dänischer Sprache verfaßt und gedruckt worden, und daher Ausländern erst späte bekannt werden möchte, so will ich einige der merkwürdigsten Stellen übersetzen, und Dero Aufmerksamkeit empfehlen.

Herr **Cappel** leitet den Ursprung solcher Chalzedon-Drusen, Trauben, Tropfen und Zacken, nicht vom Feuer, sondern vom Wasser her. Er will es nicht zugeben, daß ein Vulkan mit seinem entsetzlichen Feuer dergleichen bewürke. Nein, die Chalzedontropfen und Zapfen sollen durch Beyhülfe des Wassers, wie andere Stalactiten, nach und nach entstanden seyn. Er versichert uns, der Chalzedon verliere, wenn er durchglühet werde, den größten Theil seiner Klarheit. Er werde dadurch ganz weiß und undurchsichtig. Er will uns dadurch auf den Schluß leiten: dieser Tropf-Chalcedon, der seine volle Klarheit und Durchsichtigkeit habe, müsse also nie durchglühet worden seyn. Er habe gewiß keine Feuerprobe erfahren. Er schreibet ferner: der Chalzedon lasse sich an und für sich selbst, ohne solche Zusätze, die ihn in den Fluß bringen können, daß durch 2 Blasebälge immer angefacht und in voller Glut erhalten werde, durchaus nicht schmelzen. Wenn er aber einen Theil wohl pulverisirten und fein gestossenen Chalcedons mit zwey Theilen Kreide vermenget; so ist daraus beym heftigen Feuer, ein grüner durchsichtiger Glasfluß entstanden. Auch schwarzer Horn oder Feuerstein, wenn er in gleichem Verhältniß mit Kreide vermischt worden, hat ein grünes Glas gegeben, dessen Klarheit doch jenem Chalzedonglase nicht gleich gekommen. Er will auch aus dem innersten fadenartigen Wesen der Chalzedontropfen und Zapfen, und aus dem weißen in ihrer Mitte befindlichen Marke es noch wahrscheinlicher machen, daß es nichts anders, als Stalaktiten wären, deren Ursprung dem Wasser beyzumessen sey. Er vermuthet es, daß der strahlende Zeolith sein Daseyn einer kalkigten Thon- oder Mergelart zu verdanken habe. Daß Chalzedonstalaktiten zuerst Zeolithen gewesen, und daß der Mergel und Zeolith eben so gut und wohl zu einen Chalzedon werden könne, als aus Kreide der Horn und Flintenstein zu entstehen pflege. Er glaubet auch in den Strahlen des Chalzedonbruchs, vornemlich bey abgebrochenen Zacken, eine große Aehnlichkeit mit den Zeloithischen Strahlen zu erblicken. Er meldet es endlich, daß er in seiner Sammlung manche Stücken habe, bey welchen der Zeolith und Chalzedon aufs innigste mit einander verbunden wären, und deren eine Hälfte Chalzedonisch, die andere aber Zeolitisch sey.

Bey aller Hochachtung und Ehrfurcht, die ich gegen unsern rechtschaffenen, in der Chymie, Mineralogie und Scheidekunst recht vorzüglich geübten und erfahrnen Herrn Assessor **Cappel** hege; so bin ich dennoch, wenn von dem Ursprunge und der Entstehungsart der Chalzedenzapfen, Drusen, Tropfen die Rede ist, einer gegenseitigen Meinung. Ich leite ihren Ursprung nicht vom Wasser, sondern vom Feuer her. Ich halte sie für Vulkanische Produkte, und glaube es ihnen schon an der Stirne ansehen zu können, wie sie nach und nach als eine Lava bey entsetzlicher Feuersgewalt sehr träge und langsam geflossen und

beym

beym Fließen schon wieder erstarret, und bey einigen rauh, bey andern Kugelförmig geworden. Alle Inseln und Felsen bey Ferröe (man zählet derselben 25, doch sind nur 15 davon bewohnt) sind wohl ohnstreitig durch erschreckliche Erdbeben uud vulkanische Ausbruche entstanden. Die weit von einander gespaltenen und zerrissenen Felsen der einen Insel sind öfters den Felsen der gerade gegen über liegenden so gleichförmig, daß sie genau zusammen passen, und sich an- und in einander fügen würden, wenn man sie wieder so zusammenfügen und zusammenschieben könnte, wie sie von einander getrennet worden. Oefters, wo auf der einen Seite sich ein Loch und tiefe Höle zeiget, raget auf dem am gegenseitigen Ufer stehenden Berge ein Felsenstück hervor, so gerade da hinein passen würde. So wie das nicht so gar weit davon entfernte Island die entsetzlichsten Revolutionen durch Erdbeben und Vulkane erfahren, so muß auch Ferröe ein gleiches Schicksal gehabt haben.

Die Chalzedontropfen und Zapfen werden durchaus nicht in großen Chalzedonbrüchen gebrochen, sondern an den nackten Sandfelsen, und hin und wieder auch in den Hölen solcher Steinfelsen hängend angetroffen. Vermuthlich sind also die feineren Chalzedonischen Theile, gleichsam der Leim, welcher nach der höchst weisen Einrichtung unsers Gottes, viele Arten der Ferröischen Felssteine so Eisenfeste macht, und so gar genau zusammenhält. Dieser Chalzedouartige Verbindungsleim ist nun nach meiner Vermuthung, durch Vulkanische Feuer herausgeschmolzen, und dergestalt im Fluß gebracht worden, daß er an den Felsen in Drusen sich geformet, oder wie Tropfen, Zacken, Zapfen und Trauben hängen geblieben, und sich stalaktitisch angesetzet hat. In manchen Drusen der

Chalzedone, die wohl ohnstreitig von oben und unten, und auf allen Seiten durch solche unterirrdische Feuer aufs stärkste müssen erhitzet worden seyn, gehen die Tropfen, Trauben und Zacken (wie es selbst aufs deutlichste an dem einen Schaustücke des Cappelischen Kabinettes wahrzunehmen ist) nicht nur von oben herab, sondern es gehen auch wieder andere Zapfen bey eben denselben Stücken von unten hinauf. Die Entstehungsart solcher von unten hinauf gehenden Stützen und Zacken läßt sich ganz und gar nicht erklären, so bald man ihren Ursprung vom Wasser herleitet. Aber das Feuer kann dergleichen gar wohl bewürket haben.

Ich glaube es gerne, daß sich der Chalzedon an und vor sich selbst, auch beym heftigsten Feuer, ohne Zusätze nicht fließend machen lasse, und daß er zuletzt, wenn er endlich lange durchglühet worden, seine Durchsichtigkeit und Klarheit verliere und opak werde. Das Feuer eines Vulkans übergehet bey weiten die Glut eines hohen Ofen und eines chymischen Feuers im Laboratorio. Ein Vulkan bringt auch solche Materien im Fluß, und macht aus solchen Dingen Laven, welche jene Feuer nimmer fließend machen würden, und wohl immer ungeschmolzen lassen müßten. Hernach so kennen und wissen wir noch wohl die beygemischte Materie und den Zusatz nicht, welcher eben bey jenen klaren Chalzedonzapfen kann hinzu gekommen seyn, und sie leichter schmelzend und flüßig gemacht, und vielleicht das meiste dazu beygetragen haben, daß sie ihre Klarheit und Durchsichtigkeit behalten.

Wenn Chalzedonzapfen und Tropfen durch irgend eine Art der Feuchtigkeit entstehen könnten, so müßten sie noch beständig, ja ich möchte sagen, täglich auf Ferroe, wo es an den dazu nöthigen Feuchtigkeiten

und

und an Chalzedonischen Theilen gar nicht fehlet, entstehen. Davon ist aber keine Spur zu finden, daß dergleichen Stalaktiten daselbst, wie andere Stalaktiten noch heut zu Tage wüchsen und entstünden. Es wird mir daher immer wahrscheinlicher, daß die dort befindlichen Chalzedonzapfen, Trauben und Tropfen ehemals als der allerfeinste Leim der Felsen durch die schrecklichste Feuersgewalt herausgeschwitzet, und als condensirte erstarrte Eischalzedonzapfen nun schon seit vielen Jahrhunderten, ja seit einigen Jahrtausenden so da gestanden, wie sie gefunden werden.

Für Glashütten würde es sehr nützlich seyn, wenn jemand ein leichtes Mittel erfände, um Chalzedone, wie auch, um Feuersteine flüßig zu machen; und noch weiter ein leichtes Mittel erfände, wie beym fliessend werden, die völlige Klarheit und Durchsichtigkeit des Chalzedons erhalten, ja noch vermehret werden könne. Da alle Ufer von Island voller Chalzedonkiesel liegen, so würden solche zur Verfeinerung des Glases in den Norwegischen Glashütten aufs vortheilhafteste genutzet und gebrauchet werden können, wenn jemand erst die Kunst erfunden hätte, den Chalzedon recht wohlfeil zu schmelzen. Ich will die Herren Chymisten in ihrer von mir hoch verehrten Gesellschaft ergebenst dazu aufgefordert haben.

---

4. Auszug eines Briefes des Herrn Franz von Paula Schrank an die Gesellschaft.

Ich nehme mich bey dieser Gelegenheit zugleich die Ehre, einige kleine Anmerkungen über verschiedene Theile der Naturkunde zu machen, die ich der Erlauchten Gesellschaft zur Prüfung überlasse.

1) Ich

1) Ich habe diesen Herbst auf einer Reise, die ich nach Salzburg gethan hatte, eine genaue Nachricht bey Fischverständigen über eine Fischart eingezogen, die in Bayern und in der Nachbarschaft von Bayern unter dem Namen der Schwarzreuterl berühmt ist, wegen ihres vortreflichen Geschmacks aber und theuren Preises, nur für die Tafeln sehr reicher Personen gesucht wird. Da dieser Fisch in dem Berchtoldsgadischen St. Bartholomäussee, der auf den Lotterischen Charten der Königssee genannt wird, auch zu Hause ist, so haben mich geschickte Leute, die diesen Fisch auf der Stelle gesehen haben, versichert, er sey nichts anders, als die Brut der Salblinge (Salmo Salvelinus Lin.), und dieses bezeugeten die Fischer selbst. Der ganze Unterschied bestünde darinn, daß das Fleisch des gekochten Salblings, wie wir es selbst öfters gesehen haben, nur auf dem Bauche, dasjenige des Schwarzreuterchens aber am ganzen Körper eine rothe Farbe bekömmt.

Bey dieser Gelegenheit muß ich einen kleinen Fehler im Natursysteme des Ritters von Linne' rügen, wo es vom Salblinge heißt: Habitat in Austria ad Linz. Er wird wohl zu Linz in Oesterreich ziemlich oft verspeiset; aber in dieser Gegend, ob schon in Oberösterreich, nicht gefunden. Gmunden, oder vielmehr der anliegende Gmundersee, der auch der Traunsee heißt, ist der eigentliche Ort, wo man ihn fischet, doch, wie wir eben gesehen haben, nicht der einzige.

2) Den Weißfisch (Salmo Lavaretus Lin.) macht Herr **Blumenbach** in seinem Handbuche der Naturgeschichte zum Schweizer. Ich habe große Ursachen zu muthmaßen, daß er auch in Bayern zu Hause sey. Wenigstens fängt man in dem Chiemser

einen

einen Fisch, der sehr schmackhaft seyn soll, dem man den Namen Weißfisch beyleget, und von welchem die Fischer behaupten, daß er nur um die Brutzeit, das ist, ohngefähr im May, anzutreffen sey. Er ist sehr zärtlich. Man behauptet, er sterbe schon, wenn er nur so viel Zeit ausser dem Wasser ist, als erfodert wird, ihn aus dem Netze in ein daneben stehendes Wassergefäß hinüber zu thun. Auch dann, wenn man es versuchet, ihn selbst mittelst eines untergetauchten Wassergefässes aus dem noch im See gleichfalls untergetauchten Netze heraus zu holen, sterbe er bald, kaum daß das Wasser mit ihm ein wenig gestanden hat.

3) Dasjenige Insekt, welches der vortreffliche Herr Pastor Göze im ersten Bande der Beschäftigungen Tab. VIII. abgebildet hat, finde ich schon vom Poda in seinem kleinen Werke, das freylich nicht eben sehr bekannt ist: Insecta musei graecensis, vorgestellet. Herr Pastor Göze verliert bey dieser Anmerkung nichts, gar nichts. Sie gehört eigentlich ohnedies mehr zur Litteratur der Naturgeschichte, als zur Naturgeschichte selbst. Die Abbildung Poda's reicht bey weitem nicht an diejenige Genauigkeit, mit der Herr Göze, Deutschlands Reaumur die seinigen verfertiget; und dann sagt Poda vom Insekte: Larva culicis pipientis, da doch diese Larve so schön in dem, ihm gewiß nicht unbekannten Swammerdamm abgebildet ist.

4) Diejenige Cicade, welche eben dieser Gelehrte im VI. Stücke des Naturforschers S. 41 beschrieben und abgebildet hat, und welche beym Linne' Cicada languinolenta heißet, ist hier um Burghausen sehr häufig. Diesem Naturforscher hat sich die Larve gänzlich entzogen. Ich bin im Stande die Lücke einigermaß

germaßen auszufüllen, die er in der Geschichte dieses Thieres gelassen hat.

Sie, diese Larve, lebt eben so, wie die meisten deutschen Cicaden, im Schaume. Sie ist, in Rücksicht auf die Pflanzen, von deren Saft sie sich nähret, nicht eckel. Sie hat nicht mehr als ein Jahr vonnöthen, um Ey, Larve, Puppe, Cicade zu seyn. Aber dies ist auch alles, was ich davon weiß. Vielleicht entreisse ich meinen Geschäften so viel Musse, um einmal die Geschichte dieses Thieres ganz vollkommen zu machen.

---

5. Merkwürdige Abdominalkonzeption einer trächtigen Häsin. Vom Herrn Pastor Göze.

Am 14ten April dieses Jahres wurde mir ein eben geschossener, noch warmer Hase gebracht. Bey der Sektion fand ich, daß es eine trächtige Häsin war. Der Uterus hatte drey Hörner, und in jedem ein ausgebildeter Hase, der kaum noch ein paar Tage würde in Mutterleibe geblieben seyn. Außerdem aber kollerten mir aus dem Unterleibe bey den Gedärmen ein Paar solche ovale, häutige, stark gespannte, völlig Spiegel glatte Kugeln oder Körper entgegen, daran auch keine Fäserchen oder Häutchen, oder abgerissenes Fiberchen zu sehen war, und die im Abdomine an nichts, und durch nichts befestiget waren; sondern frey im Bauche herum kollerten, und mir so entgegen kamen. Ich habe sie in beygefügter Zeichnung vorgestellet.*)

A. ist

*) Weil dieser Aufsatz zu spät eingelaufen ist, als daß die Zeichnung noch hätte abgestochen werden können,

A. ist der glatthäutige ungeöfnete Körper, wie er mit dem andern in Abdomine gelegen hat. Daran auch keine Spur einiger Verbindung mit einem andern Körper.

B. ist der junge Hase, der in der andern Flachkugel steckte, die ich geöfnet habe: etwas grösser, als die im Utero, jedoch todt und verwachsen, da jene noch Lebenszeichen von sich gaben. Das Chorion und Amnios, besonders unter dem Bauche, war so aufgewachsen und angeklebt, daß die Haut und Haare des Embryo mit abgezogen wurden, wenn man diese Häute ablösen wollte, wie man es auch noch deutlich an dem, mit Kopf, Leib und Füßen, wie eine Kugel zusammengewachsenen Häschen sehen kann. Auf Verlangen kann ich allezeit das Original zum Ansehen überschicken.

Hierbey wäre nun die Frage: wie ist diese Abdominalkonzeption zugegangen, und in welchen Stücken ist sie wider die gewöhnlichen Naturgesetze, und also merkwürdig?

Zu der Zeit, wenn der Coitus geschiehet, werden die Fimbrien des Fallopischen Ganges an das Ovarium gedrückt. Sie umfassen dasselbe, und führen das beschwängerte Ey nach und nach in diese Tubam hinein. Von da wirds in Uterum gebracht, wo sich der Foetus ferner entwickelt. Dies ist die angewiesene Ordnung der Natur.

Zuweilen aber bleibt ein solches Ey im Ovario, oder in der Tuba stecken. Der Foetus wird an diesem ungewöhnlichen Orte eben so wie im Uterus genährt.

können, und weil ohnedem die Beschreibung so deutlich ist, daß alles vollkommen verstanden werden kann; so haben wir solche hier weglassen müssen.

nährt. Sehr selten aber geschiehet eine Conceptio abdominalis. In diesem Fall fällt das befruchtete Ey aus dem Ovario, vielleicht aus den nicht stark genug umfassenden Fimbrien der fattopianischen Röhre, in die Höle des Unterleibes. Ein solches herabgefallenes Ey legt sich irgendwo an; es entstehet eine Verbindung zwischen demselben und dem nahe gelegenen Theile, wie im Uterus, durch eine Placenta. Der Foetus entwickelt sich nun ferner.

Der gegenwärtige Fall mit den beyden Hasen gehöret auch zu den **Abdominalkonzeptionen**, und hat das **außerordentlich merkwürdige:**

Daß (wider alle sonst gemachte Beobachtungen) nicht die **mindeste Verbindung des** *Ovuli* **mit einem nahe gelegenen Theile** *per placentam*, **und** also *per Vasa sanguifera* **wahrzunehmen ist.** Mithin sind die jungen Hasen im Ey **nicht durch die Mutter genähret** worden; sondern sie haben diese Größe durch ihre innere Entwickelung, wie das **Hünchen im Ey** bey der Bebrütung erhalten. Folglich muß auch innerlich in ihrem Behältniß so viel Nahrung da gewesen seyn, als zu ihrer Entwickelung, Wachsthum und Ausbildung bis zu dieser Größe erforderlich war. Man kann also im recht eigentlichen Verstande sagen: **diese Hasen sind durch Bebrütung so groß geworden.** Geboren konnten sie auch nicht werden, weil sie in keinem der ordentlichen Wege lagen. Ob sie vertrocknet wären? Ob die Mutter wohl daran gestorben wäre? Fragen, die ich nicht beantworten kann.

Das

Das ganze Phönomen ist mir so merkwürdig vorgekommen, daß ichs hierdurch habe bekannt machen wollen. Vielleicht ists erfahrnen Aerzten nichts neues. Sollte es aber neu und merkwürdig seyn, so werden andere darüber mehr Licht und Aufklärung geben können.

---

6. Beytrag zur mineralogischen Beschreibung der Grafschaft Schaumburg in Weßphalen. Von Ge. Friedr. Götz.

Bey dem Dorfe Großenendorf des Amtes Rodenberg in dem Heßischen Antheil der Grafschaft Schaumburg befinden sich auf dem so genannten Teufelsdreck, Schwefelquellen, deren Wasser viele Menschen schon mit großen Nutzen gebraucht haben. Ich will aus den mir zugekommenen verschiedenen Nachrichten das Vornehmste heraussuchen, und hier und da einige Anmerkungen beyfügen.

Im Herbste 1777 wurde, um diese Quellen weiter zu untersuchen, durch dazu bestellte Bergleute von Obernkirchen der Abzuggraben von unten auf vertieft, wobey zugleich eine starke Quelle in einer zur dasigen Pfarre gehörigen Flachsröthe entdeckt wurde, welche nebst mehrern solcher Flachsröthen abgelassen wurden.

In dem Jahre 1778 wurde von diesem Schwefelwasser nach Rinteln gefahren, wo auf der dasigen Apotheke zur genauesten Kenntniß der Bestandtheile 100 Pfund Wasser Kunstmäßig abgedampft, und von der medicinischen Fakultät untersucht worden sind.

Es zeigte sich, daß in einem Civilpfund Wasser, außer dem Schwefel, noch folgende Mineralien enthalten sind:

Kalkerde oder Magnesia	—	$5\frac{1}{8}$	Gran.
Selenit —	—	$10\frac{1}{3}$	—
Mineralisch Glaubersalz	—	$9\frac{4}{5}$	—
überhaupt		$25\frac{3}{10}$	Gran.

Zum Beweis seines reichen Schwefelgehaltes, dienet folgendes:

1) Der starke Schwefelgeruch, der dem Geruch von faulen Eyern, oder vielmehr demjenigen gleicht, welcher aufsteigt, wenn eine mit Alkali zubereitete Schwefelsolution, vermittelst eines sauren Geistes präcipitirt wird. So stark und durchdringend dieser Schwefelgeruch, nicht nur des Wassers bey der Quelle, sondern auch des in wohl verschlossenen Bouteillen Jahr und Tag aufbehaltenen ist, so flüchtig ist er auch, so daß er sich von dem Wasser, das in offenen Gefässen der freyen Luft ausgesetzt ist, in einer Zeit von 24 Stunden fast ganz, in 2 Tagen aber ganz und gar verliert.

2) Der Geschmack des Wassers ist schwefelhaft, salzig, bitterlich, so wie das Aachner Wasser, nur mit dem Unterschied, der von des letztern warmen Eigenschaft herrührt.

3) Fein Silber in das Wasser, oder auch nur über die Oefnung einer mit diesem Wasser angefüllten Bouteille gelegt, wird in wenigen Minuten gelb, dunkel, schwärzlich und endlich schwarz, und zwar in so kurzer Zeit, und in einen solchen Grad, daß das Meyenberger und Haseder Wasser damit gar nicht in Vergleichung gesetzt werden können.

4) Eine

4) Eine eingetröpfelte Bleysolution macht das Wasser schwarz.

5) An der Quelle und auf dem ganzen Wege des Abflusses derselben, setzt sich über dem Wasser ein weisses schmieriges Häutchen an, womit auch alle Steine und alle Blätter, welche von den nahe stehenden Bäumen in den Abflußteich, nicht nur der Haupt- sondern auch der Nebenquellen, oder in den dadurch entstehenden kleinen Bach fallen, überzogen. Dieses Häutchen zwischen den Fingern gerieben, riecht schwefelicht, wie Schießpulver.

6) Wenn das Wasser in etwas großen Bouteillen verpfropft, einige Wochen ruhig aufbewahrt wird, so setzt sich an die untere Oberfläche und die Seiten des Pfropfs ein wahrer substantieller Schwefel an, der mit Schwefelblumen völlig übereinkommt. Denn auf brennende Kohlen gestreut, brennt er mit einer blauen Flamme und einem sauren Schwefelgeruch. Eben das thut auch das mit dem weißen Häutchen von der Quelle überzogene trockene Laub.

Mit mineralischen Säuren versucht, verhält sich dieses Wasser folgender Gestalt:

1) Mineralische Acida erregen kein Aufbrausen in ihm, folglich ist kein hervorstehend Alkali darinn.

2) Der Violensyrup verändert Anfangs die Farbe des Wassers nicht, aber den andern Tag sieht es leicht grünlich davon aus, so daß dieser Versuch zeigt, daß zwar kein hervorstehendes, aber doch ein eingemischtes etwas prädominirendes alkalisches Wesen darinn versteckt sey. Dies Alkali verräth sich dadurch ganz deutlich, daß sich aus diesem Schwefelwasser durch die eingetröpfelte Solution des Mercurii sublimati ein pommeranzenfarbigtes Präcipitat zeigt.

3) Weinsteinöhl zugetröpfelt macht dies Wasser milchlicht weiß, und es präcipitirt ein weisses feines Pulver. Dieses Pulver getrocknet und untersucht, ist nach allen Proben eine feine **Kalk- und Gipserde, eine wahre Magnesia alba.**

4) Galläpfelpulver oder Infusum mit diesem Wasser vermischt, macht keine violette oder schwärzlichte Farbe, und das vom abgedampften Wasser zurückbleibende ausgelaugte Pulver im Tiegel kalcinirt und kalt geworden, mit dem Magnet geprüft, läßt aus sich nichts an dem Magnet hängen. Folglich enthält dies Wasser keine Eisentheilchen.

Eine gleiche Untersuchung ist von Herrn **Andreä**, einem berühmten Chymisten in Hannover, mit 19 Pfund Wasser, welches aber damals noch nicht ganz vom wilden Wasser befreyet gewesen ist, vorgenommen worden. Das Resultat war folgendes: 19 Pfund Wasser haben enthalten.

Kalkerde	—	38	Gran
Mit Vitriolsäure verbunden	—	252	—
Kochsalz	—	5 bis 6	—
Glauberisches mit etwa $\frac{1}{3}$ gemeinem Bittersalz vermischtes Wundersalz	—	160	—

Auch Herr **Most**, Apotheker zu Rodenberg, hat Versuche mit diesem Wasser im Jahr 1779 vorgenommen, und aus 21 Loth Cremor Sulphuris ℥v substantiellen Schwefel, an todter Erde 17 Loth, und ℥IX Liquor Sulphuris erhalten.

Als man hierauf angefangen hat, die unterste Quelle zu vertiefen, und durch den Felsen bis auf die darunter befindliche Lage von einem festen schwarzen Thon durchbrechen zu lassen, so kam wahrer Asphalt und oder Judenpech *) (bitumen Asphaltum Linn.) herauf, und schwamm auf dem Wasser. Es waren mit diesem Mineral nicht allein die 4 Klüfte, woraus das Wasser seinen Zufluß hatte, überzogen, sondern nachdem die großen Steine, welche wegen ihres Gewichtes nicht gehoben werden konnten, entzwen geschlagen waren, so fanden sich darinnen ganze Nester mit kristallinischen Spath und Asphalt angefüllt, so daß aus diesem kleinen Bezirk über 6 Pfund dieses sehr leichten Minerals in großen und kleinen Stücken aufgefischt wurden.

In eben diesem Jahre 1778 wurde mit der obern Quelle ein Versuch gemacht, wie hoch sie aufgetrieben werden könne, welches bis auf 10 Fuß aus den Flachsröthen an gerechnet, zwar möglich war, weil aber hierdurch die Tagewasser nicht zu separiren waren; so wurde beschlossen, die Quelle gleichfalls in die Tiefe zu verfolgen, und zu dem Ende einen Bezirk von 40 Fuß im Durchschnitt bis auf die Felsenlage aufzugraben, vorher aber einen offenen Stollen zur Ableitung des Wassers anzulegen.

In dem Jahre 1779 wurde diese Quelle gleichfalls bis durch den Felsen verfolgt, bey welcher Gelegenheit sich abermals einiger Asphalt, doch nicht so viel wie bey der untern Quelle gezeigt hat; hingegen fand sich eine Felsenkluft mit einer Art ganz ungewöhnlichen Schwefelkies angefüllt, welcher einen Beschlag von allerley der schönsten Farben zeigte, und die Spitzen dieses Kieses stunden in der Kluft, eine gegen die andere gerichtet. Mit einem Stahl gab

*) Von diesen Asphalt haben der Herr von Rochow zu Rekan ein Stück für das gesellschaftliche Kabinet mit eben dieser Nachricht eingesendet.

dieser sehr gebrechliche Kies Feuer, und mit einem Brennglase konnte er entzündet werden, da er denn eine blaue, wie lauter Schwefel riechende Flamme zeigte, und sich theils roth brannte.

Durch Abteufung der Quellen hat das Wasser so viel man durch den Geruch und den Geschmack beurtheilen kann, an Stärke merklich zugenommen. Der Asphalt, von welchem man bey der obern Quelle an den Spathkristallen einigen gefunden hat, der noch nicht erhärtet, sondern weich war, ist vermuthlich ein wirkliches Produkt des Wassers, welches ihn, so wie die sich häufig am Wasser absetzende Schwefelmilch, aus der Teufe mit herauf bringt.

Die Unterlage des Felsen, woraus diese Quellen hervorkommen, besteht aus einem sehr festen schwarzen schweren Thon, und man hat mit dem Bergbohrer auf 16 Fuß tief nichts weiter als diesen Thon gefunden.

Aus diesen Schwefelquellen habe ich für das Naturalienkabinet der **durchlauchtigsten Prinzeßinn Friederike zu Hessen** folgende Stücke erhalten:

1) Eine ziemlich große Stufe aus der obern Schwefelquelle. Es zeigt sich auf derselben Asphalt und ein kristallinischer Anschuß.

2) Eine schwärzlichte ziemlich weiche Schwefelkiesstufe, eben daher. Sie läßt sich mit dem Brennglase entzünden, und giebt einen sauren Schwefelgeruch von sich.

3) Eine dergleichen gräulichte, eben daher, etwas härter als die vorige.

4) Schwefelkiesstufen mit schöner blauer Lazur, eben daher. Diese entzünden sich aber nicht durch das Brennglas; doch veranlaßt der Fokus auch einen Schwefelgeruch.

5) Eine

5) Eine Schwefelkiesstufe mit sehr feinen blauen Zasern, eben daher.

6) Eine in dem Gebürge der obern Schwefelquelle sich gefundene Stufe; wahrscheinlich ist sie von versteinertem Holze entstanden.

7) Eine Stufe kupferhaltiger Kies, eben daher.

8) Eine große Druse aus dem untern Schwefelbrunnen. An der einen Seite ist sie mit Asphalt bedeckt, gleichsam wie mit einem schwarzen Pechglanze überflossen. Hier und da zeigt sich Quarz auf dem Bruche.

10) Abgefallene Blätter von Blumen, die auf dem Schwefelwasser herumschwimmen, und in wenigen Tagen den Schwefel annehmen. Wenn man sie einige Tage an der Sonne abtrocknen läßt, so kann man sich ihrer statt der Schwefelstücke bedienen.

Auch an andern Mineralien und Versteinerungen fehlt es in der Grafschaft Schaumburg nicht, wovon ich jetzt nur folgendes bemerken will, das ich gleichfalls von daher erhalten habe. Vielleicht bin ich künftig im Stande, noch mehre Nachrichten davon zu ertheilen.

1) Ein Kristallapfel (Aetites marmoreus Linn.) die Rinde besteht aus groben, zum Theil schwärzlichen, zum Theil grauen Kalkstein. Er ist voller achtseitigen Kalkspathkristalle. Diese Kristalläpfel werden an dem Daubenberge in dem Amte Schaumburg ausgepflügt. Der Kristall ist so hart, daß er Glas schneidet. Es sind auch Kristalle gefunden worden, die ganz rein gewesen sind, welche geschliffen und zu Aermelknöpfen eingefaßt worden. Sie werden deswegen besonders von den Juden häufig gesucht.

2) Eine Kristalldruse mit mehrern kleinen und grössern darnieder liegenden Kristallen auf einem kalk-

artigen Stein aus dem Salzgewerkschaftsbrunnen zu Sottdorf Amts Rodenberg.

3) Ein ziemlich großer Stein voller grössern und kleinern Konchiten, die größtentheils noch sehr wohl behalten sind. Sonst hat er aber keine Muscheln. Sowohl auf der obern als untern Seite sieht man ganz deutlich, wie sich immer eine neue Lage Muscheln angelegt hat. Die eine Nebenseite ist auf dem Bruche etwas quarzartig. Von dem alten Rodenberge.

4) Ein dergleichen kleinerer von dunkelrother Erde, eben daher. Auf den Seiten, auf welchen er angeschliffen ist, bilden die abgeschliffenen Konchiten durch feine und gröbere schmutzig weisse Linien eine sehr artige Zeichnung.

5) Ein Stück farbigter Duckstein, blau, violet und braun, auf der einen Seite von Schwefel überzogen, der sich bey dem Schwefelbrunnen zu Großenendorf gezeigt hat.

6) Folgende versteinerte Konchylien, die sich in den Kalksteinen der Kalkbrennerey im Amte Rodenberg befinden, und bey der Zerschlagung dieser Kalksteine häufig gefunden werden: ein Tellinit, der noch viel von seiner Schale hat; Konchiten, Mytuliten, Trochiten, Bukkarditen und Muskuliten.

---

7. Auszug eines Briefes des Herrn Leibarzt Brückmann in Braunschweig an D. Bloch.

Man findet in den Sandsteinbrüchen bey Fontaineblau in Frankreich, eine graue, an einigen Stellen glänzende Steinart: diese hat in ihren Hölungen

gen häufige in und an einander liegende rhomboidalische Kristallen; weil solche wie ein feiner Sandstein aussehen, so nennt man sie in Frankreich **kristallisirten Sandstein**; und unter diesen Namen trift man sie nun noch häufig in den teutschen Mineraliensammlungen an. Diese Steinart giebt am Stahl Feuer und brauset mit Scheidewasser. Wenn man sie genau betrachtet, so zeiget die blättrichte glänzende, oder vielmehr schimmernde Fügung, auch die Form der Kristallen und das Feuerschlagen, daß die Steinart ein Feldspath, und das Brausen mit Säuren, daß sie mit Kalktheilchen vermischt sey. Ein kristallisirter Sandstein ist wohl ein wahres Unding.

Aus einem andern an eben denselben.

„Was den so genannten natürlichen Avanturino an„betrift, so ist solcher in Sachsen gefunden, doch „weiß ich den Ort nicht anzuzeigen. Er ist eigentlich „ein grauer etwas durchsichtiger Quarz, mit feinem „sehr glänzenden Eisenglimmer vermischt oder einge„sprengt, so daß man lauter zarte glänzende Punkte „in demselben siehet. Weil er quarzartig ist, nimmt „er folglich eine schöne Politur an. Der meinige hat „ohngefähr einen Zoll im Durchschnitt, und ist in „einen Ring eingefaßt. Herr **Danz** sahe ihn bey „mir, und erinnerte sich so gleich, daß er an einem „gewissen Orte, eine Dose von dergleichen Stein ge„sehen habe. Der meinige kommt mir im Tausch ziem„lich hoch zu stehen, und ich nahm ihn gern, weil ich „diese Steinart noch nie gesehen.

Anmerkung des D. Blochs.

Diese Steinart scheint bishero von den Naturkündigern nicht bemerkt zu seyn. Ich habe die erwehnte

Dose gesehen, und den Stein eben so gefunden, als ihn der Herr Leibarzt **Brückmann** beschreibt. Herr **Danz** ließ sie allhier in Ringsteine zerschneiden, und verlangte für das Stück, nach Verschiedenheit der Größe, einen bis sechs Louis d'Or. Ich glaube, daß wenn anders die Naturkündiger ihn ihrer Aufmerksamkeit würdigen sollten, man ihn öfters finden würde. Denn als ich einigen Naturfreunden Nachricht von diesen Stein gab, so meldete mir die **Gr. v. P.** die Besitzerinn einer vortreflichen Naturaliensammlung, daß sie eine kleine Dose von diesem seltenen Steine besessen habe, und der Hr. Amtmann **Honkeny** aus Golm in der Uckermark schickte mir einen geschliffenen Ringstein, der in einer Steinsammlung eines sächsischen Bergmanns befindlich gewesen. Es ist ein durchsichtiger Quarz, in welchen feine glänzende Markasitblättchen eingesprengt sind. Ich habe beyde Steinarten sowohl mit der englischen Feile, als auch mit dem Scheidewasser probirt, beyde konnten ihnen nichts anhaben. Meines Erachtens hat es mit diesen Stein eben die Bewandniß, als mit dem so genannten gehakten Agath, welchen der Kaiser **Franz** zuerst entdeckt, und ihn diesen Namen beygelegt hat. Man findet diesen Stein ohnweit Maxen, und er bestehet aus kleinen Agathjaspis, Jaspagath, auch hin und wieder Amathysttrümmern. Es fällt deutlich in die Augen, daß die eingemischte Steine durch eine große Gewalt zertrümmert worden, und daß sie nachhero in einer noch flüßigen Quarzmasse gerathen sind, mit dem sie nach seiner Erhärtung nunmehro diesen schönen Stein bilden. Bey dem Avanturino ist so wie hier der zertrümmerte Eisenmann und Markasit in die noch flüßig gewesene Quarzmasse hineingerathen.

XX.

XX.

1. Kurze Lebensgeschichte des Herrn D. Zückert zu Berlin.

Herr Johann Friedrich Zückert ist gebohren zu Berlin den 19ten Decbr. 1737. Sein Herr Vater Johann Ludwig Zückert, war der Königl. Preußl. Krigeskommissarius, Hofstaatsholzverwalter und Landschaftlicher Ziesemeister der Residenzstädte Berlin. Nach dem in der Kindheit gewöhnlich erhaltenen Unterricht im Lesen, Schreiben und Rechnen, fieng er im Jahr 1744 (den 25sten May) die Schulstudia im Königl. Joachimsthalschen Gymnasio an, und durchgieng alle Klassen bis ins Jahr 1754. In der Kindheit bemerkte man an demselben eine große Ungestaltheit des Körpers, nehmlich einen schiefen Kopf, der rechts gebogen war, übel formirte Knochen der Brust, und einen krummen Rückgrad. Man wußte nicht, ob dieser Fehler mit auf die Welt gebracht, oder durch Verwahrlosung entstanden war; dahero bemühete man sich, denselben in Schnürleiber einzupressen, einen eisernen Halsband tragen, und besonders das Freyenwalder Bad gebrauchen zu lassen, aber alles war ohne Effect. In der Jugend hatte derselbe den Vorsatz, Theologie zu studieren; allein seine Eltern überlegten, daß er mit einen kleinen ungestalteten Körper, eine schlechte Figur auf der Kanzel machen; vielleicht aber mit mehrerm Glücke als Arzt in der Welt fortkommen würde, obgleich man damals nicht voraus sehen konnte, daß dessen schwächlicher Körper ebenfalls nicht zu den ermüdenden strapazirenden Geschäften eines practisirenden Arztes gebauet, daß er nicht stark genug wäre, die Ungemächlichkeiten und Beschwerlichkeiten anhaltender Leibesbewegungen und des übeln Wetters auszuhalten, und endlich, daß ein Arzt viele Jahre aus eigenen Mitteln leben müßte, ehe er in Ruhe und Ansehen komme; dem ohnerachtet aber entschloß sich sein Vater, demselben diesen so kostbaren Studio medico unter göttlicher Unterstützung zu widmen; und eröfnete ihm diesen Entschluß in seinem 14ten Jahre, vor welchen entschluß er Gott und seinen Vater öfters gedanket; da er nicht allein dadurch in den Stand gesetzet worden, seinen schwächlichen Körper, der in den folgenden Jahren seines Lebens oft große Erschütterungen erlitten, zu erhalten; sondern auch niemand, als ein Arzt, bessere Gelegenheit hat, die unermeßliche Größe, Weisheit und Herrlichkeit des allmächtigen Gottes in dem künstlichen Bau des Menschen, und in allen Werken der Natur recht lebhaft zu erkennen, und seinen Nächsten die wichtigsten Dienste zu leisten. Von dieser Stunde an, las er also medicinische Bücher, und begab sich als Lehrbursche im Jahr 1752 in die Königl. Hofapotheque; daselbst sahe er Arzeneyen verfertigen, er lernte die pharmacevtische Handgriffe, las viele Bücher aus allen medicinischen Wissenschaften unter einander; und ob er gleich alles dieses nur aus großer Lehrbegierde that, und nichts gründlich traktirte, so verspürte er doch in der Folge den größten Nutzen davon; denn hierdurch sammlete er historische Kenntnisse von vielen Dingen, deren scientifische Kenntniß ihm hernach außerordentlich erleichtert wurde. Selbst die Pharmacie erlernte er auf solche Art bloß empirisch, und erst auf Universitäten hörte

er

er eine gründliche Chymie. Im Jahr 1756 verließ er die Hofapotheque, und fieng an medicinische Collegia bey den Herrn D. Henkel und Roloff zu hören. Im Winter übte er sich in den Sectionibus Cadaverum unter Herrn Professor Meckel auf dem Königl. Theatro Academico, und wohnte auch seinen öffentlichen Demonstrationibus Anatomicis bey.

Im Jahr 1757 im Sommer hörete er Privat-Collegia über die Physiologie bey Herrn Meckel und Herrn Roloff. Ersterer wies dabey seine eigene Präparata vor; letzterer breitete sich mehr über den theoretischen und hypothetischen Theil dieser Wissenschaft aus: beyde lehrten nach Hallers Grundsätzen. Er konnte den unaussprechlichen Nutzen nicht genug beschreiben, den er davon hatte, zwey Männer zu gleicher Zeit über eine und eben dieselbe Wissenschaft nach einerley Grundsätzen dociren gehört zu haben. Er besuchte auch ein Privatcollegium bey den Herrn Professor Sprögel über die Osteologie. Im Anfange des Jahres 1758 hielt er seinen öffentlichen Cursum Anatomicum mit allgemeinen Beyfall des Collegii Professorum. Auf Ostern selbigen Jahres begab er sich nach Frankfurth an der Oder auf die Universität, woselbst er drittehalb Jahr verblieb, und den Unterricht der dortigen berühmtesten Lehrer in allen Theilen der Arzneykunst und der Weltweisheit genoß. Da damals Frankfurth der Mittelpunkt des Kriegestheater zwischen den Preussen und Russen war, so mußte er seine academische Studien mehrentheils unter dem Geräusche der Waffen, und unter vielen öffentlichen Unruhen verrichten, und selbige oft unterbrochen sehen, weil ganze Monate verflossen, wo die Musen ruheten.

Im

Im Jahre 1760 den 28sten July ward er zum Doctore medicinae creiret. Seine Inauguraldissertation

de morbis ex alieno situ partium thoracis

hat er selbst ausgearbeitet, und ohne Vorsitz vertheidiget; diese Materie wählte er schon, ehe er auf die Universität gieng, weil ihm die von Herrn D. Troschel gehaltene Dissertation de morbo ex alieno situ part. abdominis, besonders gefallen hatte, und er also das System der morborum ex alieno situ partium ergänzen wollte. Er behielt diese Materie nachher um so lieber bey, da er die Anatomie und Physiologie, über welche Wissenschaften während seinem Aufenthalt in Frankfurth keine Vorlesungen gehalten werden konnten, zu Hause beständig wiederholte, und sich damahls schon angewöhnte, viele medicinische Beobachtungen zu lesen, um sich dadurch die wichtigen Erfahrungen anderer eigen zu machen.

Als er nach Berlin zurück kam, machte sein Vater Anstalten, seinen schon längst entworfenen Plan, ihm reisen zu lassen, in Erfüllung zu bringen. Er sollte die vornehmsten Universitäten Deutschlands besuchen, und nach Paris und London gehen; dieser Plan ward aber, als er schon würklich auf Reisen war, wegen der Kriegesunruhen, der schweren Kosten, und des hohen Geldcourses dahin verändert, daß er in den Gränzen Deutschlands blieb. Seine Abreise wurde auch durch den Ueberfall, welchen Berlin von den Oesterreichern und Russen im October gedachten Jahres ausstehen mußte, auf einige Wochen verzögert. Endlich reisete er zu Ende Octobers ab, und gieng über Magdeburg, Helmstädt, Braunschweig und Duderstadt nach Göttingen, in welcher letztern

Stadt

Stadt er den 10ten November ankam, und solche von den Franzosen feindlich besetzt fand, und nachgehends, als die Alliirte Armee der Hannoveraner, Braunschweiger und Hessen diese Stadt bloquirten, viel Elend ausstehen mußte, um so mehr, da er durch einen starken catharralischen Husten und Durchfall sehr entkräftet wurde; wenn er gleich bald aus diesen traurigen Ort, ohnerachtet seines kränklichen Zustandes, sich hätte wegbegeben wollen, so wurde niemand aus der Stadt gelassen, auch fehlte es am Fuhrwerk. Da jeder mit sich selbst zu schaffen hatte, so konnte er mit denen dortigen Gelehrten wenigen Umgang haben; die Professoren der medicinischen Facultät, Herr **Richter**, **Roederer**, **Vogel**, **Matthiä** und **Büttner** hat er kennen gelernet; auch die sehenswürdige Bibliothek besehen. Seine meiste Zeit brachte er zu Hause mit Lesen und Excerpiren derjenigen Bücher zu, die er sich von der Bibliothek geliehen hatte. Nach vielen vergeblichen Bemühungen, diesen Ort zu verlassen, gelung es ihm endlich, daß er den 25sten Decbr. am ersten Weihnachtstage zwar krank, aber doch voller Freuden abreisen konnte. Er begab sich über Nordheim und Osterode nach Klaußthal im Oberharz; er ließ sich seine Krankheit und Mattigkeit nicht abhalten, die Grube zu Dorothea und Carolina zu befahren, wovon er sehr ermüdet ward. Noch saurer aber wurde es ihm, als er die Pech= Rost= und Schmelzhütten besahe. Seine seit sechs Wochen angehaltene Diarrhoe griff ihm dergestalt an, daß er annoch einige Tage zu Hause bleiben mußte; nach einer kleinen Erholung aber, reisete er im Anfange des Jahres 1761 nach Goßlar, hielt sich daselbst bis ins Frühjahr auf, um seine Gesundheit wiederum herzustellen. Hier war es,

wo

wo er diejenigen Nachrichten sammlete, und alles dasjenige bey den Bedienten des Bergamts ausforschte, was nachher den Stoff zu seinen beyden Büchern über die Naturgeschichte des Harzes abgegeben hat; auch besahe er daselbst den Rammelsberg, die Vitriolhütten, die Schmelzhütten, das Meßingwerk und das Schwefelmachen. Von Goßlar richtete er seinen Weg nach Thüringen. Im Wernigerodischen besahe er die Eisengruben und die Ilsenburgschen Eisenhütten. Im Rübelande bekroch er die Baumannshöle, und besuchte die dortigen Eisengruben und die Marmor-Mühle. Auf der fernern Reise nach Nordhausen, und von da nach Erfurth, fand er nicht viel merkwürdiges. In Erfurth hatte er vielen Umgang mit den Gebrüdern **Baumern**, mit dem Professor **Mangold** und **Boesefleisch**. Er wurde daselbst zum Mitgliede der Erfurthschen Academie der Wissenschaften ernannt; er besahe die Bibliothek der Römisch Kaiserlichen Academie, und das Kunst- und Naturalien-Cabinet des Waisenhauses. Von da reisete er nach Jena, wo er sich beynahe vier Wochen aufhielte, und die Herren **Kaltschmidt**, **Nicolai**, **Faselius** und **Walch** kennen lernte, und mit den Herrn **Baldinger**, der damals Doctor legens war, einen genauen Umgang geflogen. Von Jena gieng er über Rudolstadt, Saalfeld und Coburg nach Erlangen; von da nach Nürnberg, um den berühmten **Feü** kennen zu lernen; demnächst nach Bareuth und Eger. Von Eger wollte er nach Carlsbad und Freyberg reisen, allein der häufigen feindlichen Streifereyen wegen, mußte er, jedoch voll Verdruß, das berühmteste Bad in Deutschland nicht sehen zu können, sein Vorhaben fahren lassen. Er versuchte zwar über Hof im Voigtlande nach Freyberg zu gehen, wo er auch den

11ten Junii ankam; fand aber die Stadt Hof von der Reichsarmee besetzt, und obwohl er gleich wiederum abreisen wollte, so waren keine Pferde zu bekommen; auch waren alle seine Bemühungen, einen Paß vom kommandirenden General, Feldpostamt, oder Feldkriegeskommissariat zu erlangen, vergebens, er mußte also in diesem elenden Orte bis zum 27sten Juny sich aufhalten. Bey diesen häufigen Schwierigkeiten mußte er auch sein Vorhaben, nach Freyberg zu gehen, und das Erzgebürge zu sehen, einstellen. Es gelang ihm endlich, mit einigen Kaufleuten aus Hof, die zur Naumburger Messe reiseten, Gesellschaft zu machen, mit denen er über Gera bis Zeitz reisete, sich daselbst von ihnen trennete, und seinen Weg nach Leipzig nahm, in welcher Stadt er den 28sten Juny ankam, und dort alle Merkwürdigkeiten besah. Von da reisete er über Wittenberg nach Zerbst, mußte an diesem Orte wegen seines nhoder überhand genommenen Hustens acht Tage lang die Stube hüten und bis zum 3ten August daselbst verbleiben, demnächst aber setzte er, obwohl ihm der Husten noch nicht verlassen hatte, seinen Weg weiter über Dessau nach Halle fort, und befuhr unterweges das Wettinische Steinkohlenbergwerk, Ferner reisete er nach Lauchstädt und Eisleben, befuhr am letztern Orte das Schieferflötz, und besah die dortigen Schmelz- und Seigerhütten. Von dort gieng sein Weg über Stollberg nach Blankenburg, woselbst er wegen seines anhaltenden Hustens wiederum eine Zeitlang verbleiben mußte. Er besahe die benachbarten Marmorbrüche, Eisengruben und Eisenhütten, und hatte daselbst vielen Umgang mit dem berühmten **Cramer**. Von dieser Stadt reisete er über Halberstadt, Magdeburg, Brandenburg, Potsdam nach Berlin zurück.

Nach diesen zurückgelegten Reisen, erhielt er unterm 22. Juny 1762 das Patent eines approbirten Medici practici der Residenzstädte Berlin, nachdem er den vom Ober-Collegio-Medico ihm aufgegebenen Casum medico practicum

„de peripneumonia vera“

ausgearbeitet und eingesandt hatte. — In diesem Jahre gab er

„seine Naturgeschichte und Bergwerksverfassung „des Oberharzes heraus.

Welcher im Jahr 1763

„die Naturgeschichte einiger Provinzien des Un„terharzes in 8vo folgete.

Auf Verlangen des Buchhändlers **Lange**, übersetzte er

„das Leben und die Meinungen des **Trißtram** „**Schandy** aus dem Englischen.

Im Jahr 1764 bat ihm der Buchhändler **Milius**, der sich eben etabliret hatte, um ein erstes gutes Verlagsbuch. Er hatte den großen Schaden, welchen die Leidenschaften der Menschen auf eine physische Art zufügen, oft mit den schrecklichsten Eindrücken an andere wahrgenommen. Er merkte, daß der größte Haufen der Menschen diesen Schaden zu wenig einsahe, und daß dem Publiko eine Schrift mangele, die davon in gehöriger moralischen und physischen Verbindung handelt. Er schrieb also

„eine moralische medicinische Abhandlung von „den Leidenschaften in 8vo.“

Er war so glücklich, daß der Vortrag und Schreibart gefiel, und das Buch wurde mit Beyfall gesucht und gelesen. Mit diesem Buche machte er nun den Anfang zur vollständigen Bearbeitung der Diätetik. Schon auf der Universität entdeckte er noch große

Lücken

Lücken in dieser Wissenschaft, und hatte den festen Entschluß gefasset, vornehmlich seine Aufmerksamkeit darauf zu verwenden. Der Trieb, den Menschen nützlich zu seyn, und durch nützliche Unternehmungen sich hervor zu thun, erhielten ihm arbeitsam und geschäftig; da er zu neuen Entdeckungen in der Medicin oder Chymie und Physik bis dahin keine Gelegenheit hatte, und die Zeit bey der damals gar nichts bedeutenden Praxis doch dergestalt zubringen wollte, daß er, und der Nächste gleichen Nutzen davon hätten, so dachte er, der vor der Hand kein Schriftsteller für eigentliche Gelehrte werden konnte, darauf, ein Lehrer des Publikums in solchen Dingen zu werden, die auf dessen Gesundheit den wichtigsten Einfluß habe. Auf der Michaelismesse 1764 kam seine Abhandlung

„Unterricht für rechtschaffene Eltern zur diäteti-
„schen Pflege ihrer Säuglinge, in 8vo heraus.

In eben diesem Jahre erhielt er von der Churmaynzischen Akademie nützlicher Wissenschaften zu Erfurth das Diploma eines Socii ordinarii in Medicis atque Physicis.

Im Jahre 1765 erhielt er das Diploma eines Mitgliedes der Academiae Caesareae Leopoldino-Carolinae naturae curiosorum, und wurde ihm darinn der Beyname Chrysermus tertius gegeben. Er überschickte gleich darauf an den Herrn Geh. Rath Buchner, als Präsidenten dieser Akademie, eine kleine Abhandlung

„de insomniis, ut signo in Medicina observa-
„tiones nonnullae cum subjunctis de onirocri-
„tica medica meditationibus quibusdam"

welche nachhero im dritten Tomo der Novorum Actorum der Akademie abgedruckt worden.

In der Ostermesse dieses Jahres gab er seine Abhandlung

„von der Diätetischen Erziehung der entwöhnten
„und erwachsenen Kinder bis in ihr männliches
„Alter in 8vo heraus.

Auf Ersuchen des Buchhändler **Mylius** hatte er auch die Fortsetzung

„der besten und neuesten Reisebeschreibungen in
„einem ausführlichen Auszuge

wovon ein anderer die zwey ersten Bände gemacht hatte, übernommen, und lieferte den dritten Band davon schon zur Ostermesse des gedachten Jahres. Diese Auszüge machten ihm zwar viele Mühe; aber er ließ sich dazu bereden, weil er doch die meisten Reisebeschreibungen lesen mußte, um zu den diätetischen Arbeiten die gehörige Nachrichten von dem verschiedenen Klima der Länder, und den verschiedenen Alimenten der Völker zu finden.

Im Jahr 1766 erfolgte der vierte Band dieser

„Sammlung von Reisen;

auch schrieb er eine kleine Abhandlung über

„die Gewißheit in der Medicin,

welche nachhero in dem dritten Bande des Berlinschen Magazins abgedruckt worden ist.

Er fieng an, des Coe Tractat von den Gallensteinen aus dem Englischen zu übersetzen, und wollte dieses Buch mit Anmerkungen und einigen Kupfern begleitet, herausgeben; aus Mangel eines Verlegers aber brach er diese Arbeit ab. Im Jahr 1767 kam

„die Diät der Schwangern und Sechswöchnern
„in 8vo heraus.

Desgleichen der fünfte Band

„der Sammlung von Reisebeschreibungen

auf der Ostermesse.

Auch

Auch hatte er des Herrn Professor **Formey** Abhandlungen

„von der moralischen Erziehung der Kinder mit
„Anmerkungen begleitet, aus dem Französischen
„übersetzt.

Im Jahr 1768 erschien

„der sechste Band der Sammlung der Reisebe-
„schreibungen.

Ingleichen in **Rüdigers** Verlag:

„Die systematische Beschreibung der Gesund-
„brunnen und Bäder Teutschlandes in 4to.

Dieses war das erste Buch, welches, so zu reden, durch einen Zufall von ihm verfertiget worden. Genannte Buchhandlung verlangte ein solches Buch, er brachte es zu Stande, und es ward wohl aufgenommen. Im Jahr 1769 lieferte er den siebenten Band

„der Sammlungen von Reisebeschreibungen.

Desgleichen

„die Materia alimentoria in 8vo.

Auf das letzte Buch hat er vielen Fleiß gewendet. Schon seit 10 Jahren hatte er an dessen Verfertigung gedacht und daran gearbeitet. Ueberhaupt muß man von allen seinen diätetischen Schriften mit Warheit sagen, daß sie lange vor ihrer Entstehung durchgedacht, und nach und nach entworfen worden, und daß kein einziges davon die Würkungen eines Buchhändlerschen Vorschlags gewesen. Da er im Jahr 1770 wieder viel am Husten und an der Hypochonderie litte, und seine Gesundheit immer wankender wurde, faßte er den Entschluß, seine gelehrten Arbeiten mit mehrerer Bequemlichkeit zu verrichten, und keine pressante Schriften zu übernehmen; er machte sich daher von der ferneren Ausarbeitung der Auszüge von Reisebeschreibungen, und von denen Recensionen, die er seit einigen Jahren zur allgemeinen deutschen Bibliothek geliefert hatte, gänzlich loß, jedach hatte er

„zu den Grundriß nützlicher Wissenschaften für
„die Jugend,

welches Buch in der Haude- und Spenerschen Buchhandlung herauskam, viele Abschnitte verfertiget.

Bey dem Buchhändler **Mylius** kam auch dessen

„physikalische diätetische Abhandlung von der Luft
„und Witterung in 8vo heraus.

Im Jahr 1771 veranstaltete er eine neue Auflage

„von der diätetischen Erziehung der Kinder;

und im **Myliusschen** Verlage gab er sein

„medicinisches Tischbuch, oder Kur und Prä-
„servativ der Krankheiten durch diätetische Mit-
„tel heraus.

Im Jahr 1772 erhielt er den Ruf als Landphysikus zu Prenzlow, welche Stelle er aber ausschlug.

Im Jahr 1774 wählten die Stände des Teltowschen Kreises ihn zum Aßistenten des Herrn Geh. Rath **Cothenius**, dessen Physikatsgeschäfte im gedachten Kreise er schon seit einigen Jahren verrichtet hatte, und das Wahlinstrument enthielt zugleich, daß er nach tödtlichen Hintritt des Herrn Geh. Rath **Cothenius**, ohne fernere Wahl Physikus seyn, und die Besoldung alsdann genießen sollte. Diese Wahl wurde von E. Königl. Hohen Generaldirectorio genehmiget; und nachdem er die drey auszuarbeitende Themata medico legalia vom Ober-Collegio-Medico erhalten, und deren Ausarbeitung eingesandt hatte, bekam er im Jahr 1775 das Atteſtatum Capacitatis ad reſpiciendum Phyſicatum.

Einige Jahre vorhero wurde er von der zu Berlin neu errichteten Gesellschaft Naturforschender Freunde zum ordentlichen Mitgliede erwählet.

Auf Ostern kam eine neu verbesserte Auflage

„von dem medicinischen Tischbuch,

wie auch

„die allgemeine Abhandlung von den Nahrungs-
„mitteln, heraus.

Da, wie bereits öfters erwähnet, er schwächlicher Natur war, und in Ansehung seiner übel formirten Brust, den catharralischen Husten unterworfen, welcher aus einem verschleimten Magen und verschleimten Blute, mehr Nahrung und Zufluß bekam, so häuften sich die hypochondrischen Krämpfe und Engbrüstigkeiten immer mehr und mehr. Bey diesem Zustande seines von Jahr zu Jahr schwächlicher gewordenen Körpers, war seine Praxis mit der allergrößten Beschwerlichkeit verknüpft, welcher er jedoch, so viel nur irgend möglich, oblag, und keinen Patienten, seiner Schwäche ohnerachtet, verabsäumete, welches auch noch drey Tage vor seinem Ende geschahe. Er war zwar beflissen, fast seine ganze Lebenszeit über, besonders diejenigen Jahre, wo seine Praxin immer stärker zunahm, durch sehr strenge Lebensordnung und gebrauchte Arzeneyen, die astmathische, hustende, Magenblähende und rhevmatische Anfälle, wozu in denen letzteren Jahren Engbrüstigkeit und hämeroidalische Zufälle kamen, wo nicht aus dem Grunde, doch in etwas zu heben; dahero er seinen Körper und Zustand selbst sorgfältig untersuchte, bey einer jeden Crisis neue Arzeney verschrieb, und nach so vielfältig vergebenen Versuchen, annoch einen neuen, mit einem vino medicato im Sommer 1778 machen wollte, und urtheilte er, daß obstruirte und indurirte glandulae pulmonum et mesenterii, eine ingens relaxatio pulmonum et ventriculi und tägliche generatio pituitae an seinen Uebeln schuld sey. Der allerhöchste Urheber der Welt aber hatte in seinem heiligen Rath beschlossen, ihm von allen, seine ganze Lebenszeit über ausgestandenen Schmerzen und Beschwerlichkeiten plötzlich zu befreyen, welches denn auch den 1ten May 1778, Abends um 10 Uhr an einem Steckfluß im 41sten Jahre seines Alters erfolgte, da er nur drey Tage zu Hause geblieben, ohne jedoch bettlägerig gewesen zu seyn.

Er war ein Gottesfürchtiger unermüdet arbeitsamer Mann, lebhaft und muntern Geistes, besonders in denen ersten Jahren seines Lebens; ein wohlthätiger Arzt gegen arme Kranke und Nothleidende; bey seiner schwächlichen Gesundheit war er geduldig, und ertrug die mancherley Trübsalen und schmerzhaften Leiden, welche er erlitten und erfahren, mit Standhaftigkeit in voller Ergebung unter dem göttlichen Willen und in christlicher Gelassenheit, ohne irgend einiges Murren. Sein Andenken wird der gelehrten Welt unvergeßlich, seinen hinterlassenen Bruder, den Königl. Preußl. Hofrath und zweyten Accise- und Zolldirectore hiesiger Residenzien, **Herrmann Ludewig Zückert**, welcher ihm herzinniglich geliebet, nebst dessen übrigen Freunden und Bekannten aber ewig heilig bleiben.

---

2. Kurze Lebensgeschichte des verstorbenen Herrn **Gottfried Adrian Müller**, Königl. Preußl. Geheimen Ober-Finanz- Krieges- und Domainen-Raths, ordentlichen Mitglieds der Gesellschaft naturforschender Freunde in Berlin.

Gottfried Adrian **Müller**, dessen Vater Fürstl. Anhaltscher Kanzeley- und Regierungsrath; seine Mutter aber eine Tochter des Fürstl. Anhaltschen Gesamm

Gesammten Landrentmeisters **Pfau** war, wurde zu Dessau den 8ten Junius 1710 gebohren. Er studirte zu Halle die Rechtsgelahrheit, übte sich hernach in seiner Vaterstadt in der Praxis, wurde bey dem zu Ascherslebeu stehenden Königl. Preußl. Cavaueriegiment, so damahls den Prinz **Gustav** von Anhalt-Dessau zum Chef hatte, 1738 Auditeur, und 1740 Regimentsquartiermeister. Als solcher wohnte er dem ersten und zweyten Kriege bey; heirathete 1747 **Leopoldinen Augusten Wilhelminen Wißigk**, und wurde 1748 zum Krieges- Domainen- und Landrath bey der Halberstädtschen ꝛc. Cammer, auch zum Steuerrath und Commissarius loci zu Wernigerode ernannt.

Durch Rechtschaffenheit und Eifer im Dienst seines Königs, hat er sich jederzeit die Zufriedenheit und das Vertrauen seiner Vorgesetzten; durch uneigennützige Freundschaft und aufrichtiges redliches Betragen, die Liebe seiner Mitarbeiter; durch herablassende Freundlichkeit und Dienstbereitwilligkeit, die Hochachtung, Zuneigung und Liebe seiner Untergebenen erworben. Diese betrachteten ihn als ihren Vater. Sie waren versichert, nie vergeblich Zuflucht bey ihm zu suchen; denn seinen Hülfsbedürftigen Nächsten beyzuspringen, ihn alle nur in seinem Vermögen stehende Dienste zu leisten, hatte er sich von Jugend auf zur Pflicht gemacht.

Im Jahr 1757 beym Einbruch der Französischen Armee in das Fürstenthum Halberstadt, wurde der Kriegesrath **Müller** denen Feinden entgegen geschickt, um mit Ordnung für ihren Unterhalt zu sorgen, ihren Foderungen gemäße proportionirliche Ausschreibung zu verfügen; und so viel möglich, die zu heftigen Bedrückungen des Landes abzuwenden. Der

Verlust bey Roßbach, und die Anrückung der Alliirten Armee unter dem Commando des Herzog **Ferdinand** von Braunschweig Durchl. zwang endlich die Franzosen, sich wieder aus dem Halberstädtschen zurück zu ziehen. Sie wollten, daß der Kriegesrath **Müller** ihnen ein zu Osterwieck angelegtes Magazin nachführen lassen sollte, und da er sich hierzu nicht verstehen konnte noch wollte, schleppten sie ihn, nebst einigen andern Räthen der Halberstädtschen Cammer, als Geißel mit. Doch wurde er bald wieder aus dieser Gefangenschaft freygelassen.

Im Jahr 1759, da der damalige Quedlinburgsche Stiftshauptmann Geh. Rath Freyherr von **Schellersheim** als Geißel weggeführt worden, mußte der damalige Kriegesrath **Müller**, auf allerhöchsten Königl. Befehl nach Quedlinburg, um dessen Stelle zu vertreten, und die Königl. allerhöchsten Gerechtsame in diesem, damals sich in große Unruhe befindenden Stifte wahrzunehmen. Auch hier ermüdete er nicht, das Interesse seines Königs mit allem Eifer zu besorgen, ob er gleich dadurch manche, weniger Gutdenkende gegen sich reizte. Diese suchten ihn bey der Durchlauchtigsten Aebtißin dieses Stifts zu verläumden, und derselben seine Handlungen verdächtig zu machen. Allein der widrige Erfolg hiervon traf die, so ihm Uebels wollten. Das scharfsichtige Auge dieser großen Fürstin drang bald durch den Nebel der Verläumdung, und der Kriegesrath **Müller** erwarb sich durch die uneigennützige Rechtschaffenheit, die in allen seinen Handlungen hervor leuchtete, bald ihre Gnade, die ihn dann auch bis zum letzten Augenblick seiner Tage sehr schätzte.

Im Jahr 1763 nach erfolgten Frieden und Zurückkehr der Quedlinburgschen Geißeln, gieng der

Krieges-

Kriegesrath **Müller**, begleitet von den Segenswünschen der Quedlinburger, in seinen Posten zurück. Hier legte er 1767 den Grund zu der neuen Colonie Friedrichsthal. Von den Einwohnern derselben und seinem ganzen ihm anvertraut gewesenen Departement ungern verlohren, gieng er 1770, da er von Sr. Königl. Majestät zum Geheimen Ober-Finanz-Krieges- und Domainenrath beym 4ten Departement des General-Directorii ernannt worden, hieher nach Berlin. Auch diesem Dienste hat er jederzeit zur größten Zufriedenheit seiner Obern vorgestanden. Da dieser unser würdiger Freund auch besonders eine große Neigung zur Naturgeschichte hegte, auch bey seinem vieljährigen Aufenthalt in Wernigerode Gelegenheit gehabt hatte, sich in der Mineralogie und Bergwerkswissenschaft gründliche Kenntniß zu erwerben, so hielten wir es für Pflicht, um den Zweck unsers Instituts zu befördern, ihn zu unser ordentliches Mitglied zu erwählen, und ihm deshalb im Febr. 1774 das Diplom zu übergeben. Er nahm dasselbe, als eine Gelegenheit, sowohl auch in diesem Fach der Welt nutzbar zu werdeu, als auch seine eigene Kenntniß zu vervollkommen, mit dankbaren Vergnügen an, und wir haben gewiß an ihm ein eben so thätiges Mitglied, als wahren und redlichen Freund verlohren.

Er hinterläßt den allgemeinen Ruhm eines wahren Christen, rechtschaffenen Mannes, Liebevollen Vaters, treuen unveränderlichen Freundes, und eifrigen Diener seines Königs.

---

3. Kurze

3. Kurze Lebensgeschichte des Herrn von Zanthier.

Herr Hanns Dietrich von Zanthier, Gräfl. Stollberg-Wernigerodischer Oberforst- und Jägermeister, wurde gebohren am 17ten Septbr. 1717. Er war der jüngste von 6 Söhnen des Churfürstl. Sächsischen Landraths Heinrich Dietrich von Zanthier, und dessen Frau Gemahlin Christine Anne Eleonore von Bodenhausen, aus dem Hause Görzig. Seine Frau Mutter wurde ihm schon in der 17ten Woche seines Lebens geraubt, und seinen Herrn Vater verlohr er in seinem 11ten Jahre. Seiner Eltern frühzeitig beraubet, wurde er bis in sein 15tes Jahr mit einem Vetter von Bodenhausen in Burg Chemnitz erzogen. Durch Vermittelung des damaligen Hofmarschalls von Polenz hatte er das Glück, nach vorgebrachten Beweis seiner Ahnen, unter die Herzoglich Braunschweig-Wolfenbüttelschen Pagen aufgenommen zu werden. Nur anderthalb Jahr bekleidete er die Stelle als Leibpage. Er kam wegen seiner Größe, unter Aufsicht des Oberjägermeisters von Rößing, als Jagdpage bey den Hofjäger Hoffmann im Wolfenbüttelschen Forst in die Lehre, wo er sein erstes Jagen an Elen mitmachte. Nach 6 Monath nahm ihn der Herzog Ludwig Rudolph von dem Hofjäger weg, und that ihn nach Blankenburg zu den damaligen Herrn Forstmeister von Lange. Unter dem Durchlauchtigen Nachfolger Herzog Ferdinand Albrecht blieb er in eben der Lage; nach dessen Tode aber ward er nebst andern Jagdpagen verabschiedet. Seines Herrn Vaters Bruder,

Bruder, der Zerbstische Kammerjunker, wollte ihn als Vormund in Sächsische Kriegesdienste bringen, allein er blieb der Jägerey und dem Forstwesen getreu, und vermogte den Vormund, daß er ihn in der Lehre ließ. Als darauf sein würdiger und bekannter Lehrer, der Herr **von Lange** 1736 nach Dännemark als Hofjägermeister gieng, folgete er solchen, und wurde gleich bey seiner Ankunft von König **Christian** den VI. zum Förster in Norwegen ernannt, wo er zugleich bey dem Herrn **von Lange** in der Lehre blieb. Darauf ward er Königl. Dänischer Jagdjunker, und vermaß Norwegen; bekam auch die Aufsicht über die Glashütten, Pulvermühlen und Ziegelbrennereyen, welche der Herr **von Lange** daselbst angeleget hatte. Das Geschäfte der Vermessungen, wobey er alle Bequemlichkeiten, Bette und dergleichen, wenigstens 6 Monath im Jahr entbehren, und in morastigen Gegenden arbeiten mußte, legten den Grund zu seiner ihm anhangenden Krankheit des Scorbuts, dennoch blieb er von zwölfen, die mit ihm gleiches Geschäfte betrieben, allein am Leben.

Im Jahr 1746 nahm er Urlaub, um die Belehnung in Dresden zu empfangen. Kaum war er in Deutschland angekommen, so verstarb der König **Christian** VI. alle Deutsche bekamen ihren Abschied, und er erhielt auch den seinigen nach Dresden zugesand.

Der Hofjägermeister **von Lange** unternahm nach seiner Rückkehr die Vermessung an der Weser, und er folgte ihm auch hier und war sein Gehülfe. Nach 6 Monathen that gedachter Herr **von Lange** eine Reise zu den Herrn Grafen zu Stolberg-Wernigerode. Da er auch hier sein Begleiter war, und er die Gnade hatte, dem Herrn Grafen zu gefallen, so über-

übertrug ihm solcher die Forstmeisterstelle in der Grafschaft Hohnstein. Ohnerachtet er schon im Casselschen engagirt war, so zog er doch das Anerbieten des würdigen Grafen **Christian Ernst** vor; und er trat im Jahr 1747 in desselben Dienste. Zwey Jahr darnach wurde er als Oberforst- und Jägermeister nach Ilsenburg versetzt. Seine bekannt gewordene Kenntniß in der Forstwissenschaft, seine daselbst gemachte gute Einrichtung, und sein Menschenfreundlicher Charakter, lockte sehr viele dahin, um seines Unterrichts zu genießen, und ihre Kenntnisse zu bereichern. Auf zudringliches Bitten, legte er eine Forstschule an, und genoß das Vergnugen, daß sehr viele aus derselben die ansehnlichsten Stellen erhielten und rühmlichst bekleideten.

Viele nützliche Beantwortungen und gründliche Ausarbeitungen in den Leipziger und Hannöverischen Anzeigen und Magazin; die zweymahlige Auflage seines Forstkalenders, und die zwey Sammlungen vom Theoretischen und Praktischen im Forstwesen sind bekannt. Von dem fertig liegenden grösseren Werke, das Forstwesen betreffend, wird zu seiner Zeit durch ein besonderes Avertissement Anzeige geschehen.

Er vermählte sich im Jahr 1751 mit einer Fräulein **von Schierstedt**, Hofmeisterin der Prinzeßinnen von Braunschweig, aus welcher Ehe 4 Söhne und 3 Töchter noch am Leben sind: von welchen sein ältester Herr Sohn, **Christian Ernst**, Casselscher Jagdjunker und Lieutenant bey dem ersten Bataillon Garde; und der zweyte, **Heinrich Haubold**, Königl. Preußischer Forstrath, seinen Unterricht im Forstwesen mit genossen, und sich diesem Fache besonders gewidmet. Die beyden andern Herren Söhne

aber

aber Kriegesdienste gewählet haben. Im Jahre 1776 ward er von der Gesellschaft Naturforschender Freunde als Ehrenmitglied aufgenommen. Sein Tod überraschte ihn sehr schnell. Er hielt sich eben in Wernigerode auf dem Schlosse auf, wohnte noch in der Woche einem Klapperjagen vergnügt bey, und brachte noch vier Tage vor seinem Ende, welches am 30sten November 1778 Mittags um 1 Uhr erfolgte, den Forst-Etat künftigen Jahres in der Gräflichen Cammer mit zu Stande.

Register
der vornehmsten Sachen.

A.

B.

C.

D.

D.

E.

F.

G.

H.

J.

K.

L.

M.

N.

O.

P.

Q.

R.

S.

T.

V.

W.

Z.

Einige bemerkte Druckfehler und Verbesserungen.

Seite	51	Linie	8	statt Wäcken lies Wacken.
—	—	—	7	von unten, statt Walken, Wacken.
—	52	—	3	statt Kalkmienern, lies Kalknieren.
			17	buleo, l. buteo. wenigen, l. weniger.
			12	von unten, statt C. Collurio l. L. Collurio.
			6	— — C. l. L.
—	53	—	8	— — Fisch Marre, l. Fisch-Möwe. laxus, l. larus.
—	54	—	5	statt C. l. L.
			7	statt aphia, l. aphya.
			5	von unten, statt tringa, l. tinca.
—	233	—	18	statt Reihe, l. Röthe.
—	243	—	6	von unten, ovalförmig, l. mondförmig.
—	247	vide Tab. add. X. Fig. 10.		
—	254	Z. 9 bey Tab. X. add. Fig. 10.		
—	258	in der Note Lin. 4 statt Zöpfen, l. Zipfen.		

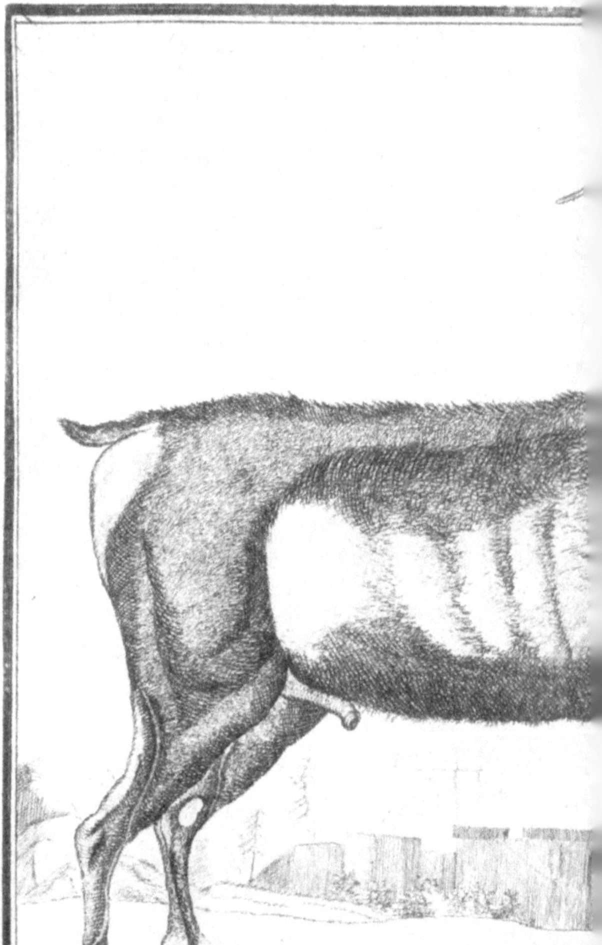

W. Comer a Mellin ad viv. del. & sculp.

Der

TAB.I

irsch.

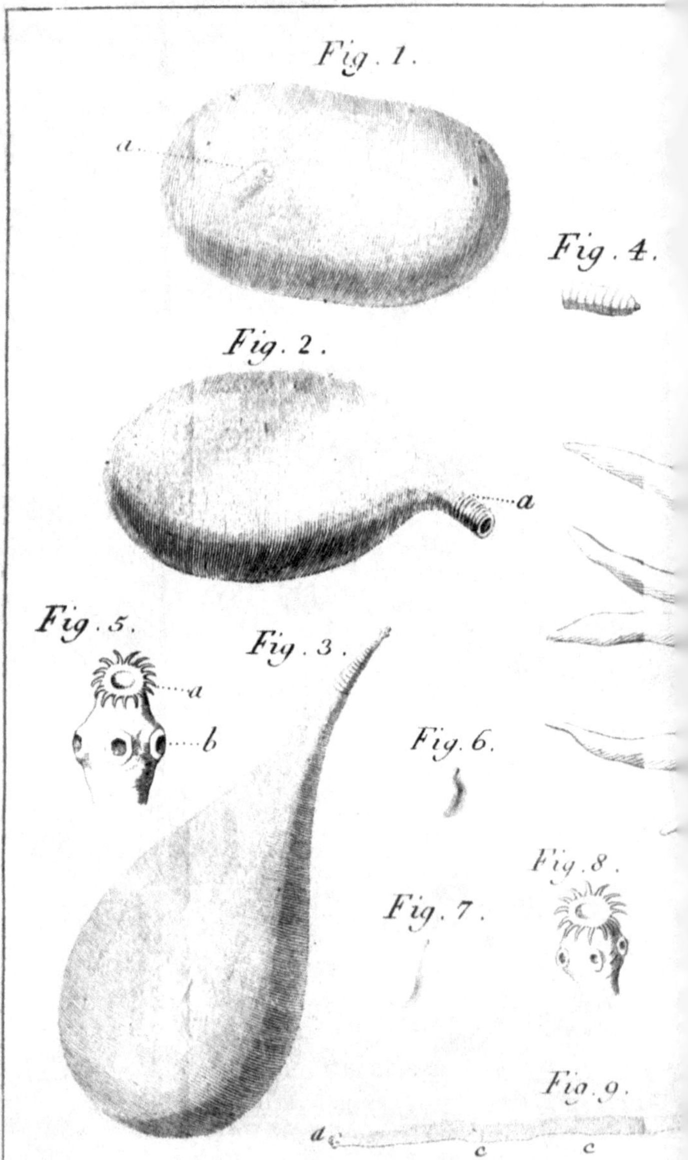

Kruger del. ad nat.

Fig. 10.

b

J.W. Schleuen fec.

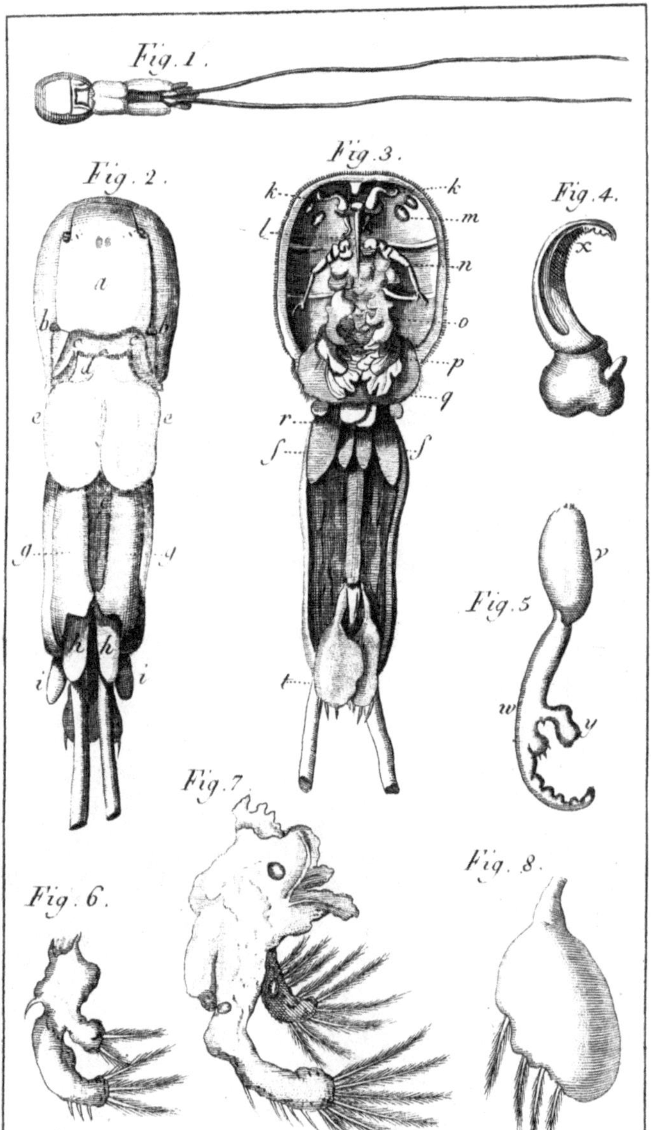
Fig. 1.
Fig. 2.
Fig. 3.
Fig. 4.
Fig. 5
Fig. 6.
Fig. 7
Fig. 8.
a
b
b
c
c
d
e
e
g
g
h
h
i
i
k
k
l
m
n
o
p
q
r
s
s
t
x
v
w
y

Herbst del.

Tab. IV.

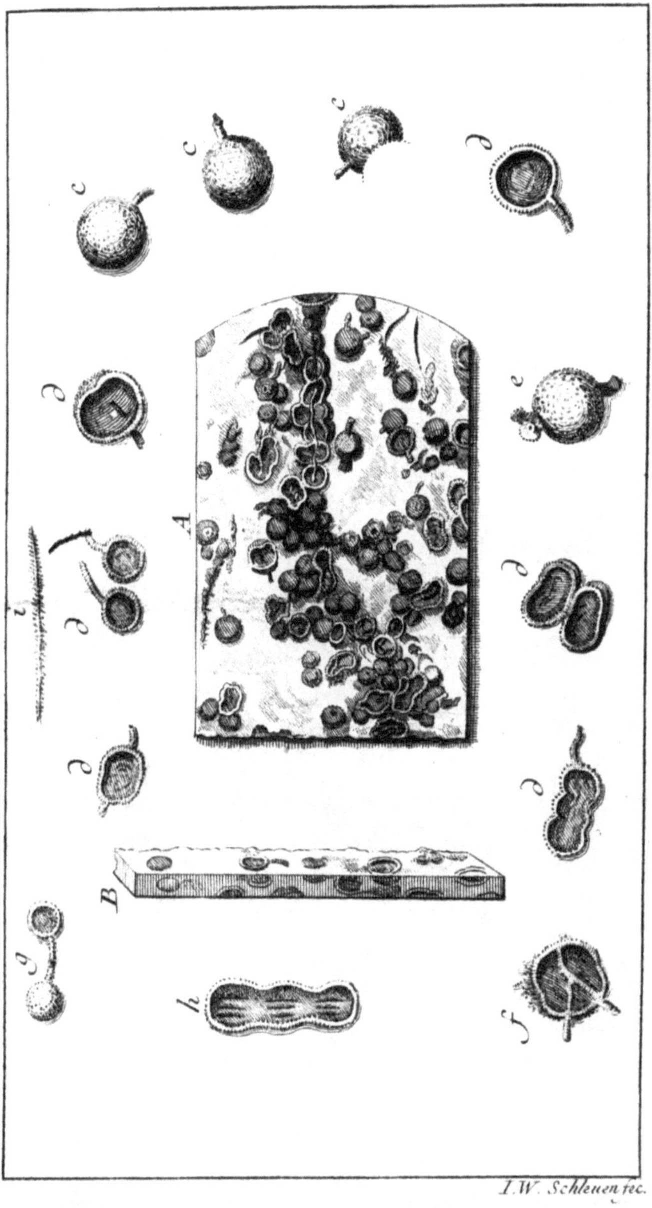

I.W. Schleuen fec.

Tab. V.

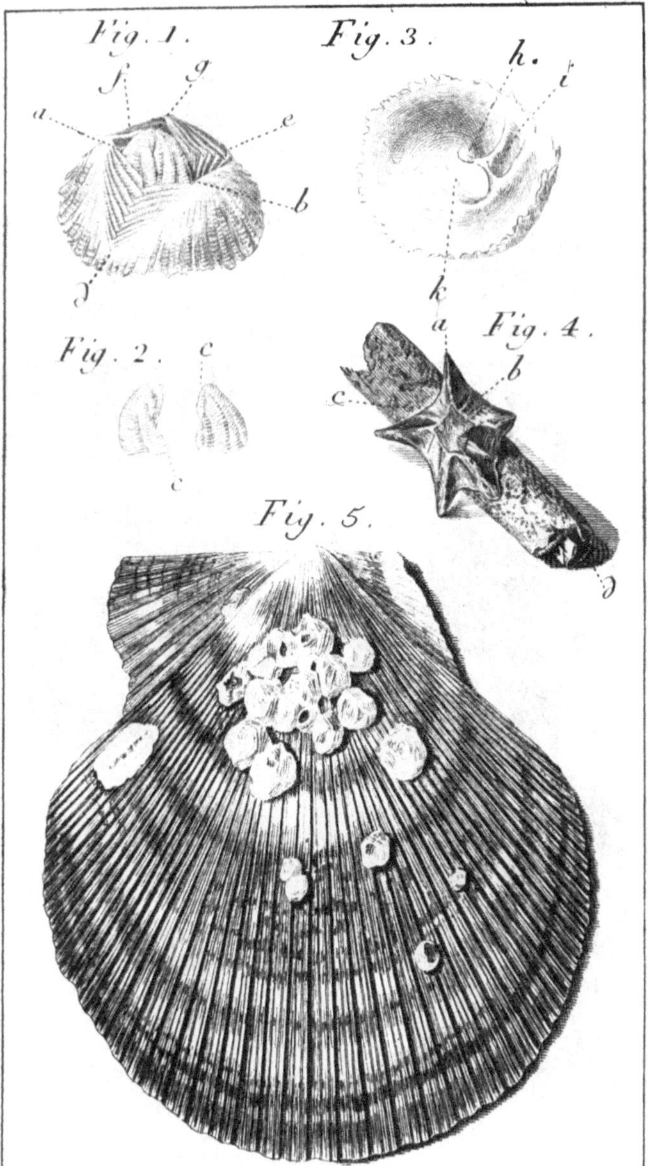

I.W Schleuen fec.

Fig. 1.

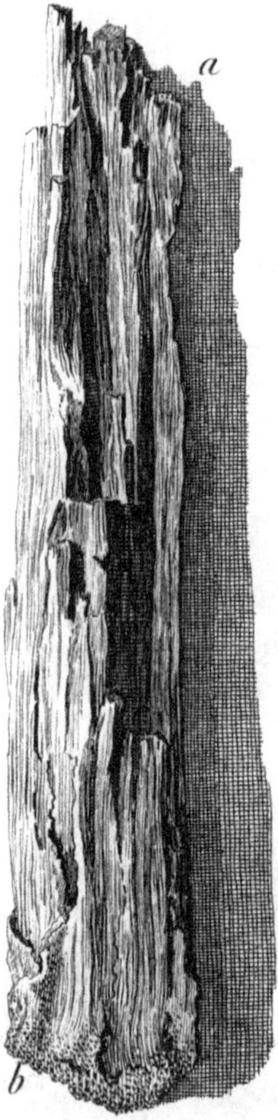

Fig. 3.

Fig. 2.

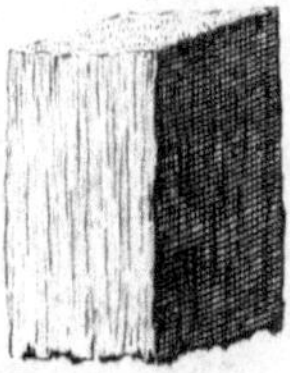

Schemerl del.

Fig. 4.

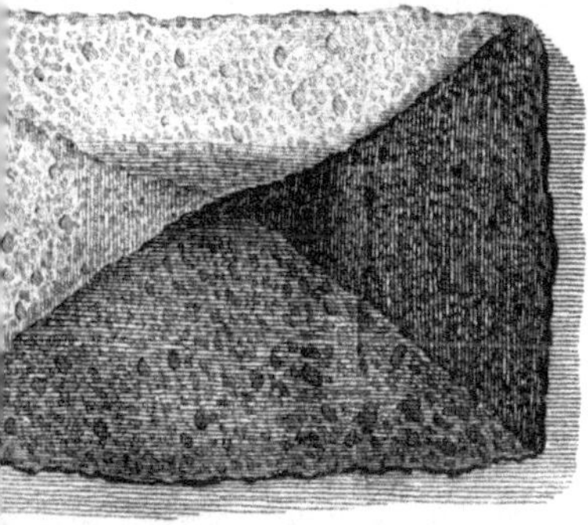

Fig. 5.

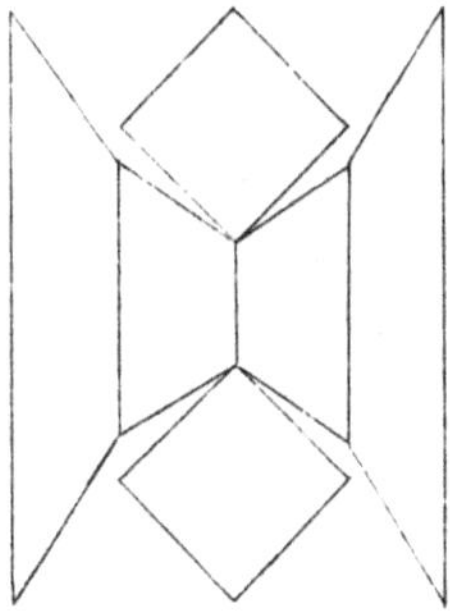

Fig. 6.

Fig. 9.

Fig. 7.

Fig. 8.

Schemerl Ing. del.

Tab. VII.

I. W. Schleuen sc.

Tab. VIII.

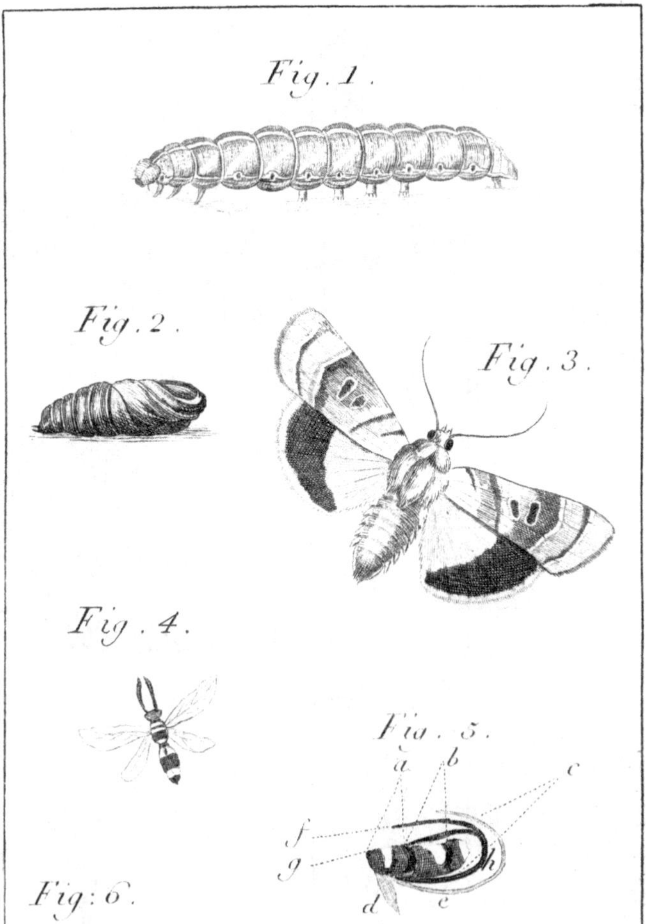

Fig. 5.
Fig. 3.
a
b
f
e
d
c

Tab. IX.

Fig. 2.

I. W. Schleuen sc.

FSC
www.fsc.org
MIX
Papier | Fördert gute Waldnutzung
FSC® C083411

Kolibri 360 GmbH
Ferdinand-Jühlke-Straße 7
99095 Erfurt, Deutschland
produktsicherheit@kolibri360.de